"十四五"职业教育国家规划教材
高等职业教育"新资源、新智造"系列精品教材

用微课学·模拟电子技术项目教程

周继彦　樊秋月　主　编
柳金峰　黄　东　副主编

電子工業出版社
Publishing House of Electronics Industry
北京·BEIJING

内 容 简 介

本书以实际生产中的产品——直流稳压电源、助听器、音调调节电路、功率放大电路及正弦波信号源的制作和调试过程为导向，采用基于工作过程的教学方式，遵循由浅入深、循序渐进的教学规律，将全书分为 5 个学习项目。每一个学习项目都包含教学目标、项目引入、相关知识、项目实施、项目总结及思考与训练 6 个环节。每一个项目的完成都是对必备理论知识和实践技能的综合运用过程。

本书的特点是采用项目化教学模式，注重基础理论和应用技能，并利用微课视频等数字化资源讲解重点及难点。本书可作为高职高专电子类、机电类、计算机类等专业的专业基础课教材，也可供电子技术初学者和电子工程技术人员参考使用。

图书在版编目（CIP）数据

用微课学・模拟电子技术项目教程/周继彦，樊秋月主编. —北京：电子工业出版社，2019.1
ISBN 978-7-121-34797-9

Ⅰ. ①用…　Ⅱ. ①周…　②樊…　Ⅲ. ①模拟电路－电子技术－高等学校－教材　Ⅳ. ①TN710

中国版本图书馆 CIP 数据核字（2018）第 168310 号

策划编辑：王昭松
责任编辑：赵　娜
印　　刷：北京天宇星印刷厂
装　　订：北京天宇星印刷厂
出版发行：电子工业出版社
　　　　　北京市海淀区万寿路 173 信箱　邮编 100036
开　　本：787×1 092　1/16　印张：10.5　字数：268.8 千字
版　　次：2019 年 1 月第 1 版
印　　次：2024 年 1 月第 10 次印刷
定　　价：42.00 元

凡所购买电子工业出版社图书有缺损问题，请向购买书店调换。若书店售缺，请与本社发行部联系，联系及邮购电话：（010）88254888，88258888。

质量投诉请发邮件至 zlts@phei.com.cn，盗版侵权举报请发邮件至 dbqq@phei.com.cn。

本书咨询联系方式：（010）88254015，wangzs@phei.com.cn，QQ：83169290。

前 言

模拟电子技术是高职高专工科类专业学生必修的一门重要专业基础课，旨在培养学生识别与选用模拟电子元器件、认识和分析模拟电子技术基本单元电路及其应用的能力。通过本课程的学习，学生将了解电子技术的发展方向和应用领域，以适应电子技术的发展形势，为后续专业课程的学习和从事与本课程有关的工程技术工作打好基础。

本书在编写过程中，根据高等职业教育培养应用型人才的需要，结合本课程实践性强的特点，坚持以就业为导向，以职业岗位训练为主体，打破传统的学科体系教学模式，以从企业典型的工作任务中提炼出来的项目为学习载体，重新整合教学内容。本书按照项目化教学模式，结合实际电路介绍模拟电子技术的基础知识和基本技能，并运用所学的理论知识对直流稳压电源、助听器、音调调节电路、功率放大电路及正弦波信号源等电路进行分析、设计、仿真、组装和调试，注重学生职业能力、设计能力和创造能力的培养，促进学生职业技能的提高。

本书在编写过程中力求突出如下特点：

（1）打破传统的学科体系结构，依据职业岗位能力的要求采用项目化教学方式组织编写；

（2）利用微课视频等数字化资源讲解教学重点、难点及实现技能训练。

建议本书教学不少于 90 个学时，教学场地宜采用理实一体化教室，采用项目化教学。

本书由广东科学技术职业学院周继彦和樊秋月担任主编，柳金峰和黄东担任副主编。其中，项目 1、2、4、5 由周继彦编写；项目 3 的“相关知识”模块由樊秋月编写；项目 3 的“项目实施”模块由柳金峰编写；黄东对岗位需求的知识和技能进行了归纳和总结；周继彦设计和录制微课视频等数字化资源，并对全书进行了统稿和校对。

本书在编写过程中参考了大量的同类书籍和行业相关资料，在此向相关作者谨表谢意。

由于编者水平有限，书中不当之处在所难免，恳请广大读者批评指正！

编 者

2018 年 9 月

目录

项目1

直流稳压电源的制作与调试

教学目标

知识目标	技能目标
● 掌握二极管的结构、符号、特性及主要参数。 ● 了解直流稳压电源的基本组成及其主要性能指标。 ● 理解整流电路、滤波电路的组成及工作原理，并能估算输出电压平均值。 ● 了解集成三端稳压器的分类及应用。	● 能用万用表对二极管、电容等元件进行检测。 ● 能查阅集成稳压电路的相关资料，并能正确选用。 ● 能对直流稳压电源进行安装与测试。

项目引入

电路工作时需要电源提供能量，电源是电路工作的动力。电源的种类很多，如干电池、蓄电池和太阳电池等。但在日常生活中，大多数电子设备的供电都来自电网提供的交流市电，但这些电子设备的内部电路往往需要几伏至几十伏的稳压直流电，为解决这个问题，需设置专门的电子装置把交流电压转换为稳定的直流电压，这种电子装置称为直流稳压电源。

直流稳压电源主要分为线性稳压电源和开关稳压电源两大类。本项目只涉及小功率线性稳压电源，它的任务是将 200V/50Hz 交流市电转换为幅值稳定的直流电压，这种电源主要由变压、整流、滤波和稳压四个模块组成，如图 1-1 所示，框图的每部分下方都画出了信号经过各模块处理后的波形，这些波形只是为了便于说明各部分的功能，在实际电路中有的波形可能与图中不同。

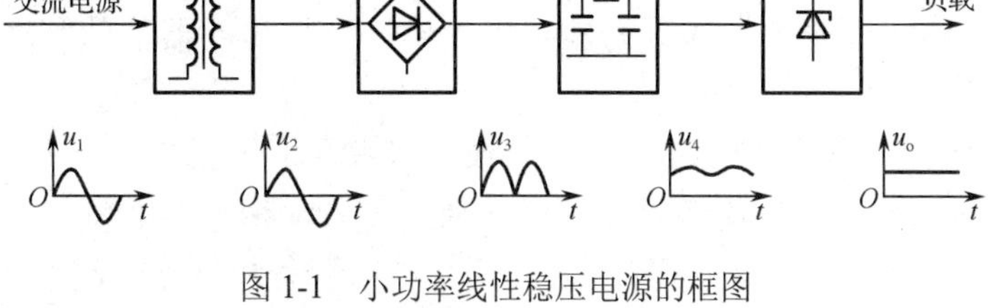

图 1-1　小功率线性稳压电源的框图

直流稳压电源各模块作用如下。

（1）变压模块。利用工频变压器将电网电压变换为所需的交流电压，一般采用降压变压器来实现。

（2）整流模块。利用二极管的单向导电性，将交流电变换为单一方向的脉动直流电，常采用二极管直流电路来实现。

（3）滤波模块。将脉动直流电压中的脉动成分滤除，得到比较平滑的直流电压，常采用电容、电感或其组合电路来实现。

（4）稳压模块。在电网电压波动和负载变化时，保持直流输出电压的稳定，小功率稳压电源常采用集成三端稳压器来实现。

本项目的主要任务就是按照小功率线性稳压电源的基本组成，采用集成稳压方式制作一个可调直流稳压电源，并进行调试。

相关知识

1.1 半导体基础知识

自然界的物质按导电性能来分，可分为导体、绝缘体和半导体。自然界中常见的铜、铁、铝等金属材料都是良好的导体，而陶瓷、水泥、橡胶等都是良好的绝缘体。半导体是导电能力介于导体与绝缘体之间的一类物质，常用的半导体材料有硅（Si）和锗（Ge）等。

半导体被用来制造电子元器件，是因为它的导电能力在外界某些因素作用下会发生显著的变化。主要体现在以下 3 个方面。

（1）杂敏特性。半导体的电导率会因加入杂质而发生显著的变化。例如，在室温下，纯硅中加入杂质，其电导率会增加几百倍。各种不同元器件的制作，正是利用掺杂杂质来改变和控制半导体的电导率。

（2）热敏特性。温度的变化也会使半导体的电导率发生显著的变化，人们利用这种热敏效应制作出了热敏元件。但是，热敏效应会使半导体元器件的热稳定性下降，所以应采取有效措施抑制因半导体元器件热敏特性造成的电路不稳定性。

（3）光敏特性。光照不仅可以改变半导体的电导率，还可以产生电动势，这种现象统称为半导体的光电效应。利用光电效应可以制成光敏晶体管、光耦合器和光电池等。

1.1.1 本征半导体和杂质半导体

1. 本征半导体

纯净的具有晶体结构的半导体称为本征半导体。半导体元器件的制造首先要有本征半导体。

（1）本征半导体的晶体结构。本征半导体是通过复杂的工艺和技术将纯净的半导体制成单晶体。晶体中的原子在空间形成排列整齐的点阵，称为晶格。由于相邻原子间的距离很小，因此，相邻两个原子的一对最外层电子（即价电子）不但各自围绕自身所属的原子核运动，而且出现在相邻原子所属的轨道上，成为共用电子，这样的组合称为共价键结构，如图 1-2 所示。图中标有“+4”的圆圈表示除价电子外的正离子。

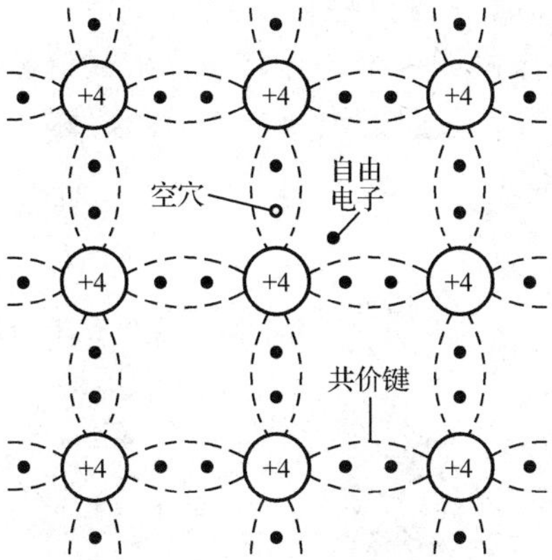

图 1-2　本征半导体共价键结构

（2）本征半导体中的两种载流子。晶体中的共价键具有很强的结合力，在常温下，本征半导体中有极少数的价电子由于热运动（热激发）获得足够的能量，从而挣脱共价键的束缚变成自由电子。与此同时，失去价电子的硅或锗原子在该共价键上留下一个空位，这个空位称为空穴。原子因失掉一个价电子而带正电（或者说空穴带正电）。由于本征硅（或锗）每产生一个自由电子必然会有一个空穴出现，即电子与空穴成对出现，所以称为电子空穴对，如图 1-2 所示。

当本征半导体处于外界电场作用下时，一方面其内部自由电子逆外电场方向定向运动，形成电场作用下的漂移电子电流；另一方面由于空穴的存在，价电子将按一定的方向依次填补空穴，相当于空穴顺外电场方向定向运动，形成电场作用下的漂移空穴电流。自由电子带负电荷，空穴带正电荷，它们都对形成电流做出贡献，因此本征半导体中有两种载流子，即自由电子和空穴。本征半导体在外电场作用下，其电流为电子流与空穴流之和。

在常温下，本征半导体内产生的电子空穴对数目是很少的，因此本征半导体的导电能力比较弱。

2. 杂质半导体

在本征半导体中掺入少量合适的杂质元素，便可得到杂质半导体。掺入的杂质元素不同，可分别形成 N 型半导体和 P 型半导体。

（1）P 型半导体。如果在本征半导体中掺入微量三价元素，如硼（B）、铟（In）等，就形成了 P 型半导体。例如，在硅本征半导体中掺入三价元素硼（B），由于最外层有三个价电子，所以当它们与周围四个硅原子形成共价键时，就产生一个空位，在室温或其他能量激发下，与硼原子相邻的硅原子共价键上的电子就可能填补这些空位，从而在电子原来的位置上形成带正电的空穴，硼原子本身则因获得电子而被称为受主原子，如图 1-3（a）所示。

在 P 型半导体中，空穴是多数载流子，简称“多子”，电子是少数载流子，简称“少子”。

P 型半导体在外界电场作用下，空穴电流远大于电子电流。P 型半导体是以空穴导电为主的半导体，所以它又被称为空穴型半导体。

（2）N 型半导体。如果在本征半导体中掺入微量五价元素，如磷（P）、砷（As）等，其中杂质元素的四个价电子与周围的四个半导体原子形成共价键，第五个价电子很容易脱离原子核的束缚成为自由电子，杂质元素因提供一个电子而被称为施主原子，这种半导体叫作 N 型半导体，如图 1-3（b）所示。

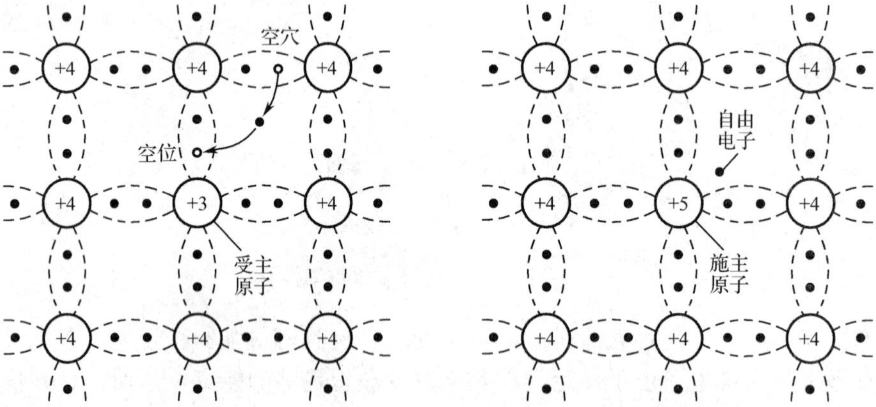

（a）P型半导体　　（b）N型半导体

图 1-3　P 型半导体和 N 型半导体示意图

在 N 型半导体中，自由电子数远大于空穴数，所以 N 型半导体的多子是自由电子，少子是空穴。N 型半导体在外界电场作用下，电子电流远大于空穴电流。N 型半导体是以电子导电为主的半导体，所以它又被称为电子型半导体。

半导体中多子的浓度取决于掺入杂质的多少，少子的浓度与温度有密切的关系。

1.1.2　PN 结

单纯的一块 P 型半导体或 N 型半导体，只能作为一个电阻元件。但如果把 P 型半导体和 N 型半导体通过一定方法结合起来就形成了 PN 结。PN 结是构成二极管、三极管、晶闸管及集成运算放大器等众多半导体器件的基础。

1. PN 结的形成

（微课视频：PN 结的形成）

当 P 型半导体和 N 型半导体结合后，在它们的交界处就出现了电子和空穴的浓度差。由于电子和空穴都要从浓度高的地方向浓度低的地方扩散，所以有一些电子要从 N 区向 P 区扩散，同时也有一些空穴从 P 区向 N 区扩散，如图 1-4 所示。

扩散到 P 区的电子与空穴复合，扩散到 N 区的空穴与电子复合，随着扩散的进行，在交界面附近的 P 区中空穴数大量减少，出现了带负电的离子区；而在 N 区一侧因缺少电子，显露出带正电的离子区。半导体中的离子虽然也带电，但由于物质结构的关系，它们不能任意移动，所以并不参与导电。这些不能移动的带电离子通常称为空间电荷，它们在交界面上形成一个很薄的空间电荷区。在这个区域内，多数载流子已扩散到对方并复合掉了（或者说耗尽了)，因此该电荷区又叫耗尽层，如图 1-5 所示。

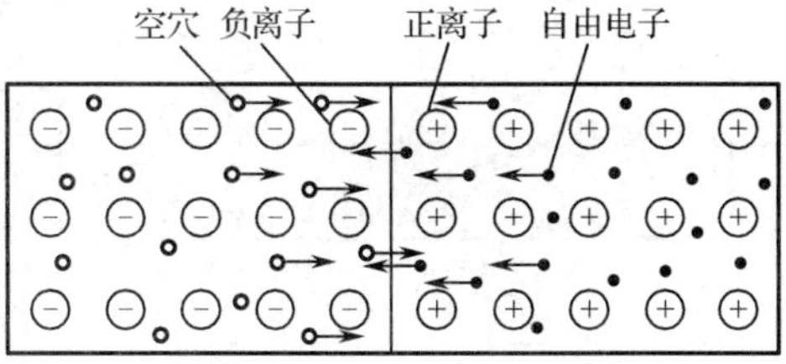

图 1-4 载流子的扩散

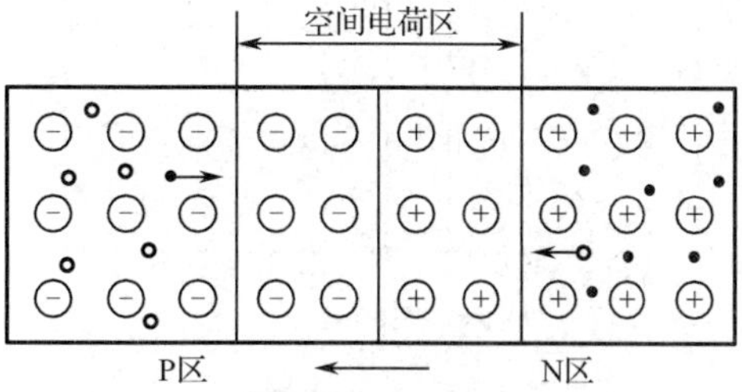

图 1-5 PN 结的形成

在出现了空间电荷区后，由于正负电荷之间的相互作用，在空间电荷区中形成了一个电场，其方向是从带正电的 N 区指向带负电的 P 区。由于这个电场是由载流子扩散运动（即由内部）形成的，故称为内电场。

PN 结的内电场是阻止扩散的，因为这个电场的方向与载流子扩散运动的方向相反，所以空间电荷区又可看作一个阻挡层，它对多数载流子的扩散有阻挡作用。另外，根据电场的方向和电子、空穴的带电极性还可以看出，这个电场将使 N 区的少数载流子空穴向 P 区漂移，使 P 区的少数载流子电子向 N 区漂移，漂移运动的方向正好与扩散运动的方向相反。当多数载流子扩散和少数载流子漂移达到动态平衡时，它们的作用大小相等、方向相反、相互抵消，外部（宏观）不显现电流现象。

2. PN 结的单向导电性

（微课视频：为什么 PN 结具有单向导电性）

（1）外加正向电压。如图 1-6 所示，在 PN 结上外加正向电压 V，即 V 的正端接 P 区，负端接 N 区，这个方向的外加电压称为正向电压或正向偏置电压，简称正偏。外加电场与 PN 结的内电场方向相反，外电场会削弱内电场的作用，所以 PN 结变窄，即阻挡层的厚度变薄。这时多子的扩散运动将大于漂移运动，这个方向的外加电压称为正向电压或正向偏置电压，简称正偏。结内的电流便由起支配地位的扩散电流所决定，在外电路上形成一个流入 P 区的电流，称为正向电流 I_F。当外加电压 V 升高，PN 结内电场便进一步减弱，扩散电流随之增加。在正常工作范围内，PN 结上外加电压只要稍有变化，便能引起电流的显著变化。这样，正向的 PN 结表现为一个很小的电阻。

（2）外加反向电压。如图 1-7 所示，在 PN 结上外加反向电压 V，即 V 的正端接 N 型区，负端接 P 型区，这个方向的外加电压称为反向电压或反向偏置电压，简称反偏。外加电场与 PN 结的内电场方向相同，促进了内电场的作用，使阻挡层厚度加宽。这样，P 区和 N 区中的多数载流子就很难越过阻挡层，因此扩散电流趋近于零。但由于内电场的增加，使 N 区和 P 区中的少数载流子更容易产生漂移运动。PN 结的电流就由起支配地位的漂移电流所决定，在外电路上就形成了一个流入 N 区的反向电流 I_S。但由于少数载流子的浓度很低，所以反向漂移电流很小，而且少数载流子是由本征激发产生的，当材料制成后，其数值取决于温度。在一定温度下，电压再高，其值也几乎不变，所以 PN 结在反向偏置时，可认为基本上是不导电的，表现为一个很大的电阻。

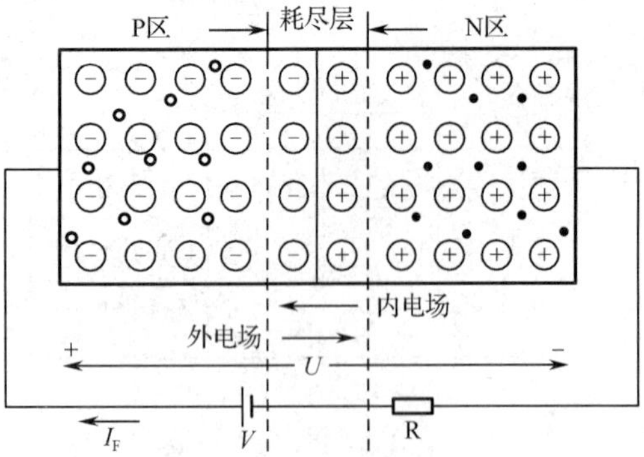

图 1-6　外加正向电压的 PN 结

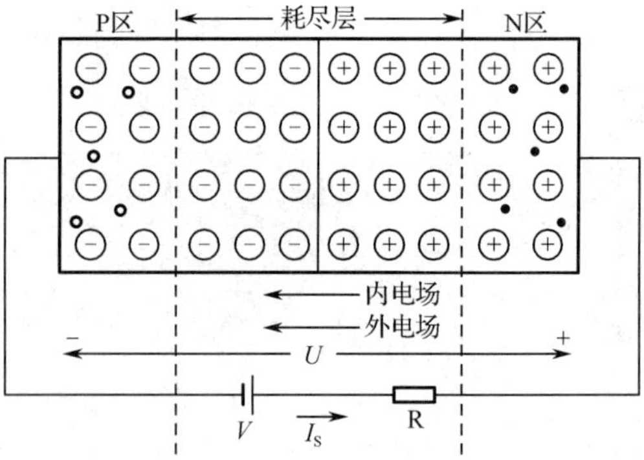

图 1-7　外加反向电压的 PN 结

由此可见，PN 结正向偏置时，正向电阻很小，形成较大的正向电流；PN 结反向偏置时，呈现较大的反向电阻，反向电流很小，这就是 PN 结的单向导电性。PN 结具有单向导电性的关键是其阻挡层可随外加电压而变化。

3. PN 结的反向击穿

（微课视频：什么是雪崩击穿和齐纳击穿）

当加于 PN 结的反向电压增大到一定数值时，反向电流会突然急剧增大，这种现象称为 PN 结的反向击穿。电流开始剧增时对应的电压称为反向击穿电压。PN 结击穿分为雪崩击穿和齐纳击穿。

雪崩击穿是由于 PN 结内的少数载流子受强电场的加速作用而获得很大的能量，当它与结内原子碰撞时，把其中的价电子碰撞出来，产生新的电子-空穴对。新的电子-空穴对在强电场的作用下，再去碰撞其他的原子，产生更多的电子-空穴对，如同雪崩一样。雪崩击穿的本质是碰撞电离，易发生在掺杂浓度较低、外加电压较大的情况下。

齐纳击穿易发生在高浓度掺杂的 PN 结内。由于杂质浓度高，故形成的 PN 结很窄，即使外加反向电压不高（5V 以下），结内电场也非常强，它可以把结内的束缚电子从共价键中拉出来引起反向电流的剧增。

在发生以上两种反向击穿时，如果反向电压下降到击穿电压以下，则 PN 结的性能仍能恢复到原来的状态，称之为电击穿。但前提条件是反向电流和反向电压的乘积不超过 PN 结允许的散耗功率，超过了就会因为热量散不出去而使 PN 结温度上升，直到过热而烧毁，这种现象就是热击穿。热击穿是不可恢复的，在应用中应尽量避免。但在有些情况下，电击穿则往往被人们所利用（如用于制作稳压管等）。

4. PN 结的电容效应

（微课视频：什么是 PN 结的电容效应）

（1）势垒电容。PN 结外加电压变化时，空间电荷区的宽度将发生变化，有电荷的积累和释放的过程，与电容的充放电相同，其等效电容称为势垒电容 C_b。

（2）扩散电容。PN 结外加的正向电压变化时，在扩散路程中载流子的浓度及其梯度均有变化，也有电荷的积累和释放的过程，其等效电容称为扩散电容 C_d。

PN 结的结电容 C_j 为势垒电容和扩散电容的和，即

$$C_j = C_b + C_d \tag{1-1}$$

若 PN 结外加电压频率高到一定程度，则失去单向导电性。

1.2 二极管

1.2.1 二极管的结构和特性

1. 二极管的结构及分类

把一个 PN 结的两端接上电极引线，外面用金属（或玻璃、塑料）管壳封闭起来，便构成了二极管。P 端引出的电极为阳极（正极），N 端引出的电极为阴极（负极）。

二极管按照制造材料可分为硅二极管、锗二极管；按用途可分为整流二极管、稳压二极管、开关二极管和检波二极管等。

根据构造上的特点和加工工艺的不同，二极管又可分为点接触型二极管、面接触型二极管和平面型二极管。点接触型二极管 PN 结的接触面积小，不能通过很大的正向电流和承受较高的反向电压，但它的高频性能好，工作频率可达 100MHz 以上，适于在高频检波电路和小功率电路中使用。面接触型二极管 PN 结的接触面积大，可以通过较大电流，能承受较高的反向电压，适于在整流电路中使用。平面型二极管是采用扩散法制成的，适用于大功率开关管，广泛应用于数字电路中。图 1-8（a）、1-8（b）、1-8（c）所示是二极管的结构示意图，二极管的电路符号如图 1-8（d）所示。

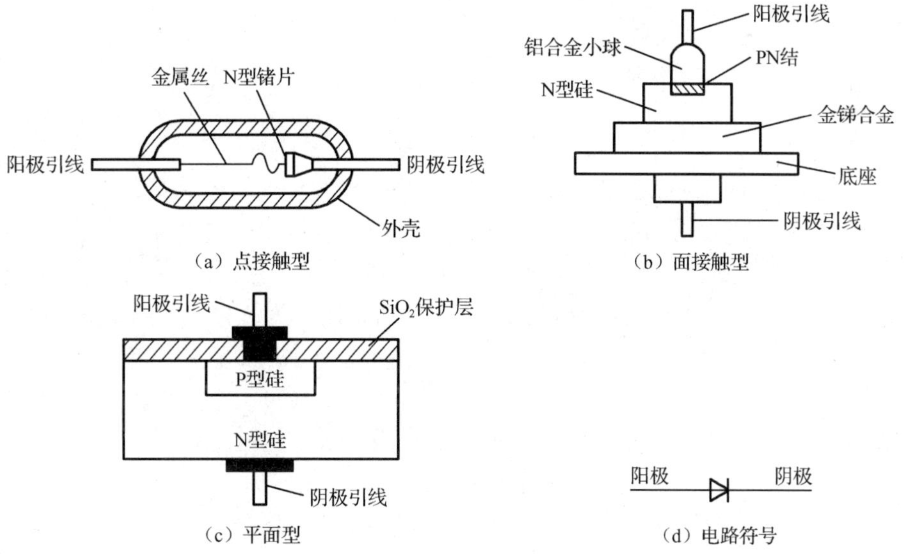

图 1-8 二极管的结构示意图及符号

2. 二极管的伏安特性

二极管的伏安特性就是流过二极管的电流 I_D 与加在二极管两端的电压 U_D 之间的关系曲线。它可通过测试电路（见图 1-9）测试出来，即分别在二极管两端加上正向电压和反向电压，改变电压数值的大小，同时再分别测量流过二极管的电流值，就可得到二极管的伏安特性曲线。图 1-10 所示为硅和锗二极管的伏安特性曲线。

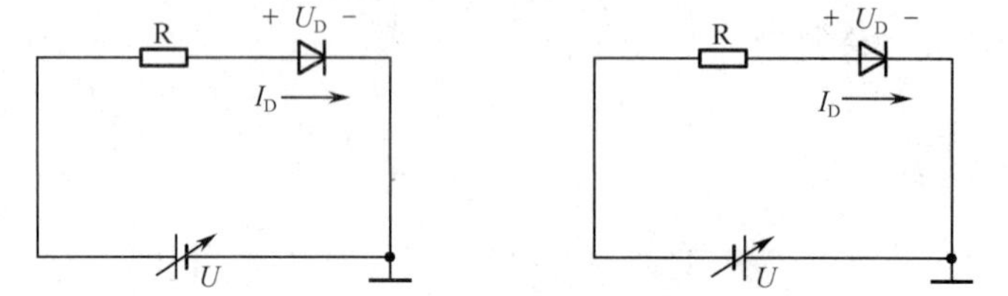

（a）二极管两端加正向电压的电路（b）二极管两端加反向电压的电路

图 1-9　二极管的伏安特性测试电路

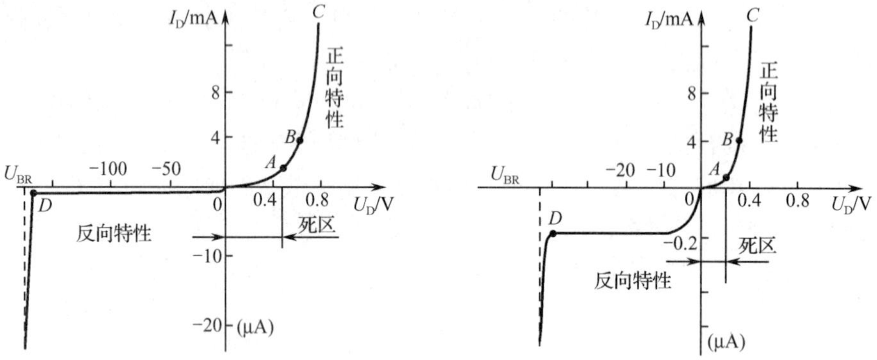

（a）硅二极管（b）锗二极管

图 1-10　二极管的伏安特性曲线

（1）正向特性。正向特性是指二极管加正向电压时的电流-电压关系。

死区：图 1-10 中的 0～*A* 段，当外加正向电压较小时，正向电流非常小，近似为零。在这个区域内二极管实际上还没有导通，二极管呈现的电阻很大，故该区域常称为“死区”。硅二极管的死区开启电压约为 0.5V，锗二极管的死区开启电压约为 0.1V。

正向导通区：过 *A* 点后，当外加正向电压超过死区电压后，正向电流开始增加，但电流与电压不成比例。当正向电压超过 *B* 点，即大于 0.6V 以后（对于锗二极管，此值约为 0.2V），正向电流随正向电压增加而急速增大，基本上是直线关系。这时二极管呈现的电阻很小，可以认为二极管处于充分导通状态。在该区域内，硅二极管的导通电压降约为 0.7V，锗二极管的导通压降约为 0.3V。但是流过二极管的正向电流需要加以限制，不能超过规定值，否则会使 PN 结过热而烧坏二极管。

（2）反向特性。反向特性是指二极管加反向电压时的电流-电压关系。

反向截止区：图 1-10 中 0～*D* 段，在所加反向电压下，反向电流的值很小，且几乎不随电压的增加而增大，此电流被叫作反向饱和电流。此时二极管呈现很高的电阻，近似处于截止状态。硅二极管的反向电流比锗二极管的反向电流小，约在 1μA 以下，锗二极管的反向电流达几十微安甚至几毫安以上。这也是现在硅二极管应用比较多的原因之一。

反向击穿区：过 D 点以后，反向电压稍有增大，反向电流就急剧增大，这种现象称为反向击穿。二极管发生反向击穿时所加的电压叫作反向击穿电压。

综上所述，二极管的伏安特性是非线性的，因此二极管是一种非线性器件。在外加电压取不同值时，就可以使二极管工作在不同的区域，从而充分发挥二极管的作用。

（微课视频：二极管的温度特性）

3. 二极管的温度特性

物质热运动的强度随温度的升高而增大，因而温度升高对二极管特性的影响是不容忽视的。图 1-11 所示为温度对二极管伏安特性的影响。

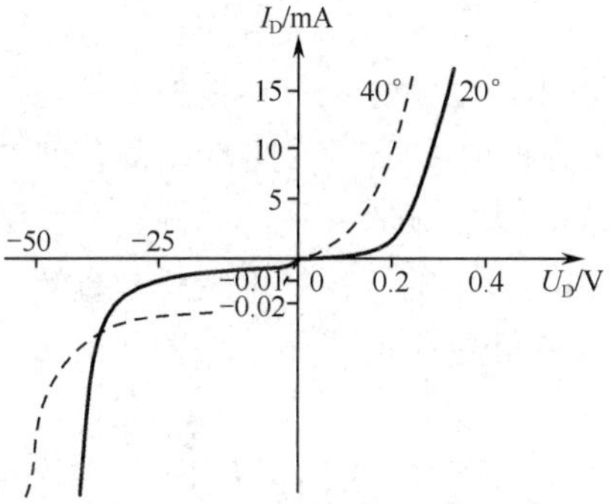

图 1-11　温度对二极管伏安特性的影响

实验发现，随着温度升高，二极管的正向压降将减小，即二极管正向压降有负的温度系数，约为–2 mV/℃；二极管的反向饱和电流随温度的升高而增加，温度每升高 10℃，反向电流约增加一倍，二极管的反向击穿电压随着温度升高而降低。

二极管的温度特性对电路的稳定是不利的，在实际应用中要加以抑制。但人们可以利用二极管的温度特性对温度的变化进行检测，从而实现对温度的自动控制。

4. 二极管的伏安特性表达式

理论和实验均可证明，二极管的伏安特性可近似表示为

$$i_D = I_S(e^{u_D/U_T} - 1) \tag{1-2}$$

式中，i_D 为流过二极管的电流；I_S 为反向饱和电流；u_D 为外加电压；U_T 为温度的电压当量，当 $T = 330\text{K}$ 时，$U_T = 26\text{mV}$；e 为自然对数的底，$e \approx 2.71828$。

1.2.2　二极管的主要参数

器件参数是对器件性能的定量描述，是选择器件的依据。二极管的主要参数如下。

（1）最大整流电流 I_{FM}。它是二极管长期工作允许通过的最大正向平均电流。其大小取决于 PN 结的面积、材料和散热条件。一般二极管的 I_{FM} 值可达几毫安，大功率二极管的 I_{FM}

可达几安培。工作电流不要超过I_{FM}值，否则在长时间工作情况下，二极管将因热击穿而烧毁。

（2）最高反向工作电压U_{RM}。它是保证二极管不被反向击穿而规定的最大反向电压。一般手册中给出的最高反向工作电压约为击穿电压的一半，以确保二极管安全运行。例如，2AP1最高反向工作电压规定为20V，而反向击穿电压实际上大于40V。

（3）反向饱和电流I_S。它是二极管未击穿时的反向电流值。I_S越小，二极管的单向导电性越好。实际应用时应注意温度对I_S的影响。

（4）最大功耗P_M。它是保证二极管安全工作所允许的最大功率损耗。通常大功率二极管要加散热片。

（5）直流电阻R_D。它是二极管伏安特性曲线上工作点所对应的直流电压与直流电流之比，即

$$R_D = \frac{U_D}{I_D} \tag{1-3}$$

显然，工作点不同，其直流电阻值就不同。器件的参数随工作电压和电流的变化而变化，这种现象是非线性器件特有的性质。R_D在工程计算中用处不大，但可用来说明二极管单向导电性的好坏。平时用万用表欧姆挡测量出的二极管电阻就是直流电阻R_D。一般二极管的正向直流电阻为几十至几百欧姆，反向直流电阻为几千至几百千欧姆。

（微课视频：什么是二极管的交流电阻）

（6）交流电阻r_d。二极管在小信号工作情况下，需要用到交流电阻这一参数。如图1-12所示，交流电阻r_d的定义是：二极管伏安特性曲线工作点Q附近电压的变化量与相应的电流变化量之比，即

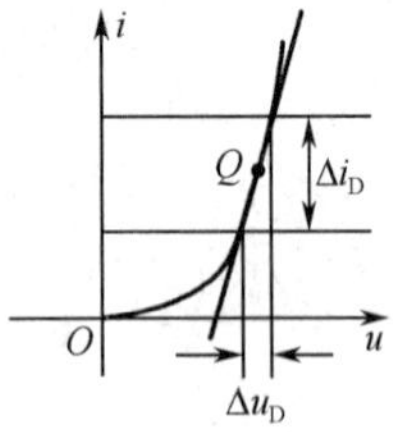

图1-12　交流电阻r_d的几何意义

$$r_d = \left.\frac{\Delta u_D}{\Delta i_D}\right|_{i_D = I_Q}$$

r_d的数值是随工作点电流的增大而减小的，通常正向交流电阻r_d为几欧姆到几十欧姆。

r_d的数值还可以从二极管的伏安特性表达式导出，即

$$r_d = \frac{\Delta u_D}{\Delta i_D} \approx \left.\frac{du_D}{di_D}\right|_{\substack{u_D = U_Q \\ i_D = I_Q}} = \left.\frac{du_D}{d[I_S(e^{\frac{u_D}{U_T}} - 1)]}\right|_{\substack{u_D = U_Q \\ i_D = I_Q}} \approx \left.\frac{U_T}{I_S e^{\frac{u_D}{U_T}}}\right|_{\substack{u_D = U_Q \\ i_D = I_Q}} \approx \frac{U_T}{I_Q} \tag{1-4}$$

（当$T = 300\text{K}$时，$U_T = 26\text{mV}$）

例如，当Q点$I_Q = 2\text{mA}$时，$r_d = 13\Omega$。

（7）最高工作频率f_M。PN结具有电容效应，它的存在限制了二极管的工作频率。如果通过二极管的信号频率超过管子的最高工作频率，则结电容的容抗变小，高频电流将直接从结电容通过，二极管的单向导电性变差。

1.2.3 二极管电路分析方法

由二极管组成的电路是非线性电路，它的分析方法有图解分析法和模型分析法。在工程中，通常采用模型分析法。它是在特定的条件下，将非线性的二极管伏安特性分段线性化处理，从而可以用由某些线性元器件组成的电路（模型）来近似替代二极管，把非线性的二极管电路转化为线性电路来求解。常用的二极管等效电路有以下两种模型。

1. 理想模型

理想模型将二极管看作一个开关。加正向电压时导通，即开关闭合，二极管两端的电压$u_D=0$；加反向电压时截止，即开关断开，流过二极管的电流$i_D=0$。二极管的理想模型如图1-13所示。当二极管正向电压和正向电阻与外接电路的电压和电阻相比均可忽略时，可采用该模型。

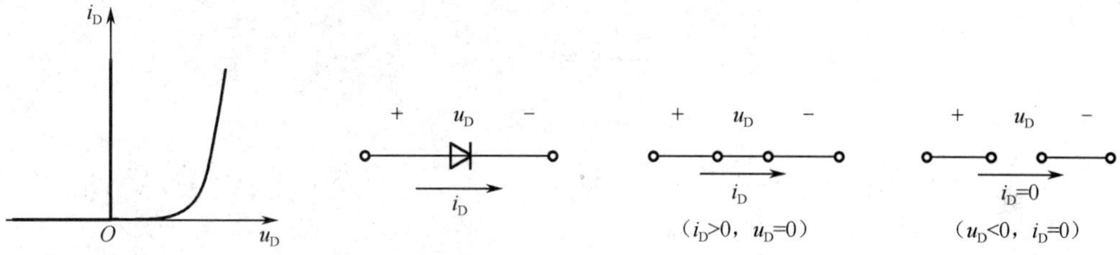

（a）理想模型　（b）电路符号　（c）正向偏置时导通　（d）反向偏置时截止

图1-13　二极管的理想模型

2. 恒压降模型

恒压降模型将二极管看作理想二极管和一个恒压源的串联组合，恒压源的电压U_D为二极管的导通电压（该值与二极管的材料有关，若是硅二极管则$U_D=0.7$，若是锗二极管则$U_D=0.2$）。二极管的恒压降模型如图1-14所示。通常在二极管的正向压降与外加电压相比不能忽略时使用这种模型。

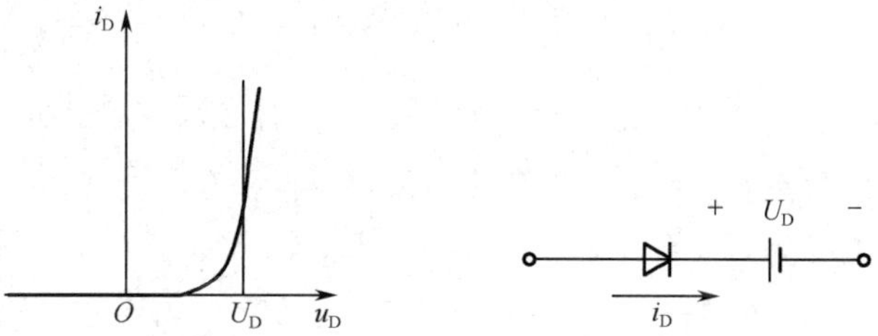

（a）恒压降模型　（b）电路符号

图1-14　二极管的恒压降模型

【例1-1】 二极管电路如图1-15所示，二极管为硅管，试分别用二极管的理想模型、恒压降模型计算回路中的电流I_D和输出电压U_O。

解： 首先要判断二极管VD是导通还是截止。为此，可假定移去二极管VD，计算连接二极管两端处的电位U_a和U_b。由图1-15可知

$$U_a = -12\text{V}，U_b = -16\text{V}$$

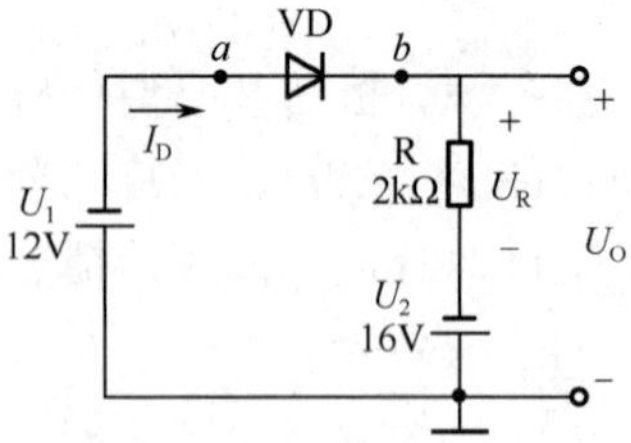

图 1-15　例 1-1 的电路图

（微课视频：二极管电路分析方法（例 1-1））

因为$U_a > U_b$，且$U_a - U_b > 0.5\text{V}$，故在理想模型和恒压降模型中，二极管 VD 均导通。

（1）用理想模型计算。由于二极管 VD 导通，故其管压降$u_D = 0$，其等效电路如图 1-16（a）所示。所以

$$I_D = \frac{U_R}{R} = \frac{-U_1 + U_2}{R} = \frac{-12+16}{2} = 2\ (\text{mA})$$

$$U_O = -U_1 = -12\text{V}$$

（2）用恒压降模型计算。由于二极管 VD 导通，故将其等效为电压值为 0.7V 的恒压源，等效电路如图 1-16（b）所示。所以

$$I_D = \frac{U_R}{R} = \frac{-U_1 + U_2 - U_D}{R} = \frac{-12+16-0.7}{2} = 1.65\ (\text{mA})$$

$$U_O = I_D R - U_2 = 1.65 \times 2 - 16 = -12.7\ (\text{V})$$

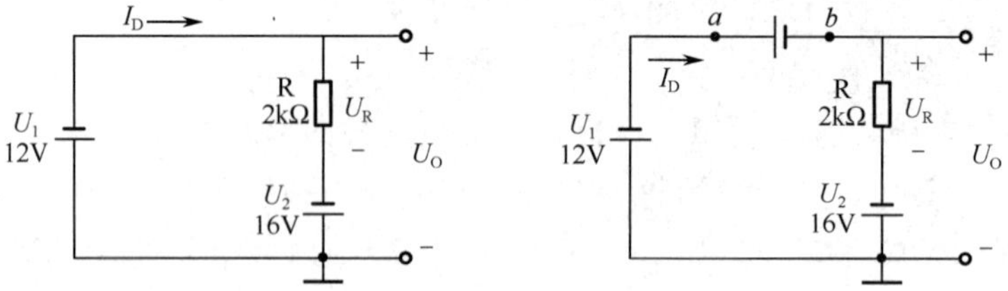

（a）　　　　（b）

图 1-16　例 1-1 的等效电路图

【例 1-2】 电路如图 1-17 所示，试分别计算如下两种情况下输出端 O 的电位。

（1）输入端 A 的电位为 $U_A = 3.6\text{V}$，B 的电位为 $U_B = 3.6\text{V}$；

（2）输入端 A 的电位为 $U_A = 0\text{V}$，B 的电位为 $U_B = 3.6\text{V}$。

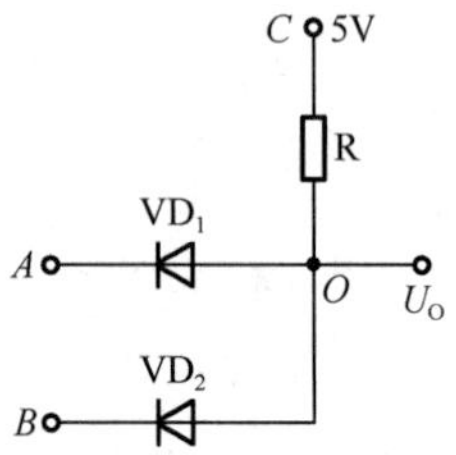

图 1-17　例 1-2 的电路图

解：（1）当 $U_A = 3.6\text{V}$、$U_B = 3.6\text{V}$ 时，VD_1、VD_2 均导通，则

$$U_O \approx 3.6\text{V}$$

（2）当 $U_A = 0\text{V}$、$U_B = 3.6\text{V}$ 时，因为 A 端的电位比 B 端电位低，所以 VD_1 优先导通，则

$$U_O \approx 0\text{V}$$

当 VD_1 导通后，VD_2 上承受反向电压而截止。

当二极管正向导通时，正向压降很小，可以忽略不计，所以可以强制使其阳极电位与阴极电位基本相等，这种作用称为二极管的

钳位作用。当二极管加反向电压时，二极管截止，相当于断路，阳极和阴极被隔离，称为二极管的隔离作用。在例 1-2（1）中，VD_1、VD_2 均起钳位作用，把输出端 O 的电位钳制在3.6V；在例 1-2（2）中，VD_1起钳位作用，把输出端 O 的电位钳制在0V，VD_2起隔离作用，把输入端 B 和输出端 O 隔离开。

【例 1-3】 在图 1-18 所示的电路中，$U=5\text{V}$，$u_i=10\sin\omega t\text{V}$（见图 1-19（a）），VD 为理想二极管，试画出输出电压 u_o 的波形。

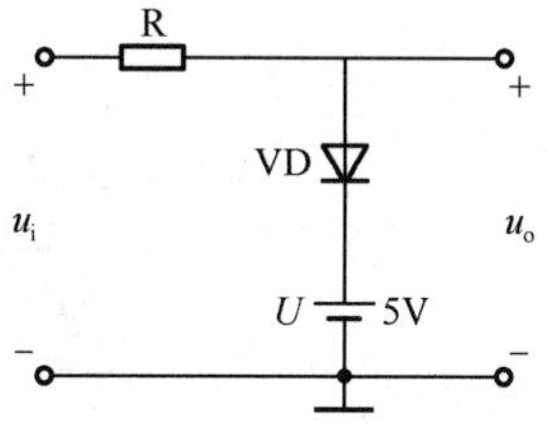

图 1-18 例 1-3 的电路图

解： 分析 u_i 和 5V 电源共同作用下，在哪个时间区段上 VD 正向导通，在哪个时间区段上 VD 反向截止，并在等效电路中求出 u_o 的波形。

（1）在 u_i 正半周，且 $u_i<5\text{V}$ 时，VD 的正极经 R 接 u_i，其负极电源为 U。由于 $u_i<5\text{V}$，故 VD 反向偏置，理想二极管 VD 可视为开路。

此时，$u_o=u_i$，输出电压波形为图 1-19（b）中的 $0a$ 段和 bc 段，波形与输入电压 u_i 波形是一致的。

（2）在 u_i 正半周，当 $u_i>5\text{V}$ 时。此时 VD 正向偏置，理想二极管 VD 可视为短路。

此时，$u_o=5\text{V}$，输出电压波形位于图 1-19（b）的 ab 段，平行于横轴。

（3）在 u_i 负半周，此时 VD 反向偏置，理想二极管 VD 可视为开路。此时，$u_o=u_i$，即 u_o 的波形与 u_i 的波形是一致的。

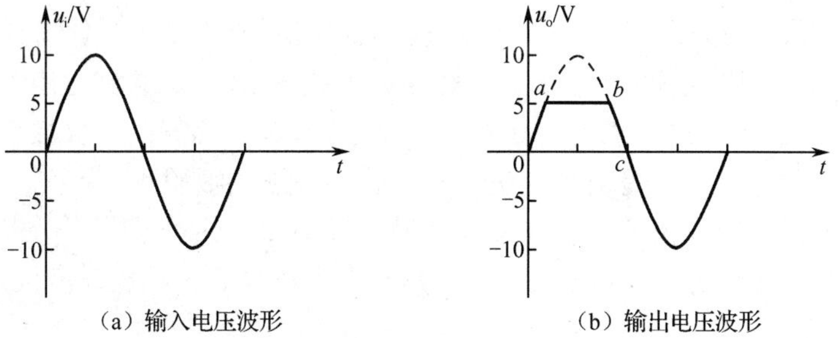

（a）输入电压波形 （b）输出电压波形

图 1-19 输入电压与输出电压波形

1.2.4 特殊的二极管

1. 稳压二极管

稳压二极管是一种用特殊工艺制造的面接触型硅半导体二极管。在反向击穿区，稳压二极管电流变化很大而电压基本不变，利用这一特性可实现电压的稳定。由于它工作在反向击穿区的电击穿区，所以在规定的电流范围内使用时，不会形成破坏性的击穿。稳压二极管的伏安特性及符号如图 1-20 所示。

2. 发光二极管

发光二极管（Light Emitting Diode，LED）是一种光发射器件，能把电能直接转化成光能，它是由镓（Ga）、砷（As）、磷（P）等元素的化合物制成的。由这些材料构成的PN结加上正向电压时，就会发出光来，光的颜色主要取决于制造所用的材料，如砷化镓发出红色光、磷化镓发出绿色光等。目前市场上发光二极管的颜色有红、橙、黄、绿、蓝五种，其外形有圆形、长方形等。如图1-21（a）所示是发光二极管的电路符号。

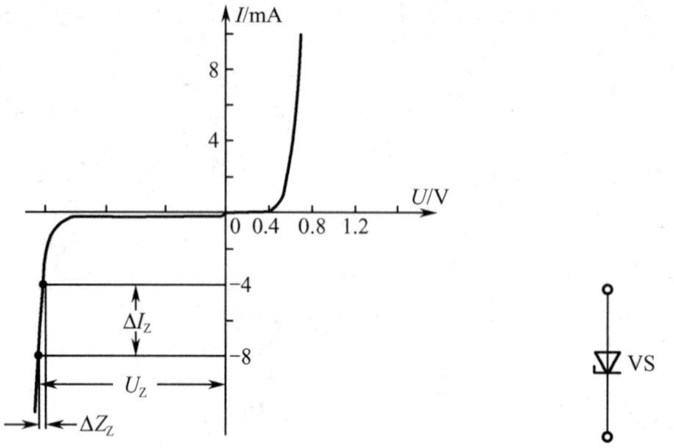

（a）伏安特性　　（b）电路符号

图1-20　稳压二极管的伏安特性及电路符号

发光二极管工作在正偏状态，也具有单向导电性。它的导通电压比普通二极管大，一般为1.7～2.4V，工作电流一般为5～20mA。应用时，加上正向电压，并接入相应的限流电阻即可。发光强度基本上与电流大小呈线性关系。

发光二极管用途广泛，常用作微型计算机、电视机、音响设备、仪器仪表中的电源和信号的指示器，也可做成数字形状，用于显示数字。七段LED数码管就是用七个发光二极管组成一个发光显示单元，可以显示数字（0～9）。将七个发光二极管的负极接在一起，就是共阴极数码管；将七个发光二极管的正极接在一起，就是共阳极数码管。市场上有各种型号的发光二极管产品出售。发光二极管也可以组成字母、汉字和其他符号，用于广告显示。它具有体积小、省电、工作电压低、抗冲击振动、寿命长、单色性好及相应速度快等优点。

3. 光敏二极管

光敏二极管是一种光接收器件，其PN结工作在反偏状态。如图1-21（b）所示为光敏二极管的电路符号。

光敏二极管在管壳上有一个玻璃窗口以便于接受光照，它的反向电流随着光照强度的增加而上升。

光敏二极管作为光电器件，广泛应用于光的测量和光电自动控制系统。如光纤通信中的光接收机、电视机和家庭音响的遥控接收。另外，大面积的光敏二极管可用作能源，即光电池，光能源是很有发展前途的绿色能源。

4. 变容二极管

变容二极管是利用PN结的电容效应工作的，它工作于反向偏置状态，它的电容量与反偏电压大小有关。改变变容二极管的直流反偏电压，就可以改变其电容量。如图1-21（c）所示为变容二极管的电路符号。

（a）发光二极管　（b）光敏二极管　（c）变容二极管

图 1-21　发光二极管、光敏二极管和变容二极管的电路符号

变容二极管被广泛应用于谐振回路中。例如，在电视机中就使用它作为调谐回路的可变电容器来实现电视频道的选择。在高频电路中，变容二极管作为变频器的核心器件，是信号发射机中不可缺少的器件。

1.3 单相整流电路

整流电路是构成线性稳压电源最重要的环节，它利用二极管的单向导电性，将正负交替的正弦交流电压变成单方向的脉动电压。单相整流电路有半波整流、全波整流和桥式整流电路等。

1.3.1 单相半波整流电路

1. 电路的组成和工作原理

如图 1-22（a）所示是单相半波整流电路，变压器 T 将电网的正弦交流电 u_1 变成 u_2，设

$$u_2 = \sqrt{2}U_2 \sin \omega t \tag{1-5}$$

在变压器二次电压 u_2 的正半周期，二极管 VD 正偏导通，电流经过二极管流向负载，在负载电阻 R_L 上得到一个极性为上正、下负的电压，即 $u_o = u_2$（忽略管压降）；在 u_2 的负半周期内，二极管反偏截止，负载上几乎没有电流流过，即 $u_o = 0$。所以负载上得到了单方向的直流脉动电压，负载中的电流也是直流脉动电流。半波整流的波形如图 1-22（b）所示。

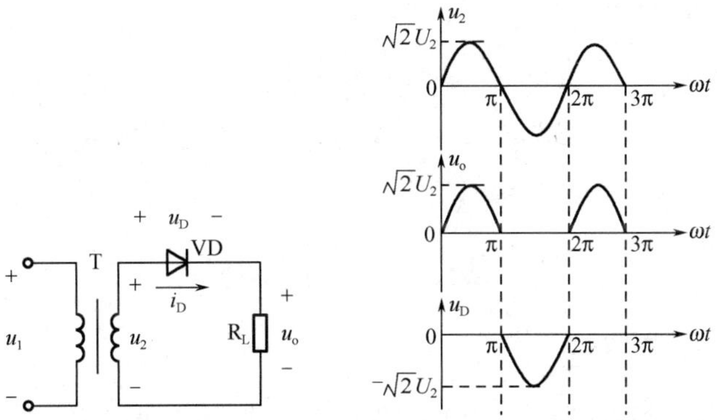

（a）单相半波整流电路　（b）波形图

图 1-22　单相半波整流电路及其波形图

2. 负载上平均电压和电流的估算

在半波整流情况下，负载两端的平均电压为输出电压的瞬时值在一个周期内的平均值，即

$$U_o = \frac{1}{2\pi}\int_0^{2\pi} u_o \mathrm{d}(\omega t) = \frac{\sqrt{2}U_2}{\pi} \approx 0.45U_2 \tag{1-6}$$

负载电流的平均值为

$$I_o = 0.45U_2 / R_L \tag{1-7}$$

整流输出电压的脉动因数定义为输出电压的基波最大值 U_{om} 与输出电压平均值 U_o 之比，用字母 S 表示。半波整流电路的脉动因数 S 为

$$S = \frac{U_{om}}{U_o} = \frac{\sqrt{2}U_2}{0.45U_2} = \frac{\sqrt{2}}{0.45} \approx 3.14 \tag{1-8}$$

3. 二极管的选择

理想情况下，二极管的参数选择主要由流过二极管的电流平均值 I_F 和它在电路中所承受的最高反向电压 U_{RM} 来确定。而实际情况下，电网电压有 20%的正负波动，即电源变压器一次电压值为 176～264V，因此，二极管的参数 I_F 和 U_{RM} 应留有 20%的余地。

（1）最大正向平均电流 I_F 的参数选择。在半波整流电路中，二极管的电流任何时候都等于输出电流，故二极管的最大正向平均电流 I_F 取值范围为

$$I_F \geqslant 1.2I_o = 1.2\frac{0.45U_2}{R_L} \tag{1-9}$$

（2）最高反向电压 U_{RM} 的参数选择。如图 1-22（b）所示，在半波整流电路中，二极管的最大反向电压就是变压器二次电压的最大值 $\sqrt{2}U_2$，故二极管的最高反向电压 U_{RM} 取值范围为

$$U_{RM} \geqslant 1.2\sqrt{2}U_2 \tag{1-10}$$

4. 半波整流电路的特点

半波整流电路的特点是电路简单、使用元器件少、整流效率低、输出脉动大。由于上述原因，半波整流电路只用在一些对输出电压要求不高，输出电流较小且对电压平滑程度要求不高的场合。

1.3.2 桥式整流电路

（微课视频：桥式整流电路的组成和工作原理）

1. 电路的组成和工作原理

为了克服半波整流电路的缺点，常采用桥式整流电路，如图 1-23 所示。桥式整流电路中的四只二极管可以是四只分立的二极管，也可以是一个内部装有四只二极管的桥式整流器（桥堆）。

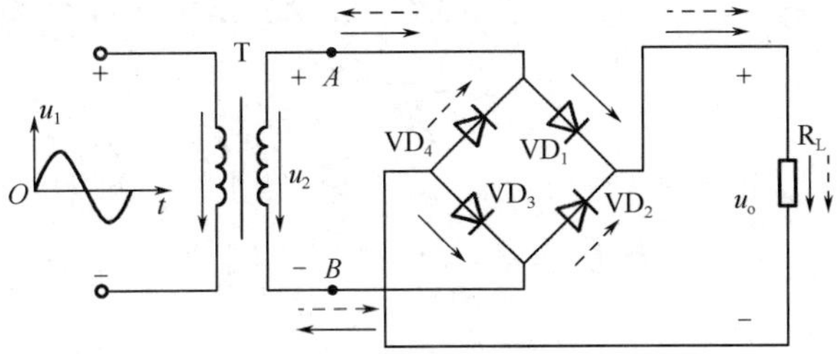

图 1-23 桥式整流电路

在u_2的正半周内（A端为正、B端为负），二极管VD_1、VD_3因正偏而导通，VD_2、VD_4因反偏而截止，且$u_o=u_2$（忽略管压降）；在u_2的负半周内（B端为正，A端为负），二极管VD_2、VD_4导通，VD_1、VD_3截止，且$u_o=-u_2$（忽略管压降）。但无论在u_2的正半周还是负半周，流过负载R_L中的电流方向是一致的。在整个周期内，四只二极管分两组轮流导通或截止，负载上得到了单方向的脉动直流电压和电流。桥式整流电路中各处的波形如图 1-24 所示。

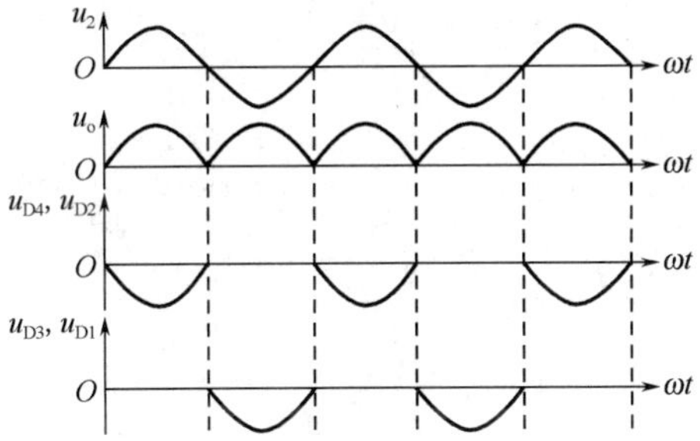

图 1-24 桥式整流电路的相关波形

2. 负载上平均电压和电流的估算

在桥式整流情况下，负载两端的平均电压为

$$U_o=\frac{1}{\pi}\int_0^{\pi}u_o\mathrm{d}(\omega t)=\frac{1}{\pi}\int_0^{\pi}u_2\mathrm{d}(\omega t)=\frac{1}{\pi}\int_0^{\pi}\sqrt{2}U_2\sin\omega t\mathrm{d}(\omega t)=\frac{2\sqrt{2}}{\pi}U_2\approx 0.9U_2 \qquad (1\text{-}11)$$

负载电流的平均值为

$$I_o=0.9U_2/R_L \qquad (1\text{-}12)$$

脉动因数S为

$$S=\frac{U_{om}}{U_o}=\frac{\sqrt{2}U_2}{0.9U_2}=\frac{\sqrt{2}}{0.9}\approx 1.57 \qquad (1\text{-}13)$$

3. 二极管的选择

考虑电网电压 20%波动情况下，二极管的参数I_F和U_{RM}应留有 20%的余地。

（微课视频：如何选择桥式整流电路的元件参数）

（1）最大正向平均电流I_F的参数选择。在桥式整流电路中，由于四只二极管两两轮流导电，即二极管都只在半个周期内导通，

二极管平均电流是输出电流平均值的一半，故二极管的最大正向平均电流 I_F 取值范围为

$$I_F \geqslant 1.2\frac{I_o}{2} = 1.2\frac{0.45U_2}{R_L} \tag{1-14}$$

（2）最高反向电压 U_{RM} 的参数选择。在桥式整流电路中，二极管的最大反向电压就是变压器二次电压的最大值 $\sqrt{2}U_2$，故二极管的最高反向电压 U_{RM} 取值范围为

$$U_{RM} \geqslant 1.2\sqrt{2}U_2 \tag{1-15}$$

4．桥式整流电路的特点

桥式整流电路输出电压的直流分量大、纹波小，且每只二极管流过的平均电流也都小，因此桥式整流电路应用最为广泛。

【例 1-4】 设计一个输出电压为 24V，输出电流为 1A 的桥式整流电路，试确定变压器二次绕组的电压有效值 U_2，并选定相应的整流二极管。

解： 变压器二次绕组电压有效值为

$$U_2 = \frac{U_o}{0.9} = \frac{24}{0.9} = 26.7\text{（V）}$$

考虑电网 20%波动情况下，整流二极管承受的最高反向电压 U_{RM} 取值范围为

$$U_{RM} \geqslant 1.2\sqrt{2}U_2 \approx 1.2\times1.414\times26.7 = 45.3\text{（V）}$$

流过整流二极管的平均电流 I_F 取值范围为

$$I_F \geqslant 1.2\frac{I_o}{2} = 1.2\times\frac{1}{2} = 0.6\text{（A）}$$

因此，可选用四只型号为 2CZ11A 的整流二极管，其最大整流电路为 1A，最高反向电压为 100V。

1.4 滤波电路

经过整流电路后的输出电压是直流电压，但直流成分里含有较大的脉动成分，这样的直流电压不能保证仪器仪表正常工作，因此需要抑制输出电压中的脉动成分，同时还要尽量保留其中的直流成分，从而使得输出电压更加平滑，滤波电路可以实现这种功能。

滤波电路一般由电容、电感、电阻等元器件组成。常用的滤波电路有电容滤波电路、电感滤波电路、Π 形滤波电路等。

1.4.1 电容滤波电路

图 1-25 所示为桥式整流电容滤波电路原理图，电容器 C 与整流电路的负载并联。

1．工作原理分析

电容滤波电路是根据电容器的端电压在电路状态改变时不能发生突变的原理工作的，下面分析其滤波原理。

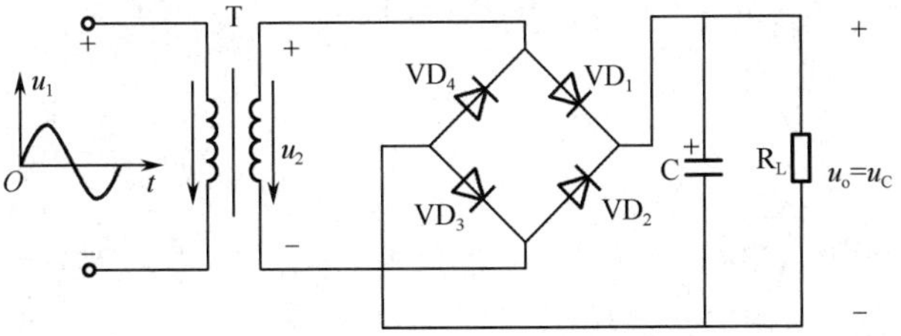

图 1-25　电容滤波电路原理图

（微课视频：电容滤波电路工作原理）

（1）未接入负载 R_L 时的情况如图 1-26 所示。设电容器两端初始电压为零，若在 u_2 的正半周接通交流电源，u_2 通过 VD_1、VD_3 向电容器 C 充电；若在 u_2 的负半周接通交流电源，u_2 通过 VD_2、VD_4 向电容器 C 充电，充电时间常数为 τ，$\tau=R_nC$，其中，R_n 包括变压器二次绕组的电阻和二极管的正向电阻。由于一般 R_n 很小，因此电容器很快就充电达到交流电压 u_2 的最大值 $\sqrt{2}U_2$。由于未接入负载 R_L，电容器无放电回路，故输出电压 u_o（即电容器 C 两端的电压 u_C）保持为 $\sqrt{2}U_2$，输出为一个恒定的直流电压。

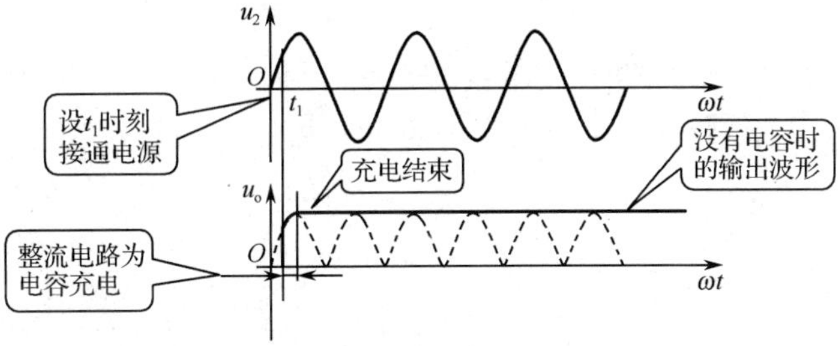

图 1-26　未接入负载 R_L 时的电容滤波电路工作波形

（2）接入负载 R_L 时的情况如图 1-27 所示。设变压器次级电压 u_2 在 $t=0$ 时刻从 0 值开始上升（即正半周开始），这时接入负载 R_L，且电容器在负载接入前已充电至 $\sqrt{2}U_2$，故刚接入负载时 $u_2<u_C$，二极管 VD_1、VD_3 承受反向电压而截止，电容器 C 经 R_L 放电。随着放电时间的推移，电容电压两端电压下降，u_2 值在增加。当 $u_2>u_C$ 时，二极管导通，u_2 一方面经过整流电路给负载供电，另一方面对电容 C 充电，充电电流为 i_D，充电电压 u_C 随着正弦电压 u_2 增大而增大，而后 u_2 增大至最大值再下降，当 u_2 再次小于 u_C 时，重复上述过程，这样周而复始，在输出端得到较为平滑的输出电压。

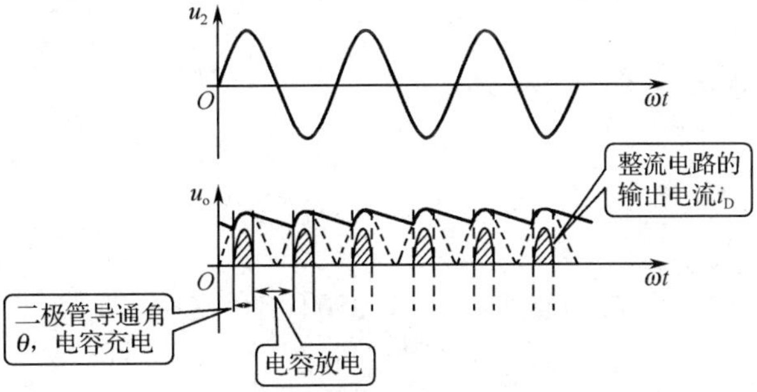

图 1-27　接入负载 R_L 时的电容滤波电路工作波形

电容器放电过程的快慢程度取决于 R_L 与 C 的乘积，即放电时间常数 $\tau = R_L C$ 。

τ 越大，放电过程越慢，输出电压越平稳。

2. 输出电压的估算

经电容滤波后，负载 R_L 上电压平均值的大小与负载 R_L 的阻值有关。当 R_L 为无穷大时（不接负载），电容充电到最大值 $\sqrt{2}U_2$ 后，无放电回路，故 u_o 的平均值为 $\sqrt{2}U_2$ ，而无滤波电容时，桥式整流电容滤波的输出电压 u_o 的平均值为 $0.9U_2$ ，由此可得工程实际中，一般估算输出电压为

$$U_o \approx 1.2U_2 \tag{1-16}$$

需要注意的是，在上述输出电压的估算中，都没有考虑二极管的导通压降和变压器二次绕组的直流电阻。在设计直流电源时，当输出电压较低时（10V 以下），应该把上述因素考虑进去，否则实际测量结果与理论设计差别较大。实践经验表明，在输出电压较低时，按照上述公式的计算结果再减去 2V（二极管的压降和变压器二次绕组的直流压降之和），可以得到与实际测量相符的结果。

3. 滤波电容和整流二极管参数的选择

（1）滤波电容的选择。在负载 R_L 一定的条件下，电容 C 越大，放电常数越 τ 大，滤波效果越好，根据工程经验，电容器 C 的容量选择应该满足

$$R_L C \geqslant (3\sim5)\frac{T}{2} \tag{1-17}$$

式中，T 为交流电的周期，$T = 0.02\text{s}$ 。

电容的耐压值为 $$U_C > \sqrt{2}U_2$$

（2）整流二极管的选择。如图 1-27 所示，只有整流电路输出电压大于 u_o 时，才有充电电流 i_D ，因此整流电路的输出电流是脉冲波。整流二极管导通角 θ 小，冲击电流较大，故一般选管时，取

$$I_F = (5\sim7)\frac{I_L}{2} = (5\sim7)\frac{U_o}{2R_L} \tag{1-18}$$

【例 1-5】 单相桥式整流电容滤波电路的输出电压 $U_o = 30\text{V}$ ，负载电流为 250mA ，试选择整流二极管的型号和滤波电容 C。

解：（1）考虑电网 20%波动情况下，选择整流二极管。

$$I_F \geqslant 1.2\frac{I_o}{2} = 1.2\times\frac{250}{2} = 150\ (\text{mA})$$

整流二极管承受的最高反向电压 U_{RM} 。

$$U_2 = U_o / 1.2 = 25\text{V},\quad U_{RM} \geqslant 1.2\sqrt{2}U_2 \approx 1.2\times1.414\times25\text{V} = 42.4\text{V}$$

查手册选用 2CP21A，参数 $I_{FM} = 300\text{mA}$ ，$U_{RM} = 50\text{V}$ 。

（2）确定滤波电容大小。

$$R_L = U_o / I_o = 30/250 = 120\ (\Omega)$$

根据 $R_L C \geqslant (3\sim5)\frac{T}{2}$ ，取 $C = 2T / R_L$ ，故 $C = 2T / R_L = 2\times0.02/120 = 333.3\mu\text{F}$

4. 电容滤波电路的特点

电容滤波电路结构简单，使用方便，但是当要求输出电压的脉动成分非常小时，则要求电容的容量非常大，这样不但不经济，甚至不可能。另外，当要求输出电流较大或输出电流变化较大时，二极管的脉冲峰值电流较大，电容滤波也不适用。此时，应考虑其他形式的滤波电路。

总之，电容滤波电路适合于负载电流小和输出电压较高的场合，如应用在各种家用电器的电源电路上。

1.4.2 其他类型的滤波电路

1. 电感滤波电路

图 1-28（a）所示为桥式整流电感滤波电路，电感 L 串联在负载 R_L 回路中。根据电感的特点，在整流后电压的变化引起负载的电流改变，电感 L 上将感应出一个与整流输出电压变化相反的反电动势，两者的叠加使得负载上的电压比较平缓，输出电流基本保持不变。

从另一角度分析，电感具有通直流阻交流的特性，即直流电阻很小，交流阻抗很大，因此直流成分经过电感后基本上没有损失，而交流分量大部分下降在电感上，所以减少了输出电压中的脉动成分，负载上得到了较为平滑的直流电压。电感滤波输出电压的波形如图 1-28（b）所示。

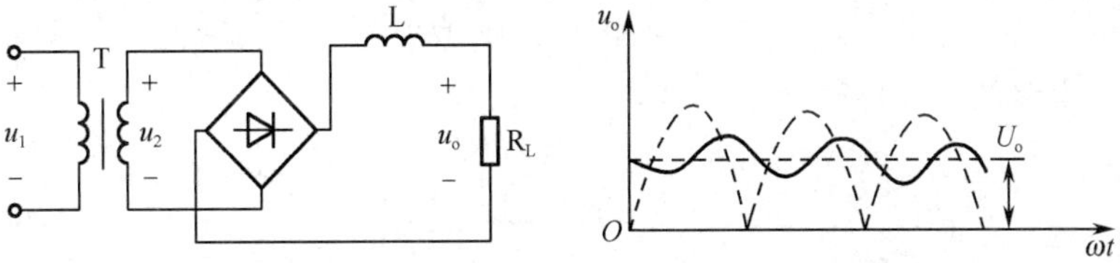

（a）电路　　（b）波形

图 1-28　桥式整流电感滤波电路及其输出电压波形

在忽略滤波电感 L 上的直流压降时，输出的直流电压为

$$U_o \approx 0.9U_2 \tag{1-19}$$

整流二极管的导通角

$$\theta = \pi \tag{1-20}$$

电感滤波电路的优点是输出波形比较平坦，而且电感 L 越大，负载 R_L 越小，输出电压的脉动就越小，适用于电压低、负载电流较大的场合，如工业电镀等。其缺点是体积大、成本高、有电磁干扰。

2. Π 形滤波电路

为进一步减小负载电压中的纹波，可采用图 1-29（a）所示的桥式整流 Π 形 LC 滤波电路，这种滤波电路是在电容滤波的基础上再加一级 LC 滤波电路构成的。

桥式整流后得到的脉动直流电经过电容 C_1 滤波以后，剩余的交流成分在电感中受到感抗的阻碍而衰减，然后再次被电容滤波，使负载得到的电压更加平滑。当负载电流较小时，常用小电阻代替电感，以减小电路的体积和质量，这种电路称为Π形 RC 滤波电路，如图 1-29（b）所示。收音机和录音机中的电源滤波电路就采用了这种类型的滤波电路。

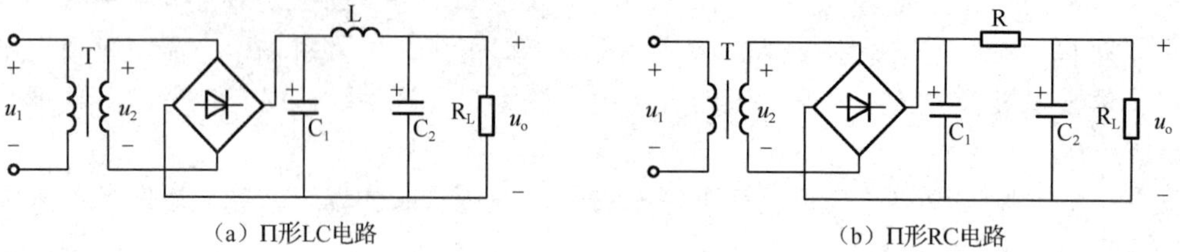

图 1-29　Π 形滤波电路

1.5　稳压电路

经整流和滤波后的电压往往会随交流电源电压的波动和负载的变化而变化。电压的不稳定有时会产生测量和计算的误差，从而引起控制装置工作不稳定，甚至会令其无法正常工作。因此，需要一种稳压电路，使输出电压在电网波动或负载变化时基本稳定在某一数值上。

1.5.1　稳压二极管稳压电路

稳压二极管稳压电路原理如图 1-30 所示，由稳压管 VS 和限流电阻 R 组成。稳压管在电路中应反向连接，它与负载电阻 R_L 并联后，再与限流电阻串联，因此属于并联型稳压电路。下面简单分析该电路的工作原理。

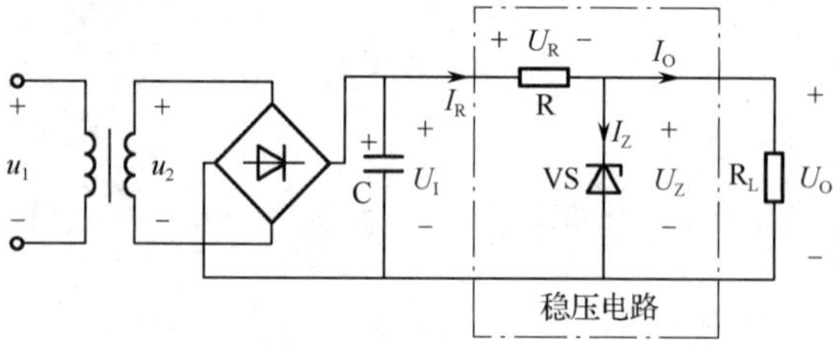

图 1-30　稳压二极管稳压电路原理图

稳压电路中电压和电流的关系为

$$U_I = U_R + U_O(U_Z) \tag{1-21}$$

$$I_R = I_Z + I_O \tag{1-22}$$

1. 负载电阻 R_L 不变

当负载不变、电网电压上升时，U_I 增加，U_O 随之增加，由稳压管的伏安特性可知，稳压管的电流 I_Z 就会显著增加，结果使电阻 R 上电流增加、压降增大，以抵偿 U_I 的增加，从而使负载电压 U_O 的数值基本保持不变。过程为

$$U_I\uparrow \to U_O(U_Z)\uparrow \to I_Z\uparrow \to I_R\uparrow \to U_R\uparrow \to U_O\downarrow$$

2. 电源电压 U_I 不变

当电网电压保持不变、负载电阻 R_L 的值减小时，I_O 增大，I_R 随之增大，R 上的压降升高，使得输出电压 U_O 将下降。由于稳压管并联在输出端，当稳压管两端的电压有所下降时，电流 I_Z 将急剧减小，而 $I_R = I_Z + I_O$，故 I_R 基本维持不变，R 上的电压也就维持不变，从而得到输出电压基本维持不变。

【例 1-6】 在图 1-30 所示的稳压电路中，已知稳压管的稳定电压 U_Z 为 6V，最小稳定电流 $I_{Z\min}$ 为 5mA，最大稳定电流 $I_{Z\max}$ 为 40mA；输入电压 U_I 为 15V，波动范围为±10%；限流电阻 R 为 200Ω。

（1）电路是否能空载？为什么？

（2）作为稳压电路的指标，负载电流 I_O 的范围是什么？

解：（1）空载时稳压管流过的电流为

$$I_Z = I_R = \frac{U_{I\max} - U_Z}{R} = \frac{1.1\times 15-6}{200}\text{A} = 52.5\text{mA} > I_{Z\max} = 40\text{mA}$$

所以电路不能空载，否则会烧毁稳压管。

（2）根据 $I_{Z\min} = \dfrac{U_{I\min} - U_Z}{R} - I_{O\max}$，负载电流的最大值为

$$I_{O\max} = \frac{U_{I\min} - U_Z}{R} - I_{Z\min} = \frac{0.9\times 15-6}{200}\text{A} - 5\text{mA} = 32.5\text{mA}$$

根据 $I_{Z\max} = \dfrac{U_{I\max} - U_Z}{R} - I_{O\min}$，负载电流的最小值为

$$I_{O\min} = \frac{U_{I\max} - U_Z}{R} - I_{Z\max} = \frac{1.1\times 15-6}{200}\text{A} - 40\text{mA} = 12.5\text{mA}$$

所以，负载电流的范围为 12.5～32.5mA。

1.5.2 集成线性稳压电路

随着电子技术及半导体工艺的飞速发展，构成电路的所有元器件及连接导线被集中制作在一块很小的半导体硅片上，然后加以封装，只通过有限的引脚与外电路连接，构成具有特定功能的集成电路。

目前常见的集成稳压电路是三端稳压器，它具有体积小、可靠性高、使用灵活、价格低廉等优点，所以应用广泛。三端稳压器按输出电压是否可调，可分为固定式和可调式两种。

1. 固定式三端稳压器

（1）固定正电压输出三端稳压器。常用的固定正电压输出三端稳压器是 78×× 系列，型号中的××两位数表示输出电压的稳定值，分别代表 5V、6V、9V、12V、15V、18V、24V。例如，7812 的输出电压为 12V，7805 的输出电压为 5V。

78×× 系列三端稳压器的外部引脚如图 1-31（a）所示，1 脚为输入端 U_I，2 脚为输出端 U_O，3 脚为公共端 GND。在使用该系列的稳压器时，输入端与输出端之间的电压不得低于 3V。

（2）固定负电压输出三端稳压器。常用的固定负电压输出三端稳压器有79××系列，型号中的××两位数表示输出电压的稳定值，和78××系列相对应，分别代表−5V、−6V、−9V、−12V、−15V、−18V、−24V。

79××系列三端稳压器的外部引脚如图1-31（b）所示，1脚为公共端GND，2脚为输出端U_O，3脚为输入端U_I。

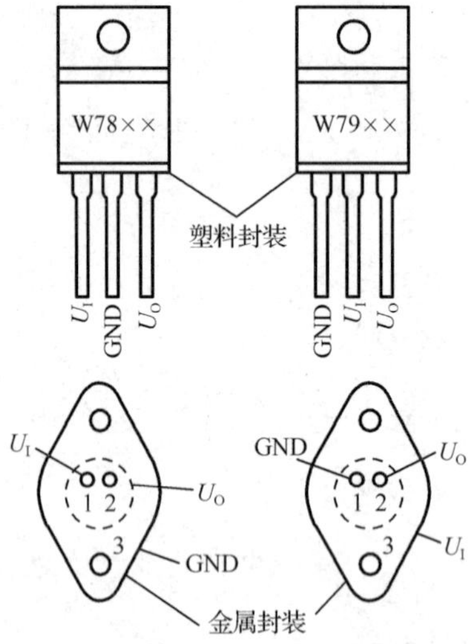

图1-31　固定输出的三端稳压器外形图

（3）固定输出三端稳压器的典型应用电路。图1-32所示为W78××系列稳压芯片的典型应用电路，电容C_i用于抵消因输入端线路较长而产生的电感效应，可防止电路发生自激振荡，其容量较小，一般小于1μF。外接电容C_o可消除因负载电流跃变而引起输出电压的较大波动，可取小于1μF的电容。如果输入端断开，则C_o将从稳压电路输出端向稳压电路放电，易使稳压电路损坏。因此，可在稳压电路的输入与输出之间跨接一个二极管VD，起保护作用。

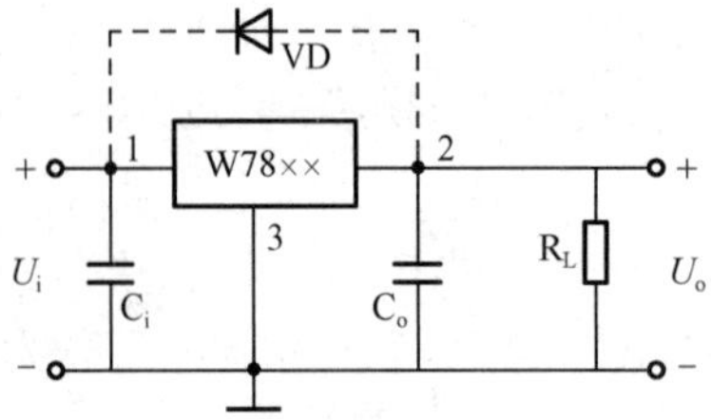

图1-32　W78××系列稳压芯片的典型应用电路

（微课视频：如何使用CW317设计可调式稳压电路）

2. 可调式三端稳压器

常见可调式三端稳压器有输出为正电压的CW117、CW217、CW317系列和输出为负电压的CW137、CW237、CW337系列。其外形和基本应用电路如图1-33所示，图中的2脚和3脚分别为输入端U_I和输出端U_O，1脚为调整端ADJ，用于外接调整电路以实现输出电压可调。

三端可调输出式集成稳压电路的主要参数有以下几个。

输出电压连续可调范围：1.25～37V。

最大输出电流：1.5A。

调整端（ADJ）输出电流 I_A：50μA。

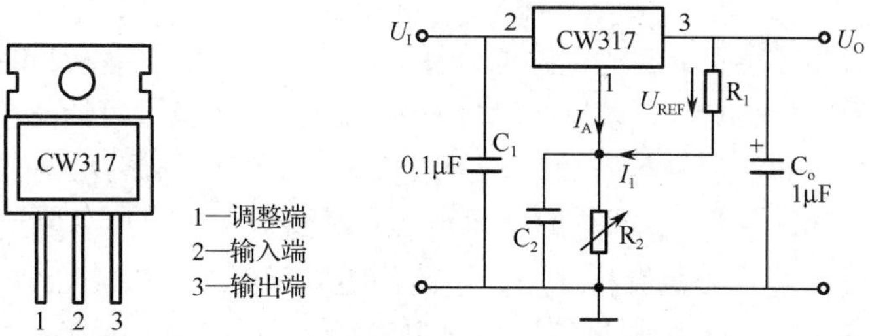

（a）符号　　（b）基本应用电路

图 1-33　CW317 系列集成稳压电路

（1）基本应用电路的工作原理。如图 1-33（b）所示，C_1 和 C_o 的作用与在三端固定式稳压电路中的作用相同。外接电阻 R_1 和 R_2 构成电压调整电路，电容 C_2 用于减小输出纹波电压。为保证集成稳压电路空载时也能正常工作，要求 R_1 上的电流不小于 5mA，故取 $R_1=\dfrac{U_{REF}}{5mA}=\dfrac{1.25V}{5mA}=0.25k\Omega$，实际应用中 R_1 取标称值 240Ω。忽略调整端（ADJ）的输出电流 I_A，则 R_1 和 R_2 是串联关系，因此改变 R_2 的大小即可调整输出电压 U_O。该电路的输出电压为

$$U_O=\frac{U_{REF}}{R_1}(R_1+R_2)+I_AR_2$$

由于 $I_A=50\mu A$，可以略去，又 $U_{REF}=1.25V$，所以有

$$U_O\approx1.25V\times\left(1+\frac{R_2}{R_1}\right) \tag{1-23}$$

（2）大电流三端集成线性稳压电路。有些场合，集成线性稳压电路的电流不能满足负载要求。目前，已经出现了将大功率晶体管和集成运算放大器工艺结合在一起的大电流三端可调式稳压电路。例如，LM396 的最大输出电流可达 10A，输出电压从 1.25～15V 连续可调。该系列产品输出电流较大，具有过热保护、短路限流等功能。LM396 的应用电路如图 1-34 所示。

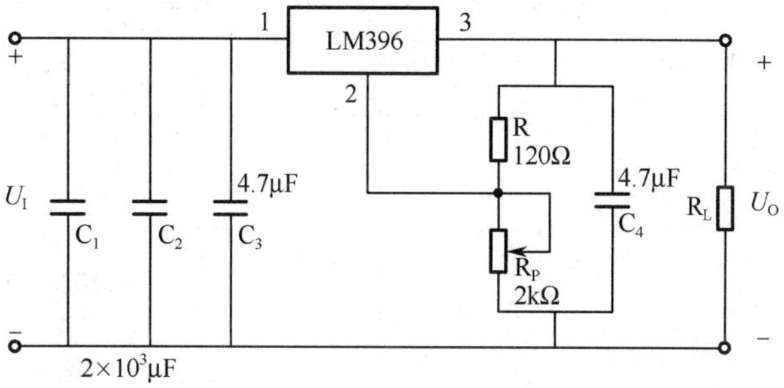

图 1-34　LM396 的应用电路

1.6 项目实施

1.6.1 1.25～27V 可调直流稳压电源的组成

1.25～27V 可调直流稳压电源的电路原理图如图 1-35 所示，它将 220V/50Hz 的交流市电转换为幅值稳定，输出电流为 1A 以下，输出电压 1.25～27V 范围可调的直流电压。

交流电经过变压、整流、滤波和稳压转换成稳定的直流电压，其工作原理如下。

首先，利用电磁感应原理，220V 的交流市电 V_1 经变压器 T_1 变压（降压）至 30V；再利用二极管的单向导电性，经过二极管桥式整流电路，将降压后的 30V 交流电压变成单向脉动电压；再利用电容的充放电作用，经过滤波电路电容 C_1，使输出的将脉动直流电压成为比较平滑的直流电压；最后，利用可调节三端正电压稳压器 LM317K，使输出的直流电压稳定，并实现通过调节 R_2 的阻值改变输出电压，控制 LED 的亮、灭。

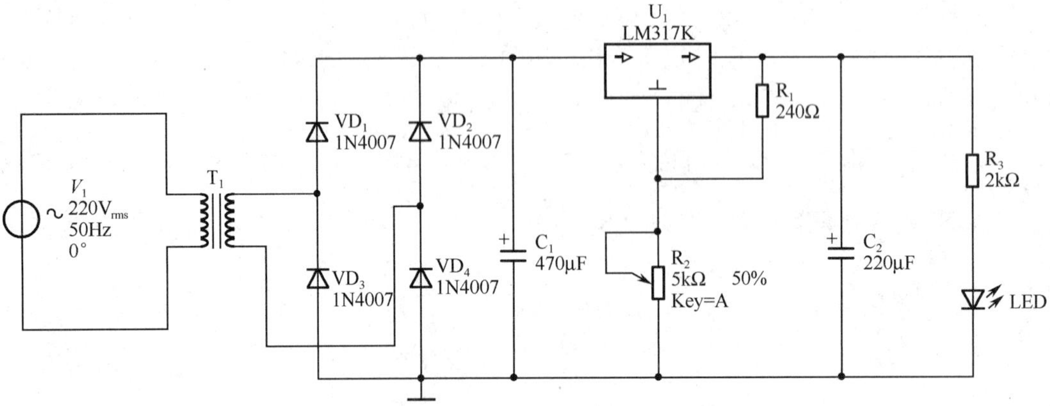

图 1-35 1.25～27V 可调直流稳压电源电路原理图

表 1-1 为 1.25～27V 可调直流稳压电源电路元器件参数及其功能。

表 1-1 1.25～27V 可调直流稳压电源电路元器件参数及其功能

序号	元器件标号	名 称	型号或参数	功 能
1	V_1	市电	220V/50Hz	220V 电源输入
2	T_1	变压器	220V/30V	变压：将 220V/50Hz 交流电变换为 30V/50Hz 交流电
3	VD_1~VD_4	二极管	1N4007	整流：将 30V/50Hz 交流电变换为脉动直流电
4	C_1 、C_2	电容器	CD11，50V/470 μF CD11，50V/220 μF	滤波：滤去脉动直流电中的高频交流成分
5	U_1	集成稳压器	LM317K	稳压：将平滑的直流电压变换为稳定直流电压

续表

序号	元器件标号	名　称	型号或参数	功　能
6	R_1、R_2	输出电压调整电阻、电位器	RJ11，1W，240Ω WS，1W，5kΩ	调节：调整输出电压大小
7	R_3	负载电阻	RJ11，1W，2kΩ	可调的输出电流转变为可调的输出电压
8	LED	发光二极管	Φ5mm，红色	输出指示

1.6.2 电路仿真及分析

在实际电路焊接之前，应该先利用仿真软件对电路进行仿真测试，在测试通过后，再进行实物的焊接、调试。本仿真测试分整流、滤波、稳压三部分进行。

1. 仿真内容

（1）整流电路性能测试。用 Multisim 软件画出变压和桥式整流电路部分，通过调整变压器 T_1 的耦合参数（Coefficient of Coupling）来获得不同的变压器二次电压 u_2。加入负载 R_1，测量二极管桥式整流电路的输出电压，其波形并分析结果，如图 1-36 所示，。

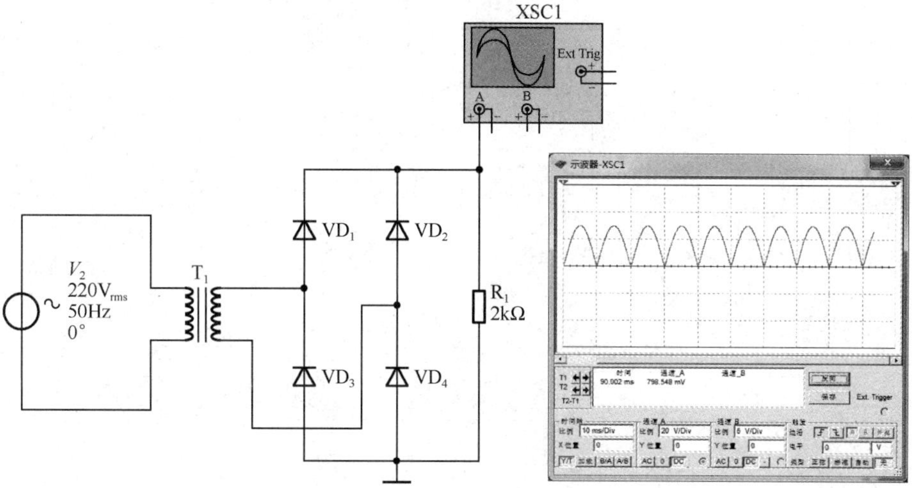

图 1-36　二极管桥式整流电路仿真图

（2）滤波电路性能测试。用 Multisim 软件画出整流和电容滤波电路部分，测量电容滤波后的电压，观察其波形，并分析结果，如图 1-37 所示。

（3）稳压电路性能测试。用 Multisim 软件画出整流、电容滤波和稳压电路部分，改变可调电阻 R_4 的大小，测量经过三端集成稳压电路后的电压，如图 1-38～图 1-40 所示。改变负载 R_1 的大小，再测量输出电压，观察其波形，并分析测量结果。

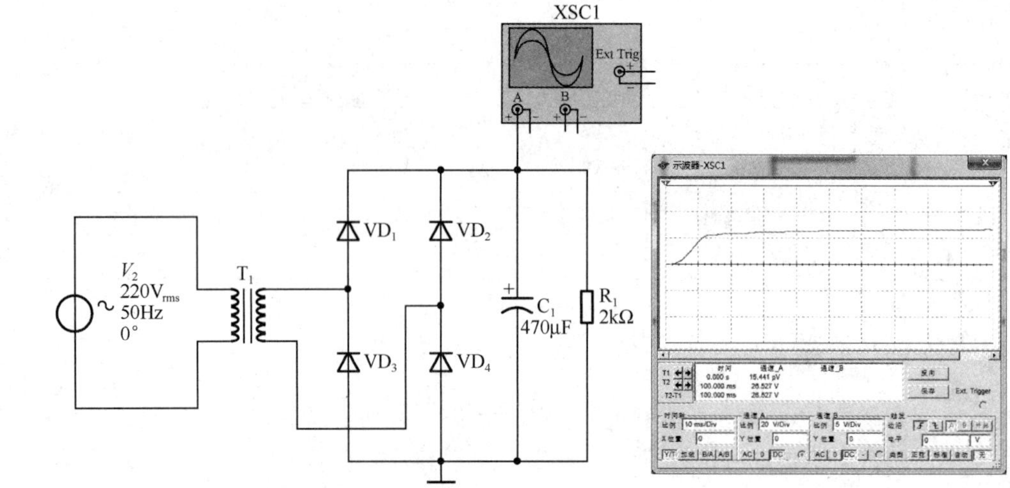

图 1-37　整流、滤波电路仿真图

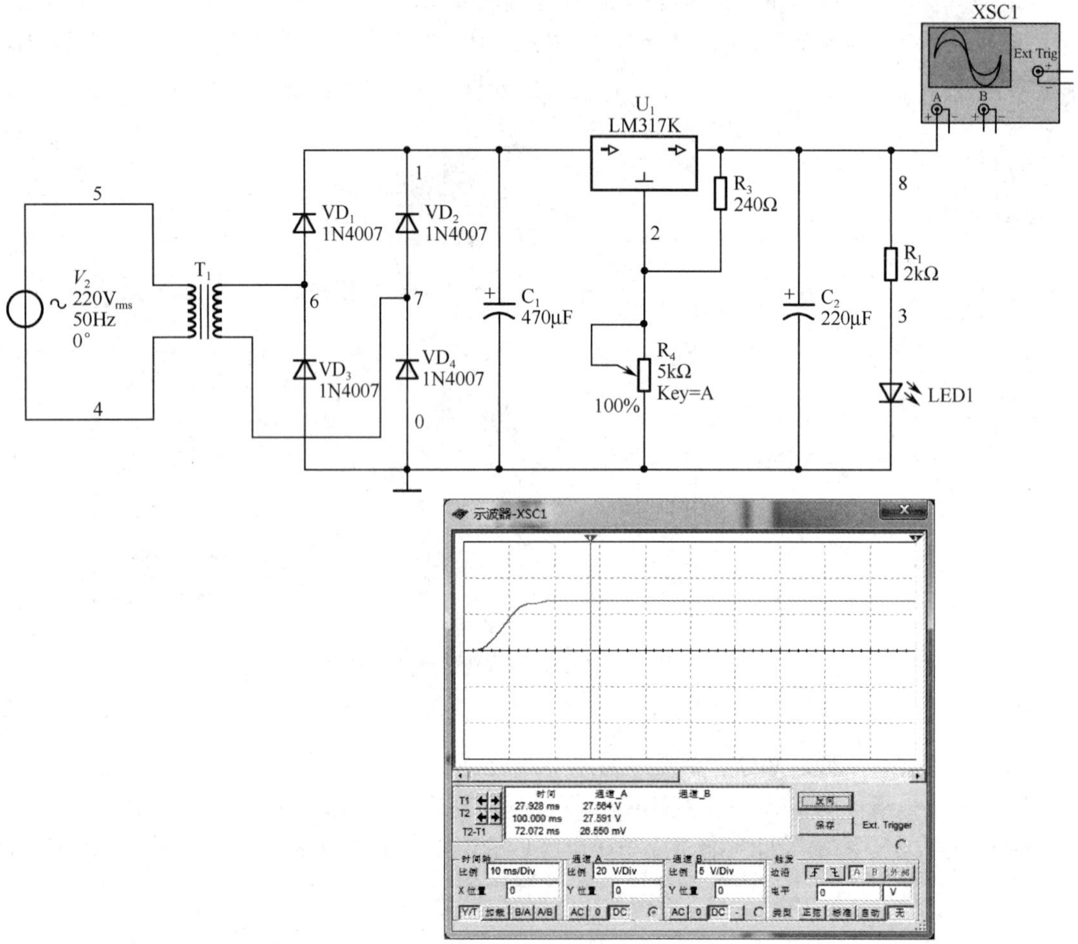

图 1-38　R_4 调到 100%时，稳压电路仿真图

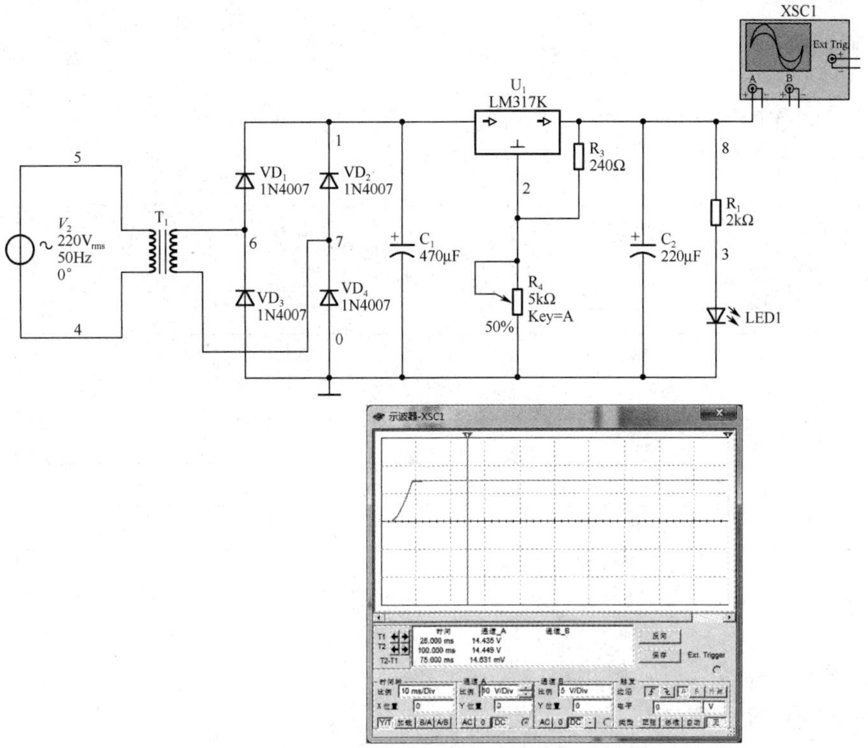

图 1-39　R4 调到 50%时，稳压电路仿真图

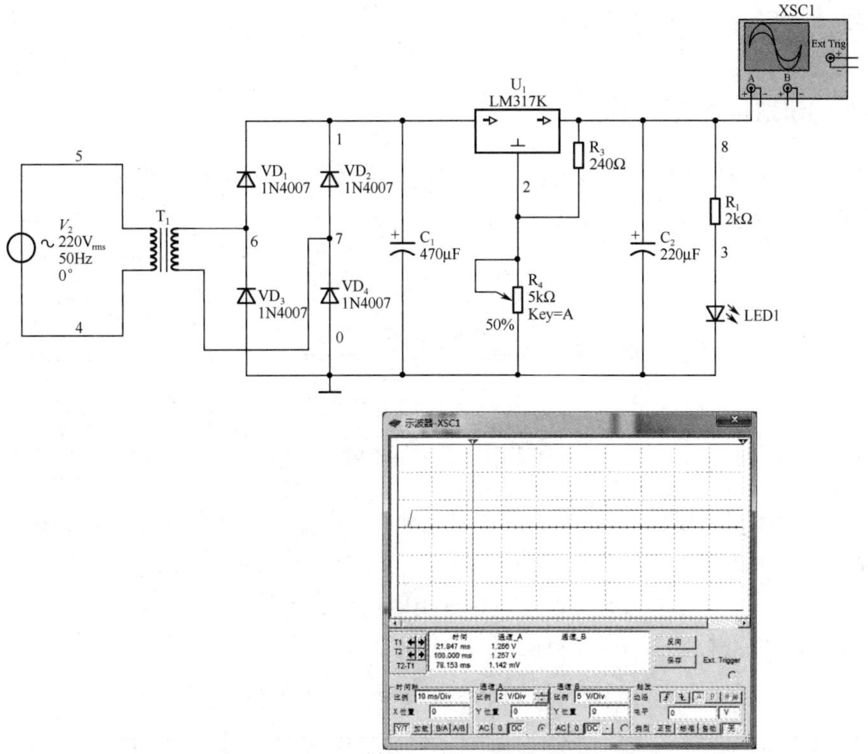

图 1-40　R4 调到 0%时，稳压电路仿真图

2. 仿真结果

仿真结果填入表 1-2 中。

表 1-2　仿真结果

R_4阻值	负载电阻 R_1 / kΩ	变压器二次电压有效值 u_2 /V	整流、滤波后的输出电压/V	三端集成稳压电路稳压后的输出电压/V
100%	1	18		
100%	2	18		
100%	1	20		
100%	2	20		
50%	2	18		
0%	2	18		

3. 仿真结果分析

（1）电源电压 u_2 变化时，输出电压是否变化。

（2）负载变化时，输出电压是否变化。

（3）调节 R_4 的大小时，输出电压的变化范围。

1.6.3　主要元器件的识别和测试

1. 电阻的识别和测试

目前，国际上广泛采用色环标志法来标志电阻阻值允许的误差，色环电阻分为五环和四环，有四种颜色的为四环电阻，五种颜色标在电阻体上的为五环电阻，如图 1-41 所示。

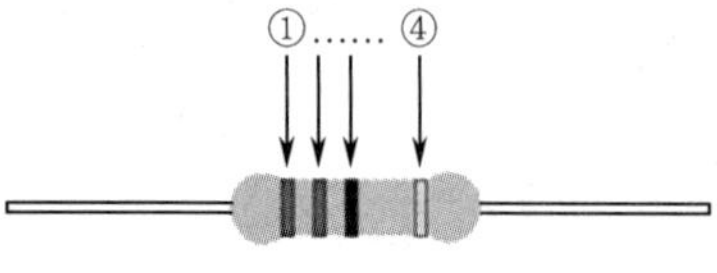

（a）四环电阻

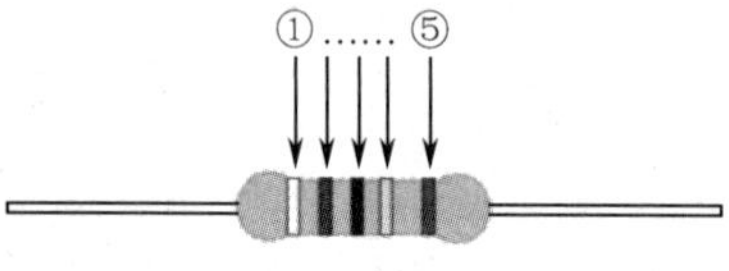

（b）五环电阻

图 1-41　色环标志电阻

（1）四环电阻标志方法。四环电阻的第 1 道环和第 2 道环分别表示电阻的第 1 位和第 2 位有效数字，第 3 道环表示 10 的乘方数（10^n，n 为颜色所表示的数字），第 4 道环表示允许误差（若无第 4 道环，则误差为±20%）。色环电阻的单位一律为Ω。

表 1-3 列出了色环标志法中各色环代表的意义。

表 1-3　色环标志法中各色环代表的意义

色环颜色	黑	棕	红	橙	黄	绿	蓝	紫	灰	白	金	银	无色
有效数字	0	1	2	3	4	5	6	7	8	9	—	—	—

续表

倍率（乘数）	10^0	10^1	10^2	10^3	10^4	10^5	10^6	10^7	10^8	10^9	10^{-1}	10^{-2}	—
误差/%	—	±1	±2	—	—	±0.5	±0.25	±0.1	—	—	±5	±10	±20

例如：某电阻有四道色环，分别为黄、紫、红、金，则其色环的意义为：

①环—黄色 → 4　②环—紫色 → 7　③环—红色 → 10^2　④环—金色 → ±5%

其阻值为4700（1±5%）Ω。

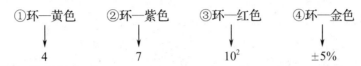

（2）五环电阻标志方法。精密电阻常采用五环电阻标示法，它用前3道色环表示3位有效数字，第4道色环表示10^n，n为颜色所表示的数字，第5道色环表示阻值的允许误差。

例如：某电阻的5道色环为橙、橙、红、红、棕，则其色环的意义为：

①环—橙色 → 3　②环—橙色 → 3　③环—红色 → 2　④环—金色 → 10^2　⑤环—棕色 → ±1%

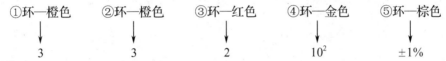

其阻值为33200（1±1%）Ω。

色环电阻是各种电子设备应用得最多的电阻，无论怎样安装，维修者都能方便地读出其阻值，便于检测和更换。但在实践中发现，有些色环电阻的排列顺序不甚分明，往往容易读错，在识别时，可运用如下技巧加以判断。

技巧1：先找标志误差的色环，从而排定色环顺序。最常用的表示电阻误差的颜色是金、银、棕，尤其是金环和银环，一般绝少用作电阻色环的第一环，所以在电阻上只要有金环和银环，就可以基本认定这是色环电阻的最末一环。

技巧2：棕色环既常用作误差环，又常作为有效数字环，且常常在第一环和最末一环中同时出现，使人很难识别哪个是第一环。在实践中，可以按照色环之间的间隔进行判别：如对一个五道色环的电阻而言，第五环和第四环之间的间隔比第一环和第二环之间的间隔要宽一些，据此可判定色环的排列顺序。

技巧3：在仅靠色环间距还无法判定色环顺序的情况下，还可以利用电阻的生产序列值来判别。比如有一个电阻的色环读序是棕、黑、黑、黄、棕，其值为：$100\times10^4\Omega=1\text{M}\Omega$ 误差为1%，属于正常的电阻系列值，若是反顺序读棕、黄、黑、黑、棕，其值为$140\times10^0\Omega=140\Omega$，误差为1%。显然按照后一种排序所读出的电阻值，在电阻的生产系列中是没有的，故后一种色环顺序是不对的。

按以上方法进行电阻标称阻值的识别及实际阻值的测量，完成表1-4。

表1-4 电阻阻值的识别与检测

序列号	电阻标注色环颜色	阻值及误差（由色环写出）	测量阻值（万用表）
例	黄、紫、黑、棕、金	4700（1+5%）Ω	4650Ω
1			
2			
3			

2. 电容的识别和测试

电容器的标注方法包括直接标志法，将主要参数直接标在电容器上，如 47μF。也可以用数字表示法，即用三位数字表示容量，前两位数字为电容器标称容量的有效数字，第三位表示有效数字后面零的个数，单位为pF，如 335 即为33×10^5pF，其电容值为3.3μF 。

电容器在使用前要进行好坏检测，用万用表检测的方法是：在测试前，先将电容器两极短接放电，再把万用表欧姆挡拨到$R\times1$k 挡，两支表笔分别与电容的两端相接。若被测元器件为电解电容器，则应将黑表笔接电容器正极，红表笔接电容器负极。

（1）若表针迅速向右摆起，然后慢慢向左退回原位，说明电容器是好的。

（2）如果表针摆起后不再回转，说明电容器已经被击穿。

（3）如果表针摆起后逐渐退回到某一位置停止，则说明电容器已经漏电。

（4）如果表针摆不起来，一般停留并稳定在 50～200 kΩ 刻度范围内，说明电容器电解质已经干涸，失去容量。

按以上方法进行电容类型、极性识别以及漏电阻的检测，完成表 1-5。

表 1-5　电容的识别与检测

序列号	标志方法	标志内容	标称容值	万用表挡位	实测漏电阻
例	直接标志法	33μF，20V	33μF	1kΩ挡	400kΩ
1					
2					

3. 二极管的识别和检测

（1）二极管的识别。二极管种类繁多，应根据电路的具体要求，参阅半导体器件手册，选用合适的二极管。在使用二极管时，注意不能接错极性，否则电路不能正常工作，甚至会烧毁其他元器件。普通二极管的外形一般可根据管壳外面的标记确定，标有白色色环或标有“-”号的一端是它的负极，如图 1-42 所示。

识别发光二极管正负极的方法，如图 1-43 所示。仔细观察发光二极管，可以发现其内部是一大一小两个电极。一般来说，较小的电极是发光二极管的正极，较大的电极是它的负极。若是新买来的，引脚较长的一端是正极。

图 1-42　普通二极管的外形与极性

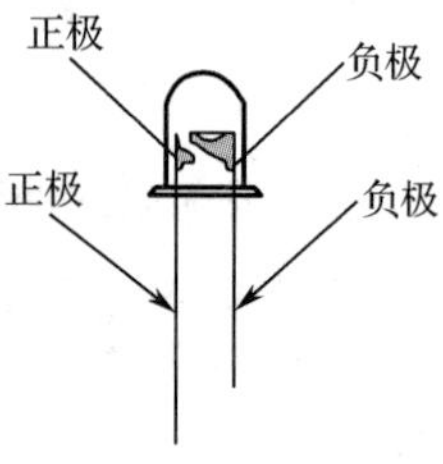

（a）结构示意图

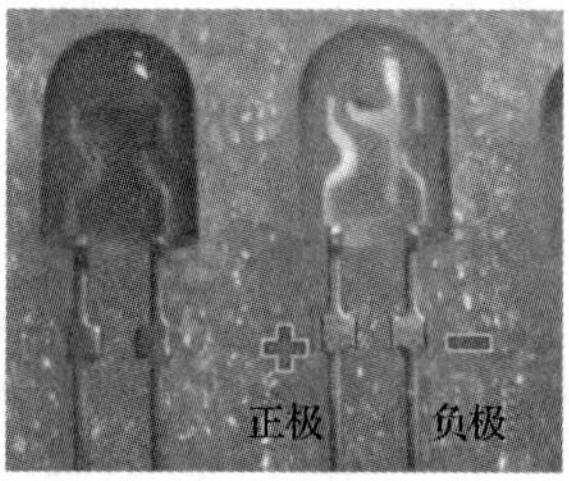

（b）实物图

图 1-43　发光二极管正负极识别方法

（2）二极管的测试。

（微课视频：如何检测二极管的极性与好坏）

① 用指针式万用表测试二极管的方法。将指针式万用表拨到欧姆挡（一般用 $R\times100$ 或 $R\times1k$ 挡），用两个表笔分别接触二极管的两个电极，测出一个阻值，然后将两表笔对换，再测出一个阻值，若两次测量阻值相差很大，则说明二极管是好的，且阻值小的那一次黑表笔所接一端为二极管的正极，红表笔所接一端为负极。若两次测得均为高阻，则说明管子内部断路；若两次均呈较低电阻，则管子内部短路，这些都说明二极管已坏。

正向电阻越小越好，反向电阻越大越好。二极管正、反向电阻值相差越悬殊，说明二极管的单向导电特性越好。若正向测量，表针指示10kΩ 以下，反向测量表针指示值也较小（远远小于 500kΩ ），则说明二极管反向漏电流大，不宜使用。

这里需要注意的是，指针式万用表拨到欧姆挡时，黑表笔接的是表内电源正极，红表笔接的是表内电源负极。

② 用数字万用表测试二极管的方法。将数字万用表拨到二极管挡，用两支表笔分别接触二极管的两个电极，若显示值在 1V 以下，说明管子处于正向导通状态，显示器显示出二极管正向压降的 mV 值，红表笔接的是二极管的正极，黑表笔接的是二极管的负极；若显示溢出符号“1”，说明管子处于反向截止状态，黑表笔接的是二极管的负极，红表笔接的是二极管的负极；若显示为 0，说明管子已被击穿。

这里需要注意的是，数字万用表拨到二极管挡时，红表笔接的是表内电源正极，黑表笔接的是表内电源负极。

按以上方法进行二极管极性与性能判断，完成表 1-6。

表 1-6　二极管的识别与检测

序列号	二极管类型	正向电阻	反向电阻	质量判别（优或劣）
例	整流二极管	30Ω	500kΩ	优
1				
2				

1.6.4　电路安装与调试

1. 电路安装与焊接

（微课视频：如何安装焊接简易电路板）

（1）电路手工焊接工具。内热式电烙铁如图 1-44（a）所示，其发热丝绕在一根陶瓷棒上面，外面再套上陶瓷管绝缘，使用时烙铁头套在陶瓷管外面，热量从内部传到外部的烙铁头上，故称作内热式。该类电烙铁具有热得快、加热效率高、体积小、质量小、用电少等优点，适合于焊接小型的元器件。

外热式电烙铁（又称长寿烙铁）如图 1-44（b）所示，外热式烙铁芯为螺线管状，烙铁头从烙铁芯中间穿过，故称外热式。该类型电烙铁加热效率低，加热速度较缓慢，体较较大，适合焊接大型器件。

恒温电焊台如图 1-44（c）所示，温度能在 200℃～480℃范围内设定。

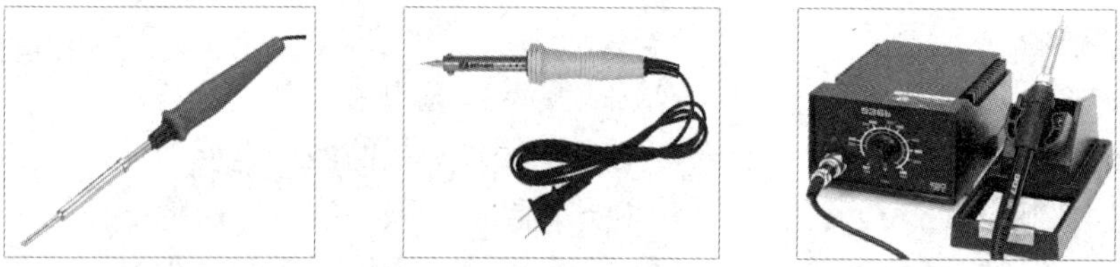

（a）内热式电烙铁　　（b）外热式电烙铁　　（c）恒温电焊台

图 1-44　三种类型的电烙铁

如图 1-45 所示，电路手工焊接辅助工具有烙铁架、螺丝刀、镊子、吸锡器、松香、焊锡丝和高温海绵等。

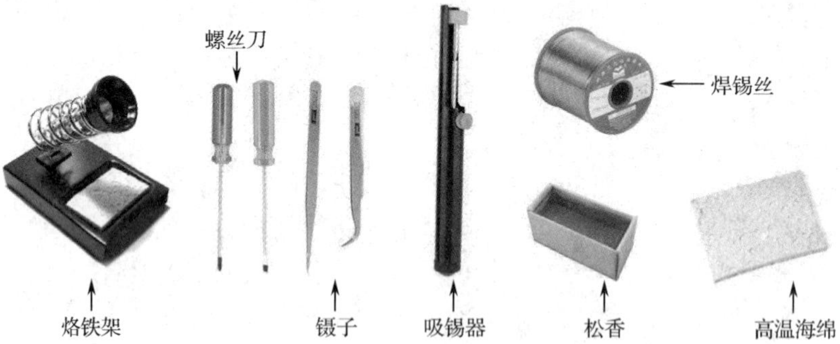

图 1-45　电路手工焊接辅助工具

（2）电路安装与焊接步骤。电路安装与焊接主要有以下四个步骤。

步骤 1：检查电路元器件数量。焊接前对照元器件列表检查元器件是否齐全。

步骤 2：元器件的检测。检测元器件的好坏和极性，并按照元器件明细表排列好。

步骤 3：元器件的加工与成型。元器件成型时，避免将引线齐根弯折，以免损坏元器件。

步骤 4：焊接。焊接时先焊接较小的元器件，再焊接较大的元器件，最后焊接必要的导线。

2. 电路调试

（1）不通电检查。

① 检查接线是否正确以及焊点有无虚焊、脱焊。

② 检查二极管和电解电容的极性是否接反。

③ 识别清楚三端集成稳压器的输入、输出和公共端，检查是否接错。

（2）通电测试。电源接通后不要急于测量，首先要观察有无异常现象，包括有无冒烟，是否闻到异常气味，手摸元器件是否发烫，电源是否有短路现象等。如果出现异常，应立即关闭电源，待排除故障后方可重新通电。

3. 故障的诊断与处理

如果电路出现故障，要学会故障诊断与处理方法，一般采用逐级检查的方法逐步确定故障部位。

若故障现象是电路通电后观察无异常，用万用表测量无输出电压，则故障排除的步骤如下。

步骤 1：用万用表（交流电压挡）测量变压器二次侧有无电压，若没有电压，则检查变压器的好坏；

步骤 2：若变压器二次侧有电压，则测量整流滤波输出电压即 C_1 两端电压（直流电压挡），若无电压则故障在整流部分；

步骤 3：若有整流滤波输出电压，则应检查集成线性稳压电路，直至确定故障点。

项目总结

（1）常见的半导体材料是硅和锗，二极管具有单向导电性。

（2）直流稳压电源的作用就是将电网提供的交流电转换为比较稳定的直流电。

（3）线性直流稳压电源一般由变压、整流、滤波和稳压四部分电路构成。

（4）整流电路一般利用二极管的单向导电性，将交流电转变为单一方向的脉动直流电。

（5）在直流稳压电源中，滤波电路一般是利用电容、电感等储能元件的储能特性单独或复合构成的，作用是将脉动直流电转变为较平滑的直流电。

（6）稳压电路的作用是防止电网电压波动或负载变化时输出电压的变化，使输出端得到稳定的直流电压。

（7）稳压电路的类型很多，中、小功率的稳压电路常采用集成三端稳压器。

思考与训练

一、判断对错

1．如果在 N 型半导体中掺入足够量的三价元素，可将其改型为 P 型半导体。（　　）

2．因为 N 型半导体的多子是自由电子，所以它带负电。（　　）

3．PN 结在无光照、无外加电压时，结电流为零。（　　）

4．整流电路可将正弦电压变为脉动的直流电压。（　　）

5．在变压器二次侧电压和负载电阻相同的情况下，桥式整流电路的输出电流是半波整流电路输出电流的 2 倍。因此，它们的整流管的平均电流比值为 2:1。（　　）

6．若 U_2 为电源变压器二次侧电压的有效值，则半波整流电容滤波电路和桥式整流电容滤波电路在空载时的输出电压均为 $\sqrt{2}U_2$。（　　）

7．当输入电压和负载电流变化时，稳压电路的输出电压是绝对不变的。（　　）

8．电容滤波电路适用于小负载电流，而电感滤波电路适用于大负载电流。（　　）

9．在单相桥式整流电容滤波电路中，若有一只整流管断开，则输出电压平均值变为原来的一半。（　　）

10．对于理想的稳压电路，$\Delta U_O / \Delta U_I = 0$。（　　）

二、选择填空

1．在本征半导体中加入________元素可形成 N 型半导体。

A．五价　　B．四价　　C．三价　　D．二价

2．在本征半导体中加入________元素可形成 P 型半导体。

A．五价　　B．四价　　C．三价　　D．二价

3．PN 结加正向电压时，空间电荷区将________。

A．变窄　　B．基本不变　　C．变宽　　D．变宽再变窄

4．设二极管的端电压为 U，则二极管的电流方程是________。

A．$I_S e^U$　　B．$I_S e^{U/U_T}$　　C．$I_S(e^{U/U_T}-1)$　　D．$I_S(e^U-1)$

5．稳压管的稳压区是其工作在________。

A．正向导通　　B．反向截止　　C．反向击穿　　D．死区

6．当温度升高时，二极管的反向饱和电流将________。

A．增大　　B．不变　　C．减小　　D．死区

7．整流的目的是________。

A．将交流变为直流　　B．将高频变为低频

C．将正弦波变为方波　　D．将方波变为正弦波

8．在单相桥式整流电路中，若有一只整流管接反，则________。

A．无输出电压　　B．输出电压不变

C．整流管将因电流过大而烧坏　　D．变为半波直流

9．直流稳压电源中滤波电路的目的是________。

A．将交流变为直流　　B．将高频变为低频

C．将交直流混合量中的交流成分滤掉　　D．将低频变为高频

10．________能将光信号转换成电信号。

A．稳压二极管　　B．光敏二极管　　C．发光二极管　　D．变容二极管

三、分析题

1．图 1-46 所示，请分析各电路二极管的工作状态，并写出的输出电压值，设二极管导通电压 $U_D = 0.7V$。

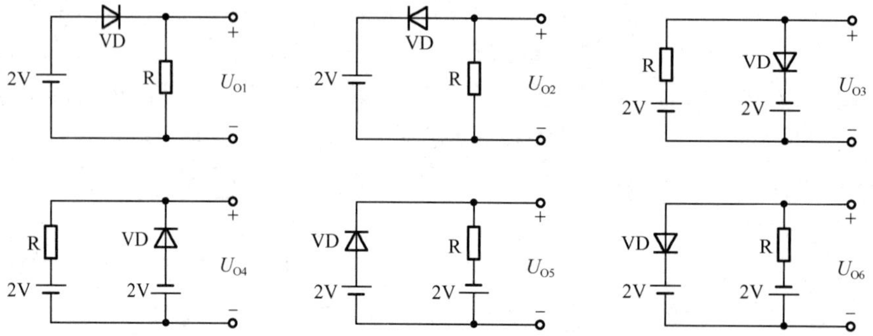

图 1-46　分析题第 1 题电路图

2．请判断：能否将 1.5V 的干电池以正向接法接到二极管两端？为什么？

3．现有两只稳压管，它们的稳定电压分别为 6V 和 8V，正向导通电压为 0.7V。试问：

（1）若将它们串联相接，则可得到几种稳压值？各为多少？

（2）若将它们并联相接，则又可得到几种稳压值？各为多少？

四、计算题

1．二极管限幅电路如图 1-47 所示，将二极管等效为理想模型，若 $u_i = 5\sin\omega t$V，试画出 u_o 的波形。

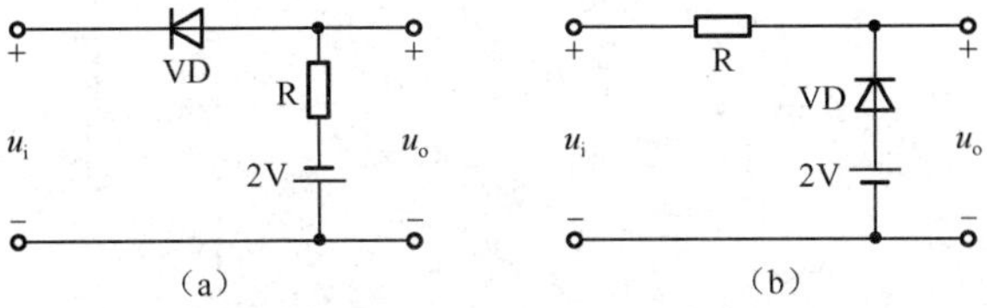

图 1-47　计算题第 1 题

2．已知稳压管的稳压值 $U_Z = 6$V，稳定电流的最小值 I_{Zmin}=5mA。求图 1-48 所示电路中 U_{O1} 和 U_{O2} 各为多少。

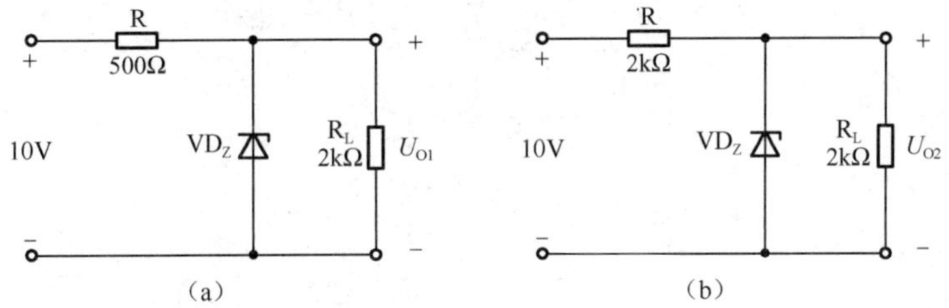

图 1-48　计算题第 2 题电路图

3．如图 1-49 所示，电路中稳压管的稳定电压 $U_Z = 6$V，最小稳定电流 $I_{Zmin} = 5$mA，最大稳定电流 $I_{Zmax} = 25$mA。

（1）分别计算 U_I 为 10V、15V、35V 三种情况下输出电压 U_O 的值；

（2）若 $U_I = 35$V 时负载开路，则会出现什么现象？为什么？

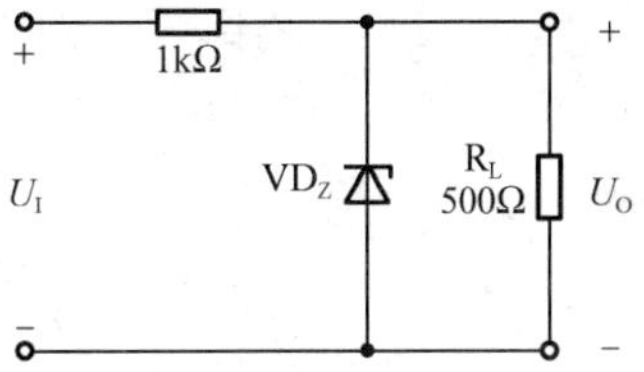

图 1-49　计算题第 3 题电路图

4．如图所示 1-50 所示，已知变压器副边电压有效值 $U_2 = 30$V，负载电阻 $R_L = 100\Omega$，试求：

（1）输出电压的平均值、输出电流的平均值；

（2）若整流桥中的二极管 VD_1 开路或接反，则分别出现什么现象？

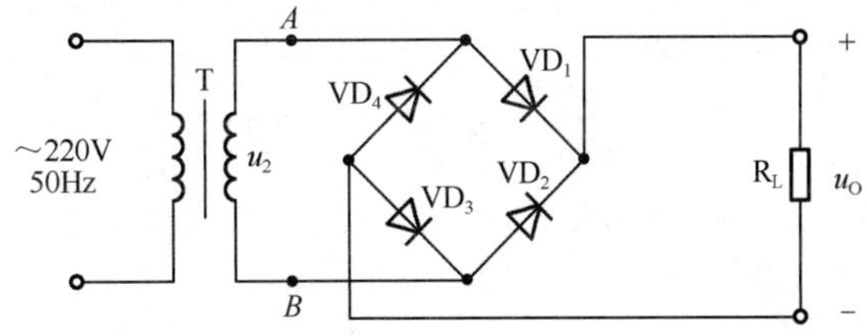

图 1-50　计算题第 4 题电路图

5．如图 1-51 所示，已知变压器副边电压有效值 $U_2 = 10$V，$R_L C \geqslant \dfrac{3T}{2}$（$T$ 为电网电压的周期），试分析：

（1）正常情况下，输出平均电压 U_O 的值；

（2）电容虚焊时，输出平均电压 U_O 的值；

（3）负载电阻开路时，输出平均电压 U_O 的值；

（4）一个整流管和滤波电容同时开路时，输出平均电压 U_O 的值。

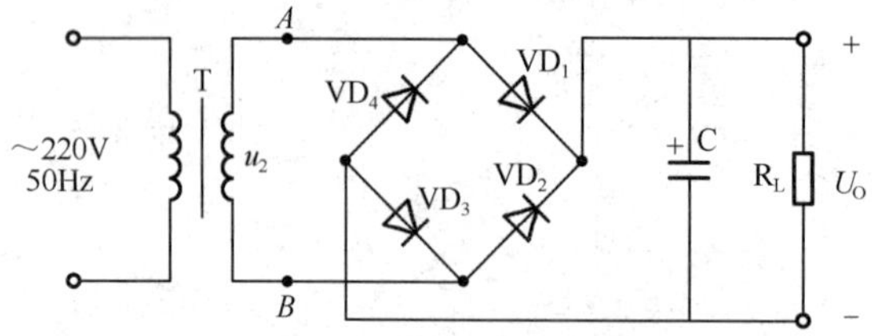

图 1-51　计算题第 5 题电路图

6．如图 1-52 所示，三端集成稳压器静态电流 $I_O = 6\text{mA}$，R_P 为电位器，为了得到 10V 的输出电压，应将 R_P 调到多大？

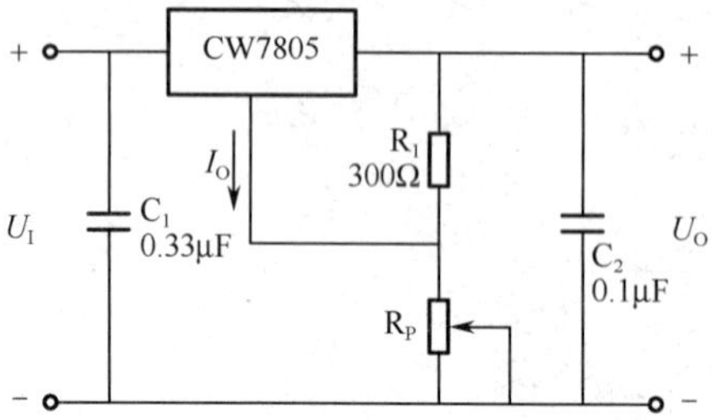

图 1-52　计算题第 6 题电路图

7. 由 CW317 组成的稳压电路如图 1-53 所示，设负载电压 $U_L = 10\text{V}$，负载电阻 $R_L = 12.5\Omega$。试确定：（1）电阻 R_2 的阻值；（2）该如何选取直流电压 U_I？

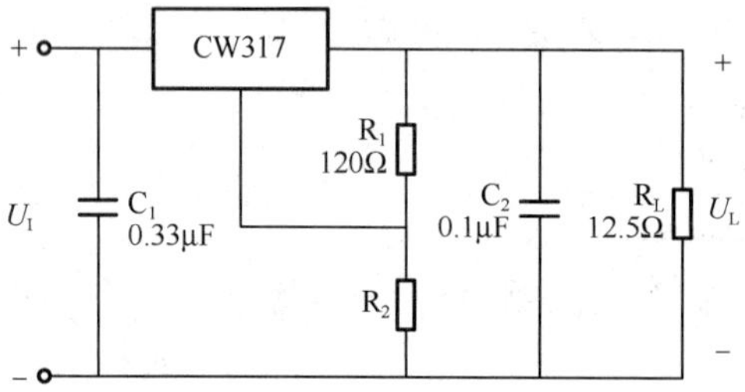

图 1-53　计算题第 7 题电路图

8．利用三端稳压器设计一个输出电压为±12V 的稳压电源，画出其原理图。

项目2

助听器的制作与调试

教学目标

知识目标	技能目标
● 掌握三极管的结构、电路符号、类型及其性能指标。 ● 掌握基本放大电路的工作原理、主要特性和基本分析方法，能计算基本放大电路的静态和动态参数。 ● 掌握多级放大电路的分析方法，能计算多级放大电路的动态参数。 ● 掌握反馈的概念，反馈类型的判断方法，不同类型负反馈对放大电路性能的影响以及深度负反馈放大电路的估算方法。	● 能识别普通三极管，并会用万用表检测三极管的极性及好坏。 ● 能查阅资料，对三极管等元件进行合理选取。 ● 能对放大电路进行安装、调试及故障处理。 ● 能使用示波器观测放大电路波形。

项目引入

自然界中的物理量大部分是模拟量，如温度、压力、长度、图像及声音等，它们都需要利用传感器转化成电信号，而转化后的电信号一般都很弱，不足以驱动负载工作（或进行某种转化和传输）。例如，声音通过话筒转化成的信号电压往往在几十毫伏以下，它不可能使扬声器发出足够音量的声音；而从天线上接收的无线电信号电压更小，只有微伏数量级。因此信号放大电路是电路系统中最基本的电路，应用十分广泛。

助听器是一个小型扩音器，把原本听不到的声音进行放大，再利用听障者的残余听力，使声音能送到大脑听觉中枢，从而使听障者感觉到声音。助听器主要由传声器、放大器、耳机、电源和音量调控五部分组成。

（1）传声器（听筒或麦克风）：负责接收声音并把它转化为电波形式，即把声信号转化为电信号。

（2）放大器：负责放大电信号。

（3）耳机：负责把电信号转化为声信号。

（4）电源：为电路提供能量。

（5）音量调控：调节输出音量。

本项目要求以三极管为基础，利用分立元件，设计一个可以供听力有障碍人士使用的助听器。

相关知识

2.1 三极管

三极管又称三极管、双极性晶体管，是组成各种电子电路的核心元件。由于三极管具有体积小、质量小、功耗小、成本低、寿命长等一系列优点，因而得到了广泛的应用。

三极管是用特殊制造工艺将两个 PN 结背靠背、紧密地连接起来的。

三极管的分类：按构成三极管的半导体材料分为硅管和锗管；按三极管的内部结构分为 NPN 管和 PNP 管；按三极管的功率分为大、中、小功率管；按工作频率分为高频三极管和低频三极管。无论哪种三极管，都可用在放大电路中，对电流、电压起放大作用。

2.1.1 三极管的结构与电流放大作用

1. 三极管的结构

如图 2-1 所示，三极管内部有发射区、基区和集电区 3 个区，由 3 个区引出的 3 个电极分别叫作发射极、基极和集电极，用字母 e、b、c 表示。两个 PN 结分别叫作发射结和集电结。在三极管电路符号中，发射极箭头的方向表示发射结正偏时发射极电流的实际方向，NPN 型与 PNP 型发射极电流的方向刚好相反，两者可在应用上形成互补。

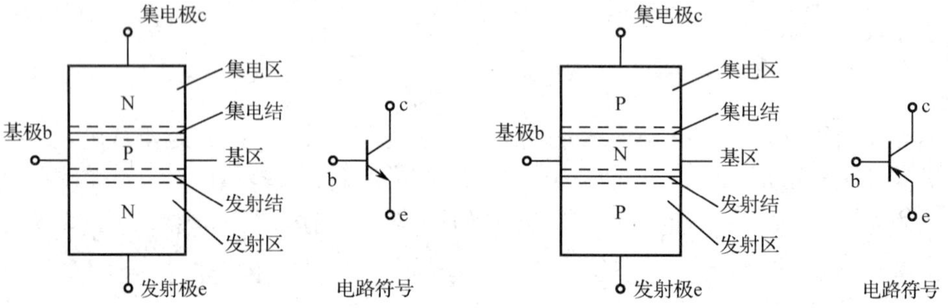

（a）NPN型　　（b）PNP型

图 2-1　三极管的结构示意图及电路符号

2. 三极管的电流放大作用

（1）三极管实现电流放大的条件。三极管若要实现电流放大，必须通过三极管内部结构和外部所加电源的极性来保证。

（微课视频：三极管实现电流放大的条件）

三极管内部结构条件：

① 基区很薄且杂质浓度很低；

② 发射区的掺杂浓度远大于基区；

③ 集电结面积远大于发射结面积。

三极管放大的外部条件：

外加电源的极性应使发射结处于正向偏置状态，而集电结处于反向偏置状态。

（2）三极管应用的 3 种基本组态。在实际应用时，总要将三极管的 3 个极组成一个输入端和一个输出端，其中一个极为输入、输出回路的共用端。按共用端的不同，将三极管电路分为 3 种基本组态，分别是共发射极电路，简称共射电路；共基极电路，简称共基电路；共集电极电路，简称共集电路。如图 2-2 所示为三极管的 3 种基本组态。

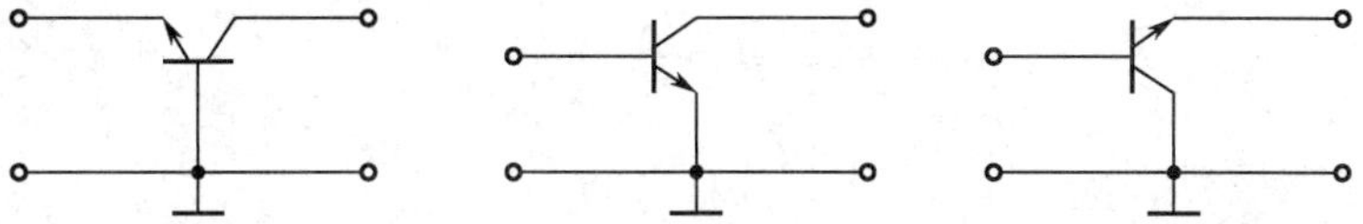

(a) 共基接法　　(b) 共射接法　　(c) 共集接法

图 2-2　三极管的 3 种基本组态

（3）三极管内部载流子的运动。如图 2-3 所示为 NPN 型三极管接成的共射电路，R_B 称为基极偏置电阻，R_C 称为集电极负载电阻，直流电源 U_{CC}、U_{BB} 保证三极管处于放大状态，即发射结正偏、集电结反偏。现以该电路为例，介绍三极管内部载流子的运动情况，图中的大箭头表示电流的流动方向与电子的运动方向相反。

（微课视频：三极管内部载流子运动过程）

① 发射区向基区发射电子。当发射结加正向电压时，扩散运动形成，发射区的多数载流子（自由电子）不断地越过发射结进入基区形成电流 I_{EN}。同时，基区多数载流子（空穴）也向发射区扩散形成电流 I_{EP}，但由于基区很薄，可以不考虑这个电流。因此，可以认为三极管发射结电流主要是电流 I_{EN}。

② 基区中的电子进行扩散与复合。由于基区很薄，杂质浓度很低，所以扩散到基区的自由电子中只有极少部分与空穴复合，其余大部分自由电子注入基区后到达集电结边缘。因基区接 U_{BB} 的正极，基区中的价电子不断地被电源 U_{BB} 拉走，于是在基区就出现了新的空穴，这相当于电源不断地向基区补充被复合掉的空穴，自由电子与空穴的复合运动将源源不断地进行，形成电流 I_{BN}，这个电流也是基区电流的主要组成部分。

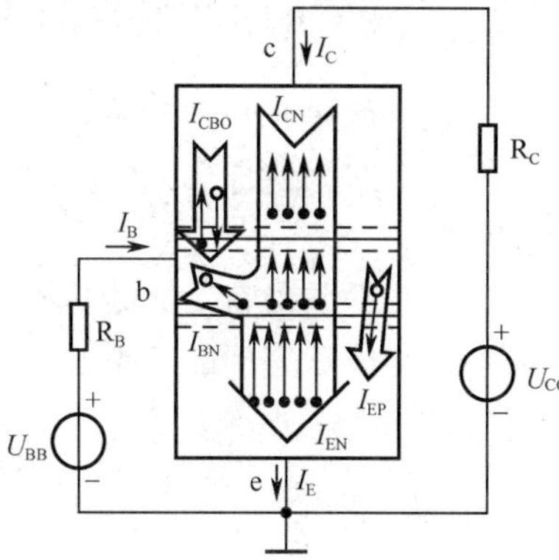

图 2-3　共射电路中三极管内部载流子运动与外部电流

③ 集电区收集电子。由于集电结加反向电压且其结面积大，所以基区中到达集电结边缘的大多数自由电子在集电结反向电压的作用下，越过集电结漂移到集电区，被集电区收集形成漂移电流 I_{CN}。与此同时，集电区与基区的少子也参与漂移运动，形成反向饱和电流 I_{CBO}，它的数值很小，可忽略不计。但它受温度影响很大，将影响三极管的性能。可见，集电结的主电流为 I_{CN}。

（4）三极管各极电流的关系。

由图 2-3 可得

$$I_{\mathrm{E}} = I_{\mathrm{EN}} + I_{\mathrm{EP}} = I_{\mathrm{CN}} + I_{\mathrm{BN}} + I_{\mathrm{EP}} \approx I_{\mathrm{CN}} + I_{\mathrm{BN}}$$

$$I_{\mathrm{B}} = I_{\mathrm{BN}} + I_{\mathrm{EP}} - I_{\mathrm{CBO}} \approx I_{\mathrm{BN}}$$

$$I_{\mathrm{C}} = I_{\mathrm{CN}} + I_{\mathrm{CBO}} \approx I_{\mathrm{CN}}$$

则

$$I_{\mathrm{E}} = I_{\mathrm{C}} + I_{\mathrm{B}} \tag{2-1}$$

当三极管制成以后，发射区载流子浓度、基区宽度、集电结面积就确定了，I_{BN} 与 I_{CN} 的比值便确定了，这个比值称为共发射极直流电流放大系数 $\overline{\beta}$，即

$$\overline{\beta} = \frac{I_{\mathrm{CN}}}{I_{\mathrm{BN}}} \approx \frac{I_{\mathrm{C}}}{I_{\mathrm{B}}} \tag{2-2}$$

一般 NPN 型三极管的 $\overline{\beta}$ 通常在几十到几百之间。

实际电路中三极管主要用于放大动态信号。当在三极管的基极加动态电流 Δi_{B} 时，集电极电流也将随之变化，产生动态电流 Δi_{C}。集电极电流的变化量与基极电流变化量的比值称为共发射极交流电流放大系数 β，即

$$\beta = \frac{\Delta i_{\mathrm{C}}}{\Delta i_{\mathrm{B}}}$$

在处理低频信号时，$\overline{\beta}$ 与 β 值近似相等，即

$$\overline{\beta} \approx \beta$$

综上所述，三极管具有将基极电流放大 β 倍的能力，它是一种电流控制型器件，可以通过改变 i_{B} 控制 i_{C}，这就是三极管的电流放大作用。

2.1.2 三极管的共射特性曲线

特性曲线是选用三极管的主要依据，可从半导体器件手册查得。现以共射组态为例进行说明，如图 2-4 所示为 NPN 型三极管共射特性测试电路。

（微课视频：三极管的共射特性曲线）

三极管的共射特性曲线是指三极管在共射接法下各电极电压与电流之间的关系曲线，分为输入特性曲线和输出特性曲线。

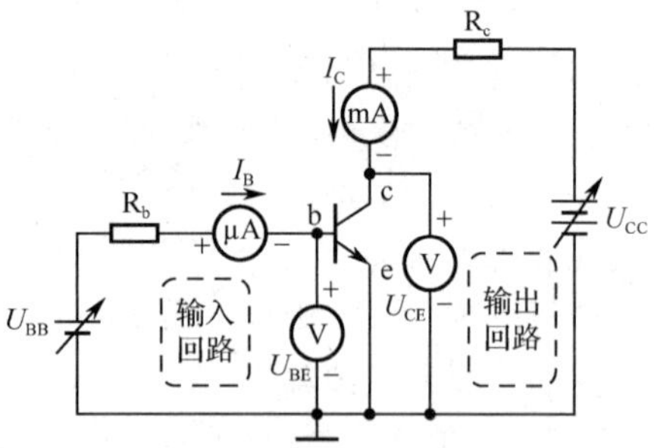

图 2-4 NPN 型三极管共射特性测试电路

1. 输入特性

三极管的输入特性是指以集-射电压 U_{CE} 为参变量时，基极电流 I_{B} 和发射结电压 U_{BE} 之间的关系，即输入特性函数为

$$I_{\mathrm{B}} = f(U_{\mathrm{BE}})\big|_{U_{\mathrm{CE}}=\text{常数}} \tag{2-3}$$

如图 2-5（a）所示为输入特性曲线。由于发射结是一个正向偏置的 PN 结，所以该曲线与正向偏置的二极管特性相同。三极管输出电压 U_{CE} 对 I_{B} 的影响较小，当 $U_{\mathrm{CE}} < 1\mathrm{V}$ 时，随着 U_{CE} 的增大，特性曲线右移（因集电结开始吸引电子，并且

吸引力逐渐增强）；当$U_{CE} \geqslant 1V$以后，特性曲线几乎重合（集电极的反偏电压足以将注入基区的大部分电子收集到集电区，即使U_{CE}再增大，I_B也不会再明显减小）。所以，通常输入特性用$U_{CE} = 1V$的曲线来表示。

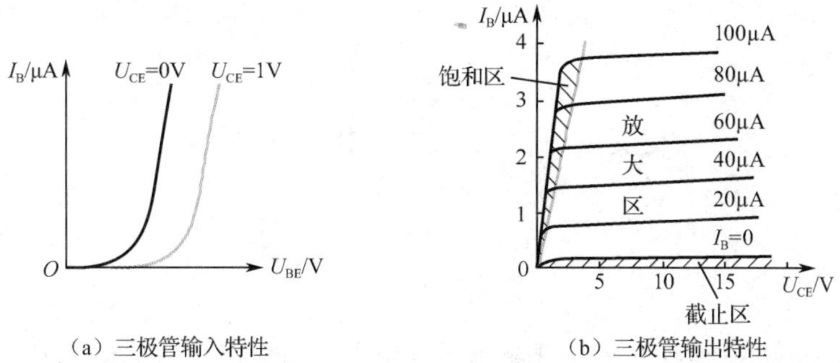

图 2-5 NPN 型三极管共射特性曲线

2. 输出特性

三极管的输出特性是指以基极电流I_B（或发射结偏压U_{BE}）为参变量时，集电极电流I_C和集-射电压U_{CE}之间的关系，即输出特性函数为

$$I_C = f(U_{CE})\big|_{I_B=常数} \tag{2-4}$$

三极管的输出特性曲线如图 2-5（b）所示。

输出电流I_C不仅与输出电压U_{CE}有关，还与输入电流I_B有关。

首先，固定I_B，看I_C如何随U_{CE}变化。随着U_{CE}的增加，集电极吸引电子力增强，电流I_C增加。当U_{CE}达到一定值时，电子几乎全部收集到集电区，I_C不随U_{CE}增大而增大，曲线趋向平坦，三极管呈现恒流特性。

其次，当I_B增大时，曲线上移，表明对于同一U_{CE}，I_C随着I_B增大而增大，这就是三极管的电流放大作用。

图 2-5（b）的输出特性曲线可以划分为 3 个区域：截止区、放大区和饱和区。

（1）截止区。截止区为基极电流$I_B = 0$时所对应的曲线下方的区域。在这个区域里$I_B = 0$，$I_C = I_{CEO} \approx 0$（I_{CEO}为穿透电流），$U_{CE} \approx V_{CC}$，相当于集电极和发射极之间断路。

三极管工作于截止区的电压条件是：发射结反偏，集电结也反偏。

（2）放大区。放大区为输出特性曲线近似于水平的部分。在这个区域里，集电极电流I_C几乎仅取决于基极电流I_B，I_B对I_C有控制作用，即

$$I_C = \beta I_B$$

当I_B一定时，I_C与U_{CE}无关，I_C具有恒流特性。

三极管工作于放大区的电压条件是：发射结正偏，集电结反偏。

（3）饱和区。饱和区对应于U_{CE}较小（$U_{CE} < U_{BE}$）的区域，此时用U_{CES}表示，称为饱和压降。一般硅管$U_{CES} = 0.3V$，锗管$U_{CES} = 0.1V$。在这个区域里，I_C与I_B已不成比例关系。

三极管工作于饱和区的电压条件是：发射结正偏，集电结也正偏。

三极管在模拟电路中主要工作在放大状态，是构成放大器的核心器件；在数字电路中主要工作在截止区和饱和区，是构成电子开关的核心器件。

【例 2-1】 用直流电压表测放大状态的三只三极管的三个电极对地的电压，其数值如图 2-6 所示。试指出每只三极管的 e、b、c 三个极，并说明该管是硅管还是锗管。

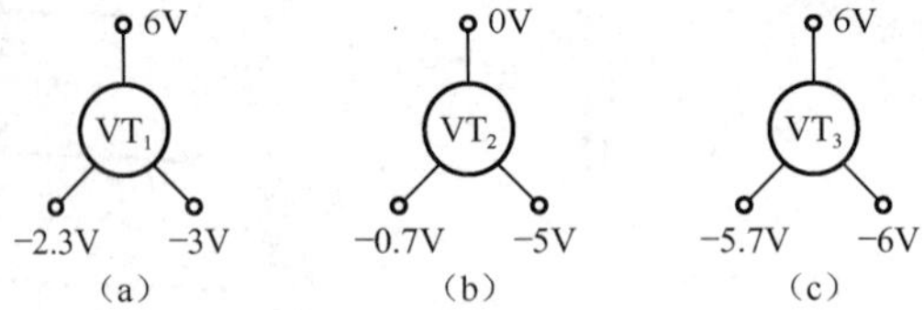

图 2-6　例 2-1 图

分析： 三极管工作在放大区的电压条件是：发射结正偏，集电结反偏。

处于放大状态的 NPN 型三极管三个电极的电压关系为 $V_C > V_B > V_E$；

处于放大状态的 PNP 型三极管三个电极的电压关系为 $V_C < V_B < V_E$；

若三极管为硅管，则 $U_{BE} = 0.6 \sim 0.8V$；

若三极管为锗管，则 $U_{BE} = -0.3 \sim -0.2V$。

根据以上规则得出答案如图 2-7 所示。

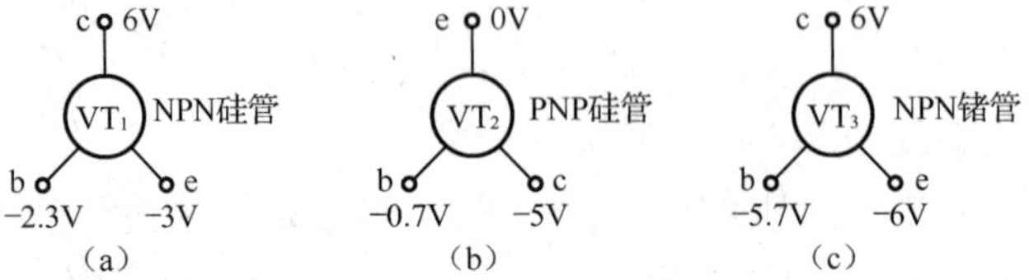

图 2-7　例 2-1 答案

2.1.3　三极管的主要参数

三极管的参数常用来描述其性能的好坏，同时也是合理选用三极管的依据，完整地描述一只三极管的性能，需用几十个参数。这些参数均可在半导体器件手册查到，这里仅说明主要参数。

1. 电流放大系数

（微课视频：三极管的型号与参数）

三极管的电流放大系数是表征三极管放大能力的重要参数，有直流放大系数和交流放大系数两种。

（1）共发射极交流电流放大系数 β。它反映三极管在加动态信号时的电流放大特性，$\beta = \dfrac{\Delta i_C}{\Delta i_B}$。

（2）共发射极直流电流放大系数 $\overline{\beta}$。它反映三极管在直流工作状态下集电极电流与基极电流之比，$\overline{\beta} = \dfrac{I_C}{I_B}$。

在低频信号的应用中可近似认为 $\beta \approx \overline{\beta}$。

2. 极间反向电流

极间反向电流是表征三极管工作稳定性的参数。当环境温度增加时，极间反向电流会加大，三极管工作不稳定。

（1）反向饱和电流 I_{CBO}。当发射极开路时，集电极和基极之间的电流称为反向饱和电流 I_{CBO}，如图 2-8（a）所示。I_{CBO} 是由于集电结反偏，少数载流子漂移运动形成的，所以对温度非常敏感。

（2）穿透电流 I_{CEO}。当基极开路时，集电极到发射极间加上一定电压而产生的集电极电流如图 2-8（b）所示。I_{CEO} 是集电区的少子因集电极反偏而漂移到基极，进而在发射结的正偏作用下穿透到发射极而形成的。

I_{CEO} 与 I_{CBO} 之间的关系为

$$I_{CEO} = (1+\beta)I_{CBO} \tag{2-5}$$

选用三极管时，I_{CEO} 与 I_{CBO} 应尽量小。硅管比锗管的极间反向电流小 2~3 个数量级，因此温度稳定性也比锗管好。

3. 极限参数

极限参数是表征三极管能够安全工作的临界条件，也是选择三极管的依据。

（1）集电极最大允许电流 I_{CM}。三极管在正常放大区工作时 β 值基本不变。但是，当集电极电流 I_C 增大到一定程度时，β 值会下降，I_{CM} 是指出现明显下降时的 I_C 值。如果三极管在使用中出现集电极电流大于 I_{CM} 的情况，这时三极管不一定会损坏，但它的性能将明显下降。

（2）集电极最大允许功耗 P_{CM}。三极管工作时，集-射极电压 U_{CE} 大部分降在集电结上，并表现为结温升高，结温太高时会使三极管烧毁，因此规定 P_{CM} 是在三极管温升运行的条件下集电极所消耗的最大功率。通常 P_{CM} 的大小与三极管的散热方式、允许的最高结温及环境温度有关。

（3）反向击穿电压 $U_{(BR)CEO}$、$U_{(BR)CBO}$。三极管的两个结上所加的反向电压超过一定值时都将会被击穿。$U_{(BR)CEO}$ 为基极开路时，集电结不致击穿而允许施加在集-射极之间的最高电压。$U_{(BR)CBO}$ 为发射极开路时，集电结不致击穿允许施加在集-基极之间的最高电压。

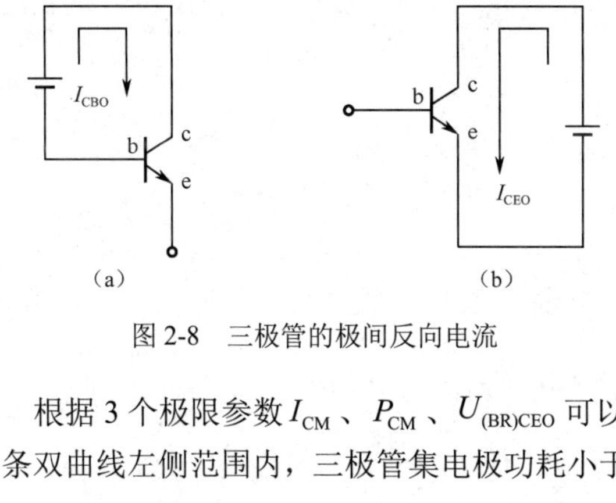

图 2-8 三极管的极间反向电流

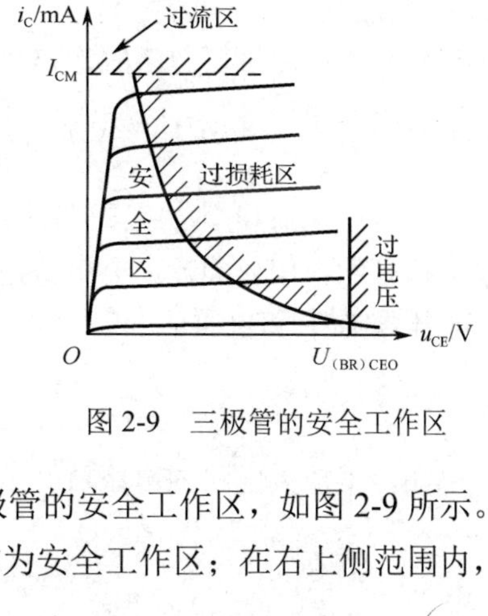

图 2-9 三极管的安全工作区

根据 3 个极限参数 I_{CM}、P_{CM}、$U_{(BR)CEO}$ 可以确定三极管的安全工作区，如图 2-9 所示。在一条双曲线左侧范围内，三极管集电极功耗小于 P_{CM}，称为安全工作区；在右上侧范围内，集

电极功耗大于 P_{CM}，称为过损耗区。

2.2　三极管放大电路

三极管的主要用途之一是利用其放大作用组成放大电路，把微弱的电信号不失真地放大到所需要的数值。放大电路应用十分广泛，是构成许多电子仪器设备的基本单元电路。

任何一个放大电路均可视为一个两端口网络，如图 2-10 所示为放大电路框图。信号源 u_S 是所需要放大的电信号，它可以由将非电信号物理量变换为电信号的换能器提供，也可以是前一级电子电路的输出信号，其等效电路为电压源 u_S 和电阻 R_S 串联。信号源与放大电路构成的闭合回路为输入回路；在放大电路的输出端接负载 R_L 构成的闭合回路为输出回路。

2.2.1　放大电路的主要性能指标

放大电路的性能指标可以衡量一个放大电路质量的优劣，如图 2-11 所示为放大电路性能指标测试的示意图。

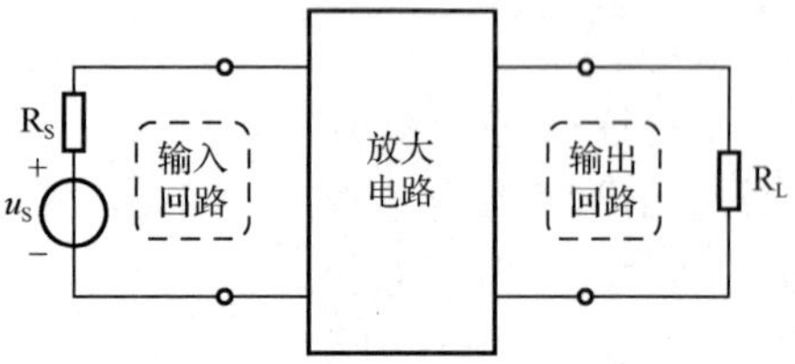

图 2-10　放大电路框图

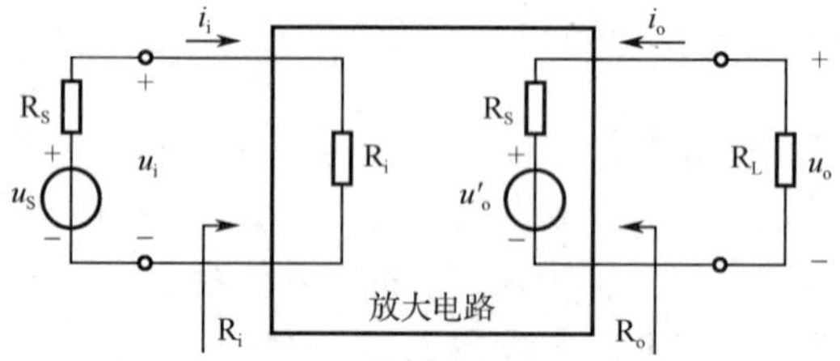

图 2-11　放大电路性能指标测试示意图

下面逐一介绍放大电路的主要指标。

（1）电压放大倍数 A_u 、A_{us} 。电压放大倍数 A_u 是衡量一个放大电路电压放大能力的指标，放大倍数越大，则放大电路的电压放大能力越强。

在输入为正弦波且放大不失真条件下，电压放大倍数 A_u 定义为输出电压 u_o 与输入电压 u_i 之比，即 $A_u=\dfrac{u_o}{u_i}$，单位为“倍”。在单级放大电路中，A_u 的值可以是几十，在多级放大电路中其值可以达到 10～10^6。

当信号源内阻不可忽略时，需用源电压放大倍数 A_{us} 来衡量电路放大能力，定义为输出电压 u_o 和信号源电压 u_s 的比，即 $A_{us}=\dfrac{u_o}{u_s}$ 。

（2）电压增益 G_u 。在工程上，为了读写和运算方便，通常用电压增益 G_u 来表示放大电路对输入信号的电压放大能力，单位 dB（分贝）。

电压增益 G_u 和电压放大倍数 A_u 的关系为

$$G_u = 20\lg A_u = 20\lg\frac{u_o}{u_i} \tag{2-6}$$

例如，某放大电路的电压放大倍数为 100，则电压增益为 40 dB 。

（3）输入电阻 R_i。对信号源而言，放大电路相当于信号源的一个负载电阻。如图 2-11 所示，从放大电路输入端向放大电路看进去的等效电阻，就是放大电路的输入电阻，定义为输入电压 u_i 与输入电流 i_i 之比，即 $R_i=\frac{u_i}{i_i}$。

输入电阻 R_i 的大小直接影响实际加到放大器上的输入电压值：$u_i=\frac{R_i}{R_i+R_S}u_S$。

输入电阻是衡量一个放大电路向信号源索取信号大小的能力。输入电阻越大，放大电路从信号源得到的输入电压 u_i 就越大，则取用信号源的电流就越小，对信号源的影响就小。输入电压 u_i 大，意味着信号源电压能更多地传输到放大电路的输入端，因此一般电子设备的输入电阻都很高。

（4）输出电阻 R_o。当负载 R_L 变化时，输出电压 u_o 也相应地变化，即从放大电路的输出端向左看，放大电路内部存在一个内阻为 R_o、电压为 u_o' 的电压源，此内阻即为放大电路的输出电阻，如图 2-11 所示。

输出电阻 R_o 的值可以用实验的方法求出。

令信号源短路 $u_S=0$，保留其内阻 R_S，负载开路 $R_L=0$，在输出端外加等效输出电压源 u_o 与之产生的对应输出电流 i_o 之比为输出电阻，即

$$R_o=\left.\frac{u_o}{i_o}\right|_{u_S=0,\ R_L=\infty}$$

输出电压 u_o 与输出电阻 R_o 的值有关，即 $u_o=\frac{R_L}{R_o+R_L}\cdot u_o'$。

如果放大电路的输出电阻 R_o 比较大，输出电压 u_o 的变化也比较大，表明放大电路的负载能力较差。因此，R_o 是衡量放大电路带负载能力的指标，其值越小，带负载能力越强。

2.2.2 基本共射放大电路

1. 电路的组成

图 2-12（a）所示为 NPN 型三极管的基本共射放大电路，下面介绍各元件的作用。

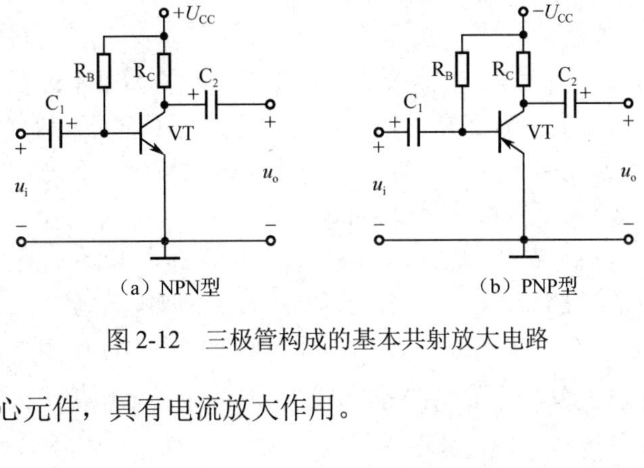

（a）NPN型　　（b）PNP型

图 2-12 三极管构成的基本共射放大电路

三极管 VT：核心元件，具有电流放大作用。

基极电阻R_B：基极偏置电阻，为基极提供一个合适的偏置电流I_{BQ}。

集电极电阻R_C：集电极负载电阻，将三极管的电流放大作用转变成电压放大作用。

直流电源U_{CC}：提供放大电路的能源。其作用有两个，一是通过R_B、R_C给三极管的发射结提供正偏电压，给集电结提供反偏电压，保证三极管工作在放大状态；二是提供能量，在输入信号的控制下，通过三极管将直流电源的能量转换为负载所需要的较大的交流能量。

电容C_1、C_2：耦合电容，起隔直通交的作用。C_1左边、C_2右边只有交流而无直流信号，中间部分为交、直流信号共存。耦合电容一般多采用电解电容器，在使用时，应注意它的极性与加在它两端的工作电压极性相一致，正极接高电位。负极接低电位。

由 PNP 型三极管构成的基本共射极放大电路如图 2-12（b）所示。

2. 电压、电流等符号的规定

放大电路中既有直流电源，又有交流电压，电路中三极管各电极的电压和电流包含直流量和交流量两部分。为分析方便，各量的符号规定如下。

（1）直流分量：用大写字母和大写下标表示，如I_B表示三极管基极直流电流。

（2）交流分量：用小写字母和小写下标表示，如i_b表示三极管基极交流电流。

（3）瞬时值：用小写字母和大写下标表示，它为交流分量和直流分量之和，如i_B表示三极管基极瞬时电流值，$i_B = I_B + i_b$。

（4）交流有效值：用大写字母和小写下标表示，如I_b表示三极管基极正弦交流电流有效值。

（5）交流峰值：用交流有效值符号再增加小写 m 下标表示。如I_{bm}表示三极管基极正弦交流电流的峰值。

3. 工作原理

（微课视频：基本放大电路的两种工作状态）

由放大电路的组成可知，电路中既有直流电源U_{CC}，又有输入的交流信号u_i，因此，电路中三极管各极的电压和电流中既有直流成分，也有交流成分，瞬时电压和瞬时电流是交、直流的叠加。

当没有加输入交流信号u_i时，电路中只有直流流过，这种情况称为放大电路的直流工作状态，简称静态。当加入输入交流信号u_i时，电路中交直流并存，各处的电压、电流随u_i处于变动的状态，这种情况称为放大电路的动态工作状态，简称动态。

（1）放大电路的静态。为了不失真地放大输入信号，必须保证三极管在输入信号的整个周期内始终处于放大状态。例如，当输入信号为正弦波时，如果不设置直流工作状态，幅值为 0.5V 以下的输入信号都会使硅三极管处于截止状态，而不能通过放大电路，输出信号将出现失真。因此，在没有加输入信号前，需要给放大电路设置一个合适的直流工作状态，保证输入信号在最小值时也能使三极管处于放大状态。

当电路参数（U_{CC}、R_B、R_C）确定之后，对应的直流电流、电压（U_{BEQ}、I_{BQ}、U_{CEQ}、I_{CQ}）也就确定了，根据这四个直流分量，可在三极管输入特性曲线上确定一个点（U_{BEQ}，I_{BQ}），在输出特性曲线上确定一个点（U_{CEQ}，I_{CQ}），称为静态工作点，如图 2-13 所示的 Q 点。

如图 2-14 所示是放大电路正常工作时，电路中各处电压、电流的波形图。虚线对应的是信号的直流分量。

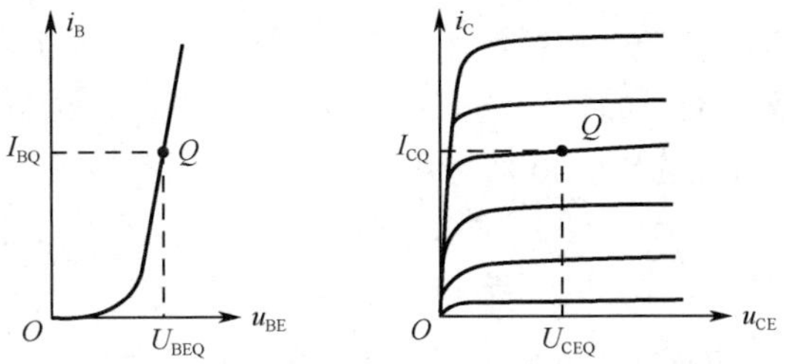

图 2-13　三极管输入输出特性曲线上的静态工作点

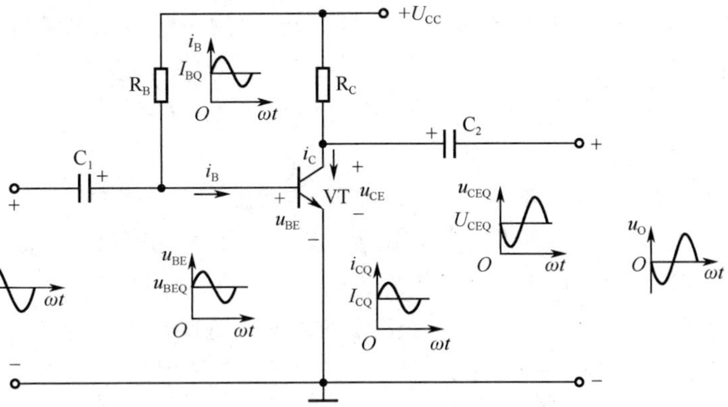

图 2-14　基本共发射极电路各处电压、电流的波形图

（2）放大电路的动态。放大电路输入端加上正弦信号u_i，经过C_1送到电路，在输入端产生变化的电压，从而产生一个按正弦变化的基极电流i_b，此电流叠加在静态电流I_{BQ}上，使得基极的总电流为$i_B = I_{BQ} + i_b$。经三极管放大，集电极产生一个和i_b变化规律一样且放大β倍的正弦电流i_c，这个电流叠加在静态电流I_{CQ}上，使集电极的总电流为$i_C = I_{CQ} + i_c$。当i_C流过R_C时，R_C上也产生一个正弦电压$u_{R_C} = R_C i_C$。由于$u_{CE} = U_{CEQ} - R_C i_C$，所以$R_C$上的电压变化必将引起管压降$u_{CE}$反方向的变化。$u_{CE}$通过电容$C_2$，滤掉直流分量$U_{CEQ}$，于是在放大电路的输出端得到一个与输入电压$u_i$相位相反且放大了的输出电压$u_o$。图 2-15 所示为基本放大电路的放大过程。

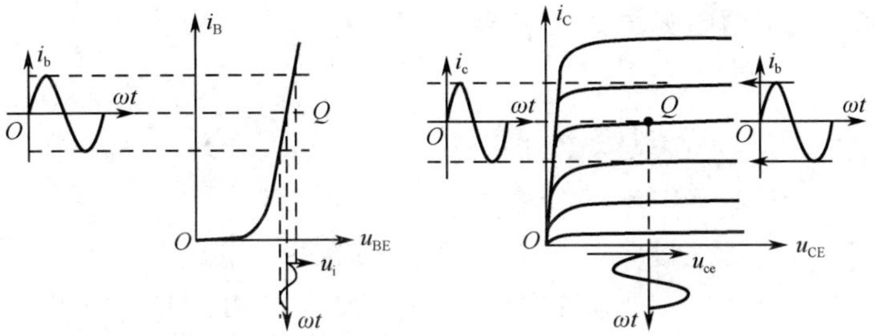

图 2-15　基本放大电路的放大过程

2.2.3　放大电路的分析方法

对一个放大电路进行定量分析时，首先要进行静态分析，即分析未加输入信号时的工作

状态，估算电路中各处的直流电压和直流电流。然后进行动态分析，即分析加上交流输入信号时的工作状态，估算放大电路的各项动态技术指标，如电压放大倍数、输入电阻、输出电阻等参数。分析的过程一般是先静态后动态。

静态分析讨论的对象是直流成分，动态分析讨论的对象则是交流成分。由于放大电路中存在着电抗性元件，所以直流成分的通路和交流成分的通路是不一样的。为研究问题方便，常把两种通路区分开来，分成直流通路和交流通路。

直流通路是在直流电源作用下直流电流流经的通路，即静态电流流经的通路，用于研究静态工作点。

交流通路是输入信号作用下交流信号流经的通路，用于研究动态参数。

画直流通路的要点：①电容视为开路。电容具有隔直作用，直流电流无法通过它们。②电感视为短路。电感对直流电流的阻抗为零，可视为短路。③信号源置零。

（微课视频：如何画直流通路和交流通路）

画交流通路的要点：①电容视为短路。隔直耦合电容的容量足够大，对于一定频率的交流信号，容抗近似为零，可视为短路。②直流电压源视为短路。交流电流通过直流电源时，两端无交流电产生，可视为短路。

【例 2-2】 请画出如图 2-12（a）所示基本共射放大电路的直流通路和交流通路。

解： 直流通路和交流通路如图 2-16 所示。

【例 2-3】 请画出如图 2-17 所示放大电路的直流通路和交流通路。

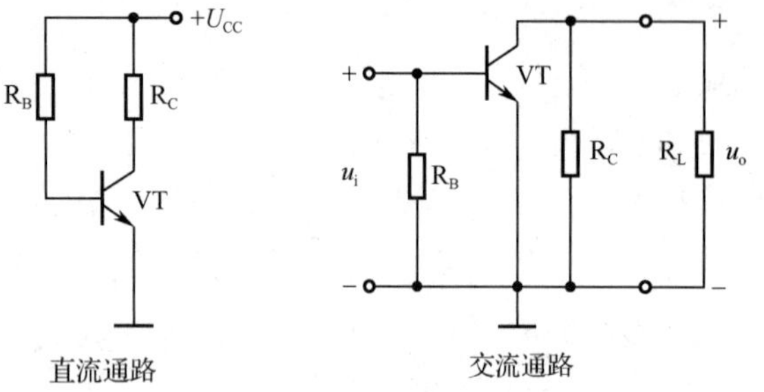

图 2-16　基本共射放大电路的直流通路和交流通路

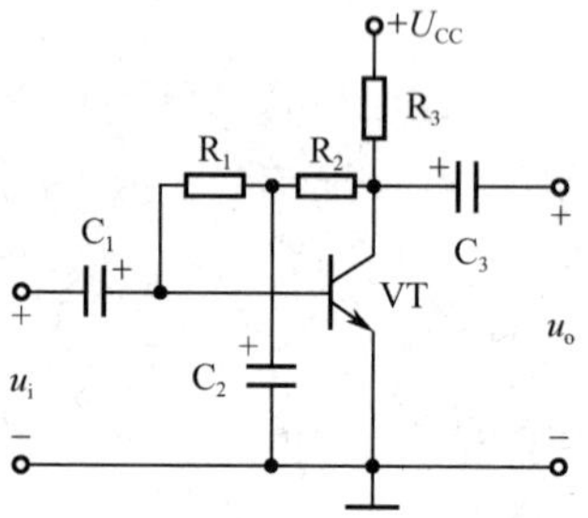

图 2-17　例 2-3 放大电路

解： 直流通路和交流通路如图 2-18 所示。

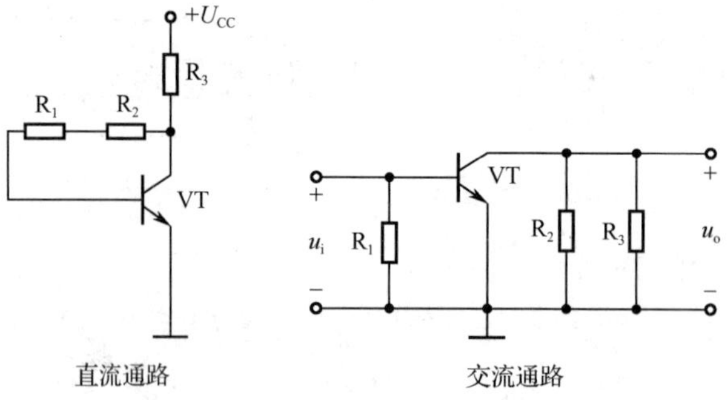

图 2-18　例 2-3 放大电路的直流通路和交流通路

三极管的特性曲线都是非线性的，因此，对放大电路进行定量分析时，主要矛盾在于如何处理放大器件的非线性问题。对此问题，常用的解决办法有三个：一是静态工作点估算法；二是图解法；三是微变等效电路法。

1. 静态工作点估算法

静态工作点估算法主要用于估算放大电路的静态参数（U_{BEQ}、I_{BQ}、U_{CEQ}、I_{CQ}）。

由图 2-19 可知，若放大电路处于工作状态，三极管 VT 的发射极是导通的，而且由三极管的输入特性可知，U_{BEQ} 的变化范围很小，通常硅管取 $U_{BEQ}=0.7V$，锗管取 $U_{BEQ}=0.2V$。

I_{BQ}、I_{CQ}、U_{CEQ} 的值分别为

$$I_{BQ}=\frac{U_{CC}-U_{BEQ}}{R_B} \tag{2-7}$$

$$I_{CQ}=\beta I_{BQ} \tag{2-8}$$

$$U_{CEQ}=U_{CC}-I_{CQ}R_C \tag{2-9}$$

【例 2-4】 在图 2-12 所示的基本共射放大电路中，设三极管 VT 为硅管，$U_{CC}=12V$，$R_C=3k\Omega$，$R_B=300k\Omega$，$R_L=3k\Omega$，三极管为 $\beta=50$ 的硅管。

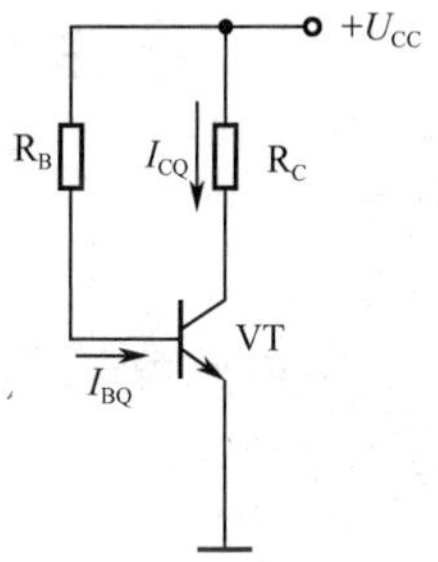

图 2-19 基本共射放大电路的直流通路

试求：

（1）放大电路的静态工作点（I_{BQ}、I_{CQ}、U_{CEQ}）

（2）当 $R_B=30k\Omega$ 时，电路的静态工作点及三极管的工作状态。

解：（1）画出直流通路如图 2-19 所示。

$$I_{BQ}=\frac{U_{CC}-0.7V}{R_B}\approx\frac{U_{CC}}{R_B}=\frac{12V}{300k\Omega}=0.04mA=40\mu A$$

因为电路中三极管 VT 的发射结正偏，所以，三极管只能处于放大或饱和状态。先假设此时三极管处于放大状态，则

$$I_{CQ}=\beta I_{BQ}=50\times0.04mA=2mA$$

$$U_{CEQ}=U_{CC}-I_{CQ}R_C=12-2\times3\Omega=6V$$

此时，静态工作点（U_{BEQ}，I_{BQ}），（U_{CEQ}，I_{CQ}）处于三极管输出特性的放大区，所以假设成立，三极管处于放大状态。

（2）若 $R_B=30k\Omega$，则

$$I_{BQ}=\frac{U_{CC}-0.7}{R_B}\approx\frac{U_{CC}}{R_B}=\frac{12V}{30k\Omega}=0.4mA$$

假设此时三极管处于放大状态，则

$$I_{CQ}=\beta I_{BQ}=50\times0.4=20mA$$

$$U_{CEQ}=U_{CC}-I_{CQ}R_C=12-20\times3=-48V$$

此时，静态工作点（U_{BEQ}，I_{BQ}），（U_{CEQ}，I_{CQ}）不在三极管输出特性的放大区，所以假设不成立，此时三极管处于饱和状态。

2. 图解法

图解法是依据三极管的输入输出特性曲线，在已知电路各参数的情况下，通过作图来分析放大电路工作情况的一种工程处理方法，目的是了解放大电路各点电流、电压的波形及失真程度。图解法的特点是简明、直观，但误差较大。

（微课视频：如何用图解法对放大电路做动态分析）

如图 2-20（a）所示为已知参数的基本共射放大电路，如图 2-20（b）所示为三极管的输出特性曲线。

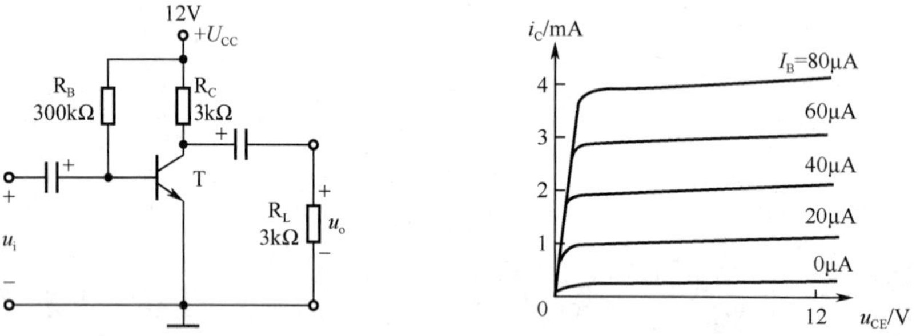

（a）基本共射放大电路　　（b）三极管的输出特性曲线

图 2-20　基本共射放大电路与三极管的输出特性曲线

下面用图解法确定静态工作点及放大信号的动态范围，并进行动态分析，步骤如下。

步骤一： 估算基极静态电流的值。

$$I_{BQ} \approx \frac{U_{CC}}{R_B} = \frac{12}{300} = 40(\mu A)$$

步骤二： 画出直流负载线。

在图 2-19 所示直流通路的输出回路中，其输出电压方程为

$$U_{CEQ} = U_{CC} - I_{CQ}R_C$$

代入电路参数后电压方程为

$$U_{CEQ} = 12 - 3I_{CQ}$$

在三极管的输出特性曲线上画出与输出回路方程相对应的直线，即为输出回路的直流负载线，如图 2-21 所示。

步骤三： 确定静态工作点 Q 的位置。

直流负载线与输出特性曲线中 $I_B = 40\mu A$ 曲线的交点，便是静态工作点 Q（U_{CEQ}，I_{CQ}），如图 2-21 所示。

步骤四： 画出交流负载线。

在图 2-22 所示的基本共射放大电路的交流通路中，交流电流 i_c 不仅流经 R_C，还流经 R_L，因此称 $R_L//R_C$ 为交流负载电阻，用字母 R_L' 表示，即 $R_L' = R_L//R_C = 1.5k\Omega$。

输出回路的动态方程为

$$u_{ce} = -i_c R_L' \tag{2-10}$$

又因为 $u_{ce} = u_{CE} - U_{CEQ}$，$i_c = i_C - I_{CQ}$，故

$$u_{CE} - U_{CEQ} = -R_L'(i_C - I_{CQ}) \quad (2\text{-}11)$$

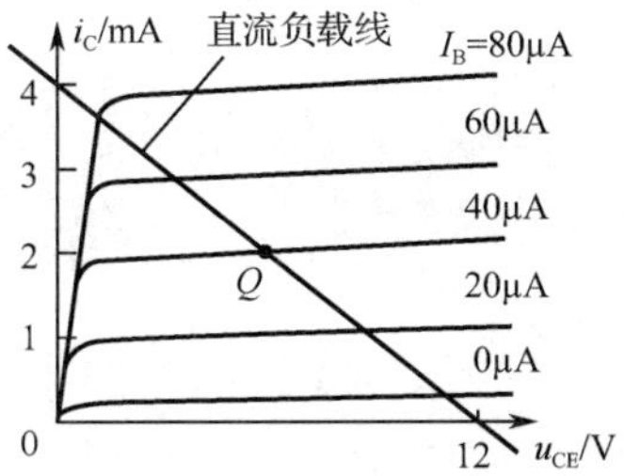

图 2-21　利用图解法求静态工作点

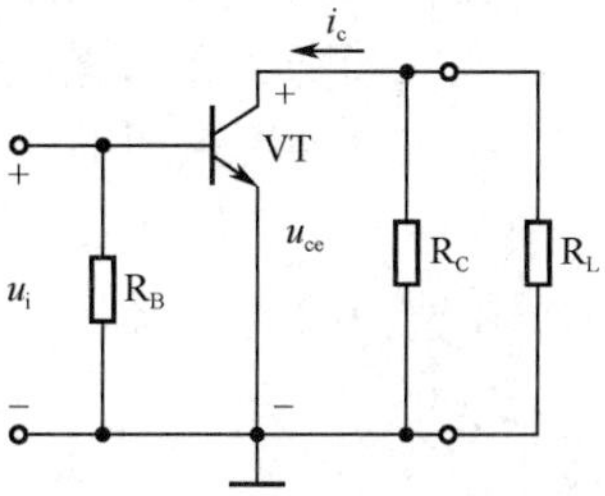

图 2-22　基本共射放大电路的交流通路

该方程所确定的直线过 Q（U_{CEQ}，I_{CQ}）点，且斜率为 $-1/R_L'$，该直线便是交流负载线。

因为 $1/R_L' > 1/R_C$，所以交流负载线比直流负载线要陡一些，如图 2-23 所示。

交流负载线表示动态时工作点移动的轨迹，因此也称交流负载线上的点为放大电路的动态工作点。

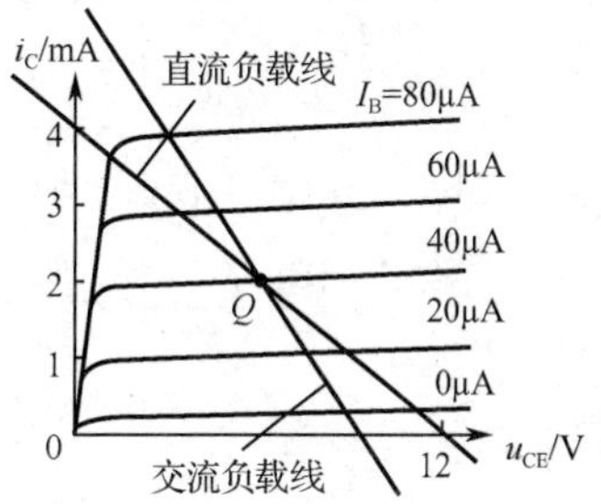

图 2-23　直流负载线和交流负载线

步骤五：动态分析。

如图 2-24 所示，当基本共射放大电路的输入端加一个正弦信号时，三极管的 u_{BE}、i_B、i_C、u_{CE} 都将在各自对应静态值的基础上按正弦规律变化。我们根据图解法画出 u_{BE}、i_B、i_C、u_{CE} 对应的波形图，发现随着输入信号呈正弦变化，动态工作点以 Q 点为中心在 Q' 和 Q'' 之间变化。

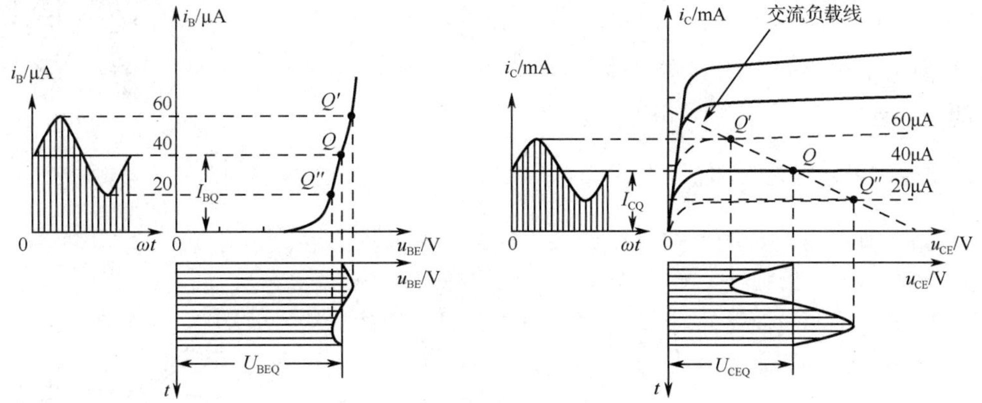

图 2-24　用图解法对共射放大电路进行动态分析

步骤六：非线性失真分析。

对放大电路的基本要求是输出信号不失真。如果放大电路的静态工作点选择得不合适或输入信号幅度过大，都会使输出波形进入三极管特性曲线的非线性区，从而引起信号失真。

（微课视频：静态工作点与非线性失真的关系）

如图 2-25 所示，若 Q 点偏低，则输入信号负半周部分进入截止区，产生信号失真，所以这种失真叫截止失真，对输出电压 u_o 来说，是顶部失去，所以截止失真也叫顶部失真；若 Q 点偏高，则输入信号正半周部分进入饱和区，产生信号失真，所以这种失真叫饱和失真，对输出电压u_o来说，是底部失去，所以截止失真也叫底部失真。

步骤七： 用图解法求动态范围及最大不失真电压。

通常把最大不失真输出电压的峰-峰值，称为放大电路的动态范围。

如图 2-26 所示，A、B 两点分别处于饱和区和截止区的临界处。所以，交流负载线上 A、B 两点间的电位差便是动态范围。

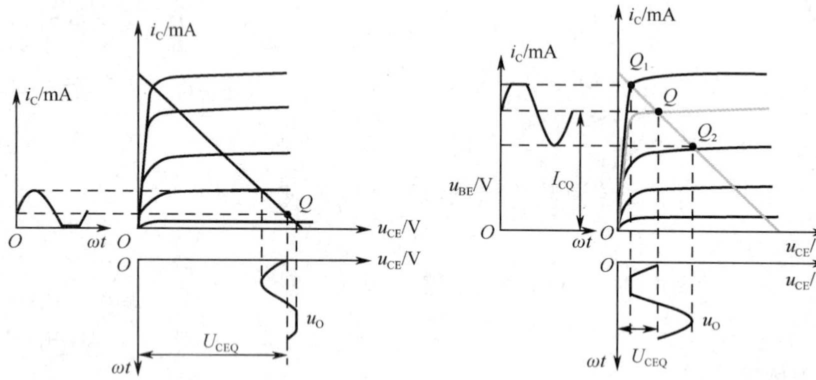

（a）截止失真（顶部失真）　　（b）饱和失真（底部失真）

图 2-25　用图解法分析非线性失真

一般静态工作点 Q 应尽量设置在交流负载线 AB 段的中点，使得 $AQ=QB$，$CD=DE$。

最大不失真输出电压的有效值U_o为

$$U_o=\frac{U_{CD}}{\sqrt{2}}=\frac{U_{DE}}{\sqrt{2}}$$

如果静态工作点 Q 没有设置在线段 AB 的中点，则U_o由 CD 和 DE 中的较小者决定。

（微课视频：什么是微变等效电路法）

3. 微变等效电路法

采用微变等效电路法的目的是得到放大电路的主要动态性能指标，如电压放大倍数A_u，输入电阻R_i和输出电阻R_o等。

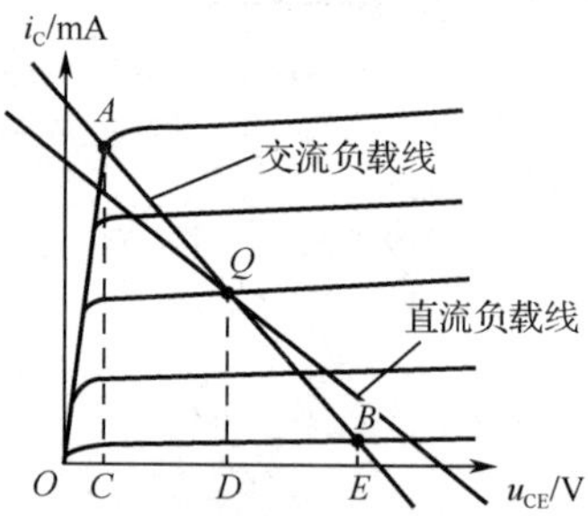

图 2-26　用图解法求动态范围及最大不失真电压

由于三极管是非线性器件，因此不能用研究线性电路的理论来研究由三极管构成的非线性放大电路。工程上为了使复杂的计算得以简化，常在低频小信号下，对三极管的输入、输出特性进行线性化处理。而小信号是指微小变化的信号，故称此方法为微变等效电路法。用这种分析方法得出的结果与实际量结果基本一致。

（1）输入回路中的微变等效。当输入信号很小时，在静态工作点 Q 附近，输入特性曲线基本上是一条直线，如图 2-27（a）所示，因此，三极管发射极间电压和电流的关系可以用一个等效电阻r_{be}来代表，即

$$r_{be}=\frac{\Delta u_{BE}}{\Delta i_B}=\frac{du_{BE}}{di_B}$$

r_{be} 称为三极管的输入电阻，其值常用下式来估算：

$$r_{be}=r_{bb'}+\frac{26\text{mV}}{I_{BQ}} \tag{2-12}$$

$r_{bb'}$ 为三极管发射结体电阻，一般取 $r_{bb'}=300\Omega$，$\frac{26\text{mV}}{I_{BQ}}$ 为三极管发射结结电阻，I_{BQ} 是三极管的静态基极电流，所以，r_{be} 值与 Q 点密切相关。

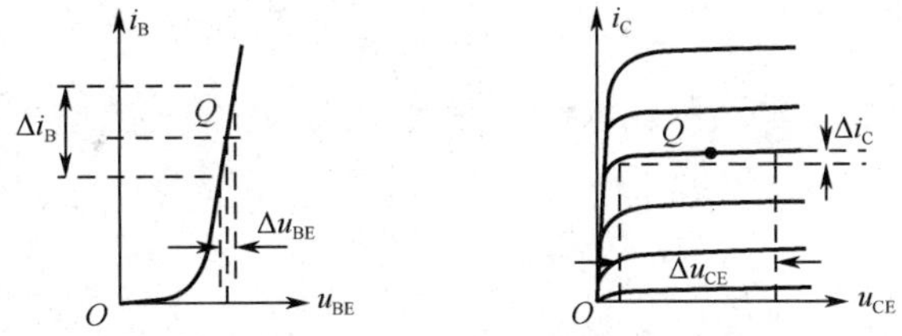

（a）输入特性曲线线性化　（b）输出特性曲线线性化

图 2-27　三极管特性曲线的线性化

（2）输出回路中的微变等效。如图 2-27（b）所示，三极管的输出特性曲线基本上是一组等距离的平行直线，在静态工作点 Q 附近 i_C 基本不随 u_{CE} 的变化而变化，因此，i_C 可视为一恒量。这反映了三极管在放大区时，有与理想恒流源电流恒定、内阻无穷大的相似性质。所以，三极管的集电极和发射极之间可以等效为一个受控的恒流源，i_C 的大小为

$$i_C=\beta i_B$$

综上所述，当输入为微变信号时，可画出三极管的微变等效电路，如图 2-28 所示。

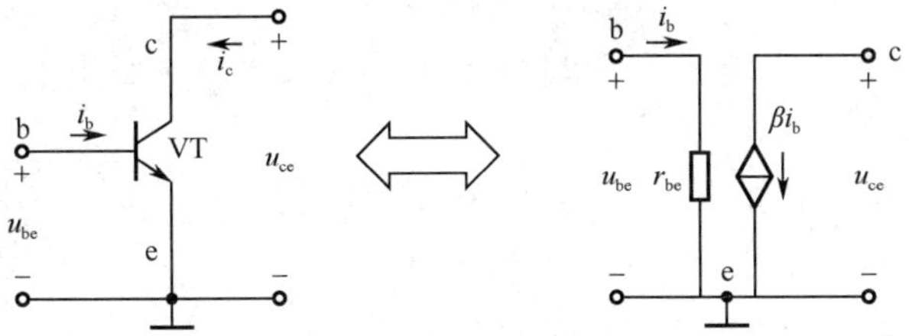

图 2-28　三极管的微变等效电路

（3）用微变等效电路法求放大电路的主要动态指标。先画出基本共射放大电路的交流通路，如图 2-29（a）所示，再将交流通路中的三极管用微变等效电路代替，如图 2-29（b）所示。

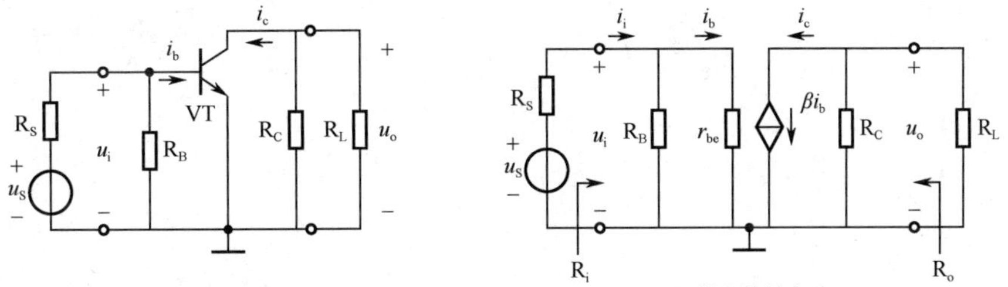

（a）交流通路　（b）微变等效电路

图 2-29　基本共射放大电路的微变等效电路

① 求电压放大倍数 A_u，A_{us}。放大器的电压放大倍数 A_u 为输出电压 u_o 与输入电压 u_i 的比值，是衡量放大器对信号放大能力的主要技术指标。即

$$A_u = \frac{u_o}{u_i} = \frac{-i_c(R_C//R_L)}{r_{be} \cdot i_b} = \frac{-\beta i_b(R_C//R_L)}{r_{be} \cdot i_b} = \frac{-\beta R_L'}{r_{be}} \tag{2-13}$$

其中，$R_L' = (R_L//R_C)$，负号表示输出电压 u_o 与输入电压 u_i 的相位相反。

源电压放大倍数 A_{us} 是放大电路对信号源 u_s 的电压放大倍数，即 u_o 与 u_s 的比值，其计算公式为

$$A_{us} = \frac{u_o}{u_s} = \frac{u_o}{u_i} \cdot \frac{R_i}{R_s + R_i} = A_u \cdot \frac{R_i}{R_s + R_i} \tag{2-14}$$

② 求输入电阻 R_i。放大电路的输入电阻 R_i 是指从信号的输入端（将信号源除外）向放大电路内看进去的等效电阻。

由图 2-29 可得

$$R_i = R_B//r_{be} \approx r_{be} \tag{2-15}$$

一般基极偏置电阻 R_B 的值远大于三极管的输入等效电阻 r_{be}，所以 $R_i \approx r_{be}$。

放大电路的输入电阻越大，从信号源索取的电流就越小，信号源内阻消耗的电动势越低，则信号源提供给放大器的输入电压越接近信号源的电动势，故希望放大电路的输入电阻 R_i 越大越好。

③ 求输出电阻 R_o。放大电路的输出电阻 R_o 是指输入信号 $u_s = 0$，保留内阻 R_s，去掉负载 R_L 时，从放大电路输出端向放大电路内看进去的等效电阻。

如图 2-29 所示，三极管集电极和发射极之间等效的电流源内阻很大，所以输出电阻为

$$R_o \approx R_C \tag{2-16}$$

如果放大器的输出电阻比较小，输出电压的变化也比较小，表明放大器带负载能力强。一般，共射放大电路中 R_C 为几千欧，所以这种电路输出电阻是较高的。

【例 2-5】 如图 2-30 所示，已知 $U_{BEQ} = 0.7\text{V}$，β=50，$R_B = 377\text{k}\Omega$，$R_C = 6\text{k}\Omega$，$R_S = 10\text{k}\Omega$，$R_L = 3\text{k}\Omega$，$U_{CC} = 12\text{V}$，$r_{bb'} = 200\Omega$，试计算：

（1）电路的静态工作点 Q；

（2）电压放大倍数 A_u，A_{us}；

（3）输入、输出电阻 R_i，R_o。

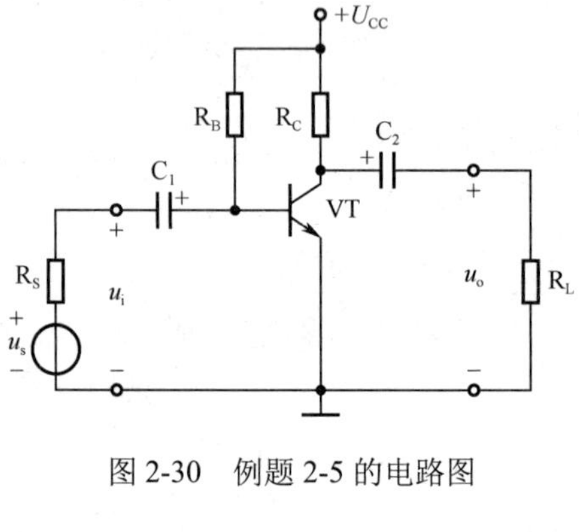

图 2-30　例题 2-5 的电路图

解：（1）画出直流通路，如图 2-19 所示，则

$$I_{BQ} = \frac{U_{CC} - 0.7}{R_B} = \frac{12 - 0.7}{377\text{k}\Omega} = 30(\mu\text{A})$$

$$I_{CQ} = \beta I_{BQ} = 50 \times 0.03 = 1.5(\text{mA})$$

$$U_{CEQ} = U_{CC} - I_{CQ}R_C = 12 - 1.5 \times 6 = 3(\text{V})$$

（2）画出微变等效电路，如图 2-29（b）所示，则

$$r_{be} = r_{bb'} + \frac{26}{I_{BQ}} \approx 1.08(\text{k}\Omega)$$

$$A_u = \frac{u_o}{u_i} = \frac{-\beta(R_C//R_L)}{r_{be}} = \frac{-50\times(6//3)}{1.08} \approx -92.6$$

$$R_i \approx r_{be} = 1.08\text{k}\Omega$$

$$A_{us} = \frac{u_o}{u_s} = \frac{u_o}{u_i}\cdot\frac{R_i}{R_S + R_i} = A_u \cdot \frac{R_i}{R_S + R_i} = -92.6\times\frac{1.08}{10+1.08} \approx -9$$

（3）输入、输出电阻为

$$R_i \approx r_{be} = 1.08\text{k}\Omega$$

$$R_o \approx R_C = 6\text{k}\Omega$$

2.2.4 分压偏置式共射放大电路

基本共射放大电路也叫固定偏置式共射放大电路，它的结构简单，但是静态工作点不稳定，会引起输出波形的失真。造成静态工作点不稳定的因素很多，如电压波动、电路参数变化、三极管老化等，但主要还是由于温度的变化。

我们知道，在同样的输入电压下，三极管的β、I_{BQ}、I_{CQ}这些参数随温度的升高而增大，静态工作点往上偏移，结果可能导致输出波形失真。为此，可以在放大电路的结构上采取一些措施，设计出分压偏置式共射放大电路，其电路图如图 2-31 所示。

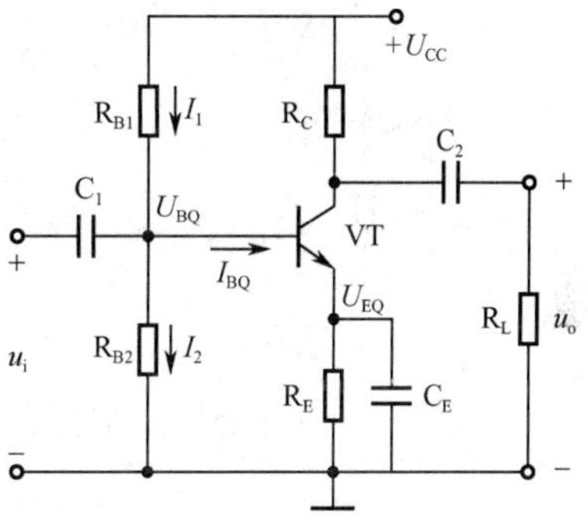

图 2-31 分压偏置式共射放大电路

改进后的电路在原基本共射放大电路基础上，增加了R_{B2}、R_E和C_E三个元件。R_{B2}为下偏置电阻，它的作用是通过对直流电源分压，为三极管的基极提供固定不变的电位U_{BQ}；R_E是发射极电阻，C_E是发射极交流旁路电容。

1. 稳定静态工作点的原理

（微课视频：静态工作点稳定的共射放大电路）

一般情况下，I_{BQ}值很小，$I_2 \gg I_{BQ}$，所以I_{BQ}值可忽略。

在此条件下

$$U_{BQ} \approx \frac{R_{B2}}{R_{B1}+R_{B2}}U_{CC} \tag{2-17}$$

当U_{CC}、R_{B1}、R_{B2}确定后，U_{BQ}也就基本确定了，不受温度的影响。

假设温度上升，使三极管的集电极电流I_{CQ}增大，则发射极电流I_{EQ}也增大，从而使U_{EQ}也随之增大。由于$U_{BQ} = U_{BEQ} + U_{EQ}$，而$U_{BQ}$不变，所以$U_{BEQ}$减小，而使基极电流$I_{BQ}$减小，这又导致了$I_{CQ}$减小，最终使$I_{CQ}$稳定，达到稳定工作点的目的。

其工作流程可描述为

温度$T\uparrow\rightarrow I_{CQ}\uparrow\rightarrow I_{EQ}\uparrow\rightarrow U_{EQ}\uparrow\rightarrow U_{BEQ}\downarrow\rightarrow I_{BQ}\downarrow\rightarrow I_{CQ}\downarrow$

这种通过I_{CQ}的变化，使电阻R_E上的压降U_{EQ}产生变化，而U_{EQ}产生的变化又送回三极管基极和发射极回路来控制发射结上的电压U_{BEQ}，从而牵制集电极电流I_{CQ}的方法叫作反馈。由于反馈的结果是减弱，所以叫负反馈。

分压偏置式共射放大电路具有稳定工作点的作用，为保证工作点的稳定，在参数选择时，对于硅管，一般选

$$I_1=(5\sim10)I_{BQ}\text{，}\ U_{BQ}=3\sim5\text{V}$$

对于锗管，一般选

$$I_1=(10\sim20)I_{BQ}\text{，}\ U_{BQ}=1\sim3\text{V}$$

2. 电路分析

分压偏置式共射放大器的直流通路如图 2-32（a）所示，可以求出它的静态参数（U_{BEQ}、I_{BQ}、U_{CEQ}、I_{CQ}）的值；其微变等效电路如图 2-32（b）所示，可以求出动态参数：电压放大倍数 A_u、输入电阻 R_i、输出电阻 R_o。

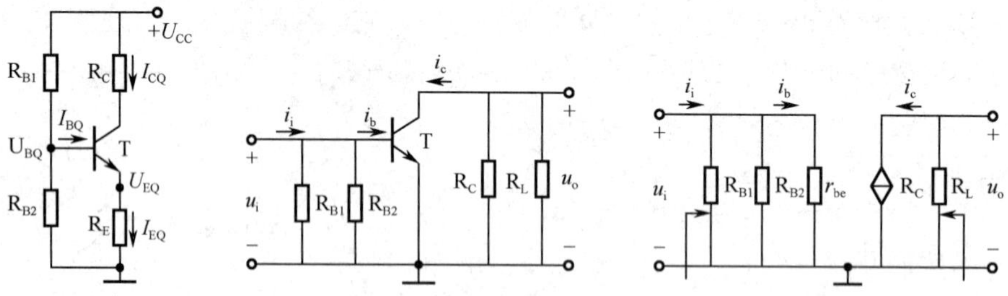

（a）直流通路　（b）交流通路　（c）微变等效电路

图 2-32　分压式偏置共射放大电路的直流通路、交流通路和微变等效电路

（1）求静态参数。

因为

$$U_{BQ}\approx\frac{R_{B2}}{R_{B1}+R_{B2}}U_{CC} \tag{2-18}$$

所以

$$I_{CQ}\approx I_{EQ}=\frac{U_{EQ}}{R_E}=\frac{U_{BQ}-U_{BEQ}}{R_E} \tag{2-19}$$

$$I_{BQ}=\frac{I_{CQ}}{\beta} \tag{2-20}$$

$$U_{CEQ}\approx U_{CC}-I_{CQ}(R_C+R_E) \tag{2-21}$$

（2）求动态参数。

$$A_u=\frac{-\beta(R_C//R_L)}{r_{be}}=\frac{-\beta R_L'}{r_{be}} \tag{2-22}$$

$$R_i=R_{B1}//R_{B2}//r_{be} \tag{2-23}$$

$$R_o=R_C \tag{2-24}$$

【例 2-6】 在图 2-31 所示的电路中，已知 $R_{B1}=51\text{k}\Omega$，$R_{B2}=10\text{k}\Omega$，$R_E=500\Omega$，$R_C=3\text{k}\Omega$，$R_L=3\text{k}\Omega$，$U_{CC}=12\text{V}$，$U_{BEQ}=0.7\text{V}$，β=60。

（1）试计算放大电路静态参数 U_{BEQ}、I_{BQ}、U_{CEQ}、I_{CQ} 和动态参数 A_u、R_i、R_o；

（2）如果换上一个 β=100 的同类型管子，静态参数将如何变化？

解：（1）根据图 2-32（a）所示的直流通路，可得

$$U_{BQ} \approx \frac{R_{B2}}{R_{B1}+R_{B2}}U_{CC} = \frac{10\times 12}{51+10} \approx 2V$$

$$I_{CQ} \approx I_{EQ} = \frac{U_{EQ}}{R_E} = \frac{U_{BQ}-U_{BEQ}}{R_E} = \frac{2-0.7}{0.5} = 2.6mA$$

$$I_{BQ} = \frac{I_{CQ}}{\beta} = \frac{2.6}{60} \approx 43.3\mu A$$

$$U_{CEQ} \approx U_{CC} - I_{CQ}(R_C+R_E) = 12-2.6\times(3+0.5) = 2.9V$$

三极管的输入电阻为

$$r_{be} = 300\Omega + \frac{26}{I_{BQ}} = 300\Omega + \frac{26}{43.3} \approx 0.9k\Omega$$

根据图 2-32（c）所示的微变等效电路，可得

$$A_u = -\frac{\beta(R_C//R_L)}{r_{be}} = -60\times\frac{3//3}{0.9} \approx 100$$

$$R_i = R_{B1}//R_{B2}//r_{be} = 51//10//0.9=0.81k\Omega$$

$$R_o = R_C = 3k\Omega$$

（2）如果换上一个 β=100 的管子，它不影响 I_{CQ} 值和 U_{CEQ} 值，仅改变 I_{BQ} 值。由此可看出该电路不仅对温度的影响有稳定作用，对 β 的适应性也较强。

3. 工程中常用的分压偏置式共射放大电路

在工程中常用的分压偏置式共射放大电路如图 2-33（a）所示。它在原分压式放大电路的基础上，在发射极加了一个电阻 R_{E1}。图 2-33（b）和图 2-33（c）是它的直流通路和微变等效电路。

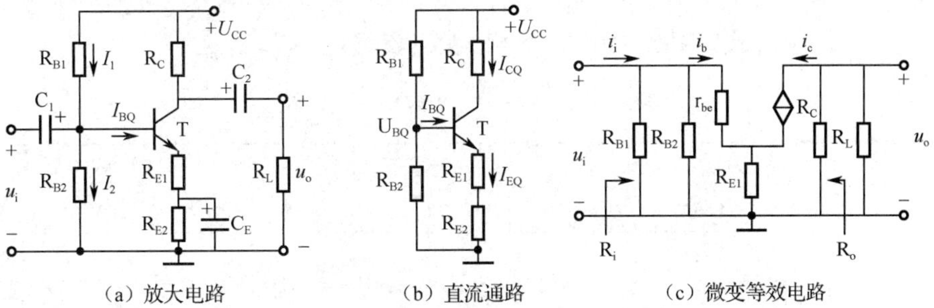

（a）放大电路　　（b）直流通路　　（c）微变等效电路

图 2-33　工程中常用的分压偏置式共射放大电路

R_{E1} 在这里的作用是提高放大电路的输入电阻。对交流通路来说，由于 R_{B1}、R_{B2} 的并联效果使放大电路的输入电阻降低。所以，在发射极增加一个小电阻 R_{E1}，使其不被 C_E 旁路，以避免放大电路输入电阻的降低。

该电路静态工作点的估算与原分压偏置式共射放大电路相同。

A_u、R_i、R_o 的估算公式为

$$A_u = -\frac{\beta(R_C//R_L)}{r_{be}+(1+\beta)R_{E1}} \tag{2-25}$$

$$R_i = R_{B1}//R_{B2}//[r_{be}+(1+\beta)R_{E1}] \tag{2-26}$$

$$R_o = R_C \tag{2-27}$$

【例 2-7】 如图 2-33（a）所示，三极管为硅管，$R_{B1}=75k\Omega$，$R_{B2}=20k\Omega$，$R_{E1}=100\Omega$，$R_{E2}=1k\Omega$，$R_C=5k\Omega$，$R_L=5k\Omega$，$U_{CC}=12V$，β=70，$C_1=C_2=10\mu F$，$C_E=10\mu F$。

（1）试计算放大电路静态参数U_{BEQ}、I_{BQ}、U_{CEQ}、I_{CQ}；

（2）动态参数A_u、R_i、R_o。

解：（1）画出直流通路如图 2-33（b）所示，估算静态量

$$U_{BQ} \approx \frac{R_{B2}}{R_{B1}+R_{B2}}U_{CC} = \frac{12\times 20}{75+20} \approx 2.53V$$

$$I_{CQ} \approx I_{EQ} = \frac{U_{BQ}-U_{BEQ}}{R_{E1}+R_{E2}} = \frac{2.53-0.7}{0.1+1} \approx 1.66mA$$

$$I_{BQ} = \frac{I_{CQ}}{\beta} = \frac{1.66}{70} \approx 23\mu A$$

$$U_{CEQ} \approx U_{CC} - I_{CQ}(R_C+R_{E1}+R_{E2}) = 12V - 1.66\times(5+0.1+1) = 1.87V$$

（2）画出微变等效电路如图 2-33（c）所示，计算动态量

$$r_{be} = 300\Omega + \frac{26}{I_{BQ}} = 300\Omega + \frac{26}{23}k\Omega \approx 1.43k\Omega$$

$$A_u = -\frac{\beta(R_C//R_L)}{r_{be}+(1+\beta)R_{E1}} = -\frac{70\times(5//5)}{1.43+71\times 0.1} \approx -20.5$$

$$R_i = R_{B1}//R_{B2}//[r_{be}+(1+\beta)R_{E1}] = 20//75//[1.43+71\times 0.1] = 5.54k\Omega$$

$$R_o = R_C = 5k\Omega$$

4. 三种共射放大电路的比较

共射放大电路的三种电路结构：固定偏置共射放大电路、分压偏置式共射放大电路和无旁路电容 C_E 的分压偏置式共射放大电路，其性能比较见表 2-1。

表 2-1 三种共射放大电路性能比较

性能参数	固定偏置 共射放大电路	分压偏置式 共射放大电路	分压偏置式共射放大电路 （无旁路电容 C_E）
放大电路	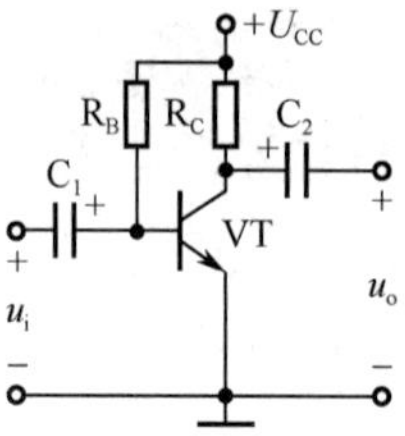	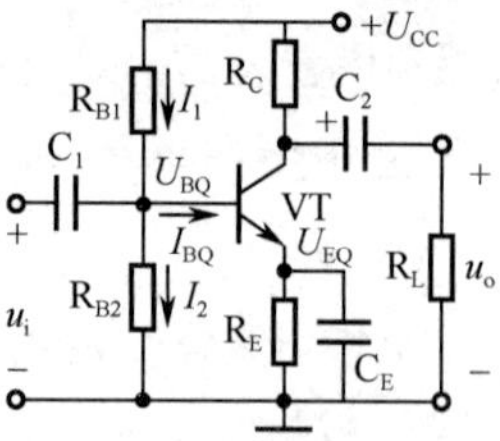	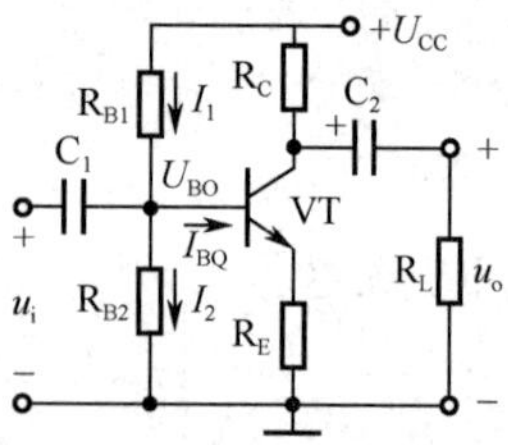
静态参数	$I_{BQ}=\frac{U_{CC}-U_{BEQ}}{R_B}$ $I_{CQ}=\beta I_{BQ}$ $U_{CEQ}=U_{CC}-I_{CQ}R_C$	$U_{BQ}\approx\frac{R_{B2}}{R_{B1}+R_{B2}}U_{CC}$ $I_{CQ}\approx I_{EQ}=\frac{U_{BQ}-U_{BEQ}}{R_E}$ $I_{BQ}=\frac{I_{CQ}}{\beta}$ $U_{CEQ}\approx U_{CC}-I_{CQ}(R_C+R_E)$	$U_{BQ}\approx\frac{R_{B2}}{R_{B1}+R_{B2}}U_{CC}$ $I_{CQ}\approx I_{EQ}=\frac{U_{BQ}-U_{BEQ}}{R_E}$ $I_{BQ}=\frac{I_{CQ}}{\beta}$ $U_{CEQ}\approx U_{CC}-I_{CQ}(R_C+R_E)$

续表

性能参数	固定偏置 共射放大电路	分压偏置式 共射放大电路	分压偏置式共射放大电路 （无旁路电容 C_E）
动态参数	$A_u=\frac{\beta(R_C//R_L)}{r_{be}}=-\frac{\beta R_L'}{r_{be}}$ $R_i=r_{be}$ $R_o\approx R_C$	$A_u=-\frac{\beta(R_C//R_L)}{r_{be}}=-\frac{\beta R_L'}{r_{be}}$ $R_i=R_B'//r_{be}$ （$R_B'=R_{B1}//R_{B2}$） $R_o\approx R_C$	$A_u=-\frac{\beta(R_C//R_L)}{r_{be}+(1+\beta)R_E}$ $R_i=R_B'//[r_{be}+(1+\beta)R_E]$ （$R_B'=R_{B1}//R_{B2}$） $R_o\approx R_C$

从表中可清晰地看出：

（1）固定偏置共射放大电路结构简单，但是输入电阻较小，而且静态工作点不稳定；

（2）分压偏置式共射放大电路，静态工作点稳定，但是输入电阻的性能没有得到改善；

（3）有旁路电容的分压偏置式共射放大电路，静态工作点稳定，输入电阻增大，但是放大倍数减小，不过可以采用多级放大电路来弥补放大倍数的不足。因此，这种电路是工程上经常采用的电路，常用作多级放大电路的中间级。

2.2.5　共集电极放大电路

1. 电路的组成

（微课视频：共集电极放大电路）

共集电极放大电路是应用比较广泛的电路，其电路构成如图 2-34（a）所示。它的交流通路如图 2-34（b）所示，基极和集电极是输入端，发射极和集电极是输出端，集电极是输入回路和输出回路的公共端，故称共集电极放大电路。由于信号从发射极输出，所以又称射极输出器。R_B 是基极偏置电阻，R_E 是发射极电阻，C_1 和 C_2 是耦合电容，R_L 是放大电路的负载。

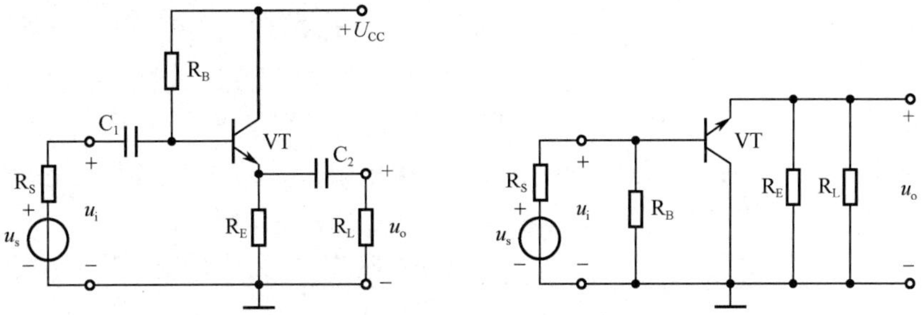

（a）放大电路　　（b）交流通路

图 2-34　共集电极放大电路及其交流通路

2. 静态工作点 Q 的估算

画出共集电极放大电路的直流通路如图 2-35（a）所示，可得静态工作点的参数

$$I_{BQ}=\frac{U_{CC}-U_{BEQ}}{R_B+(1+\beta)R_E} \tag{2-28}$$

$$I_{CQ}=\beta I_{BQ} \tag{2-29}$$

$$U_{CEQ}\approx U_{CC}-I_{CQ}R_E \tag{2-30}$$

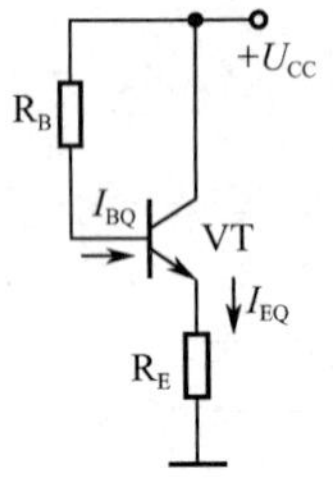

（a）直流通路

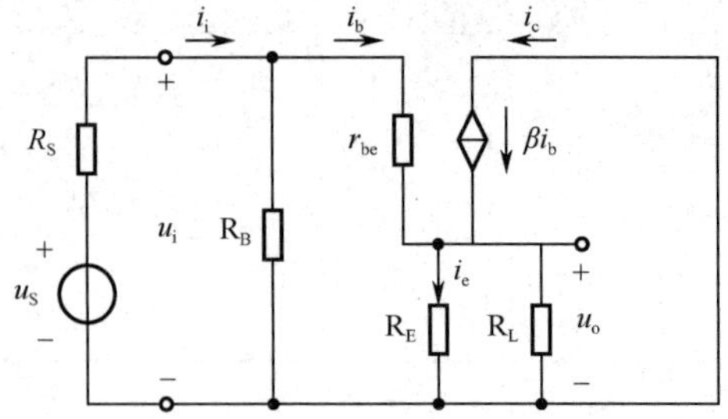

（b）微变等效电路

图 2-35　共集电极放大电路的直流通路及微变等效电路

3. 动态参数 A_u、R_i、R_o

画出共集电极放大电路的微变等效电路如图 2-35（b）所示。

（1）求电压放大倍数 A_u。

$$A_u=\frac{u_o}{u_i}=\frac{I_e(R_E//R_L)}{I_b r_{be}+I_e(R_E//R_L)}=\frac{(1+\beta)(R_E//R_L)}{r_{be}+(1+\beta)(R_E//R_L)} \tag{2-31}$$

因为 $(1+\beta)(R_E//R_L)\gg r_{be}$，所以 $A_u\approx 1$，说明输出电压 u_o 与输入电压 u_i 大小基本相等，相位相同。可见，共集电极放大电路没有电压放大作用。

（2）求输入电阻 R_i。如图 2-35（b）所示，当不考虑 R_B 时，根据电阻的定义可得

$$R_i'=\frac{u_i}{i_b}=\frac{i_b r_{be}+i_e(R_E//R_L)}{i_b}=r_{be}+(1+\beta)(R_E//R_L)$$

所以放大电路的输入电阻为

$$R_i=R_B//R_i'=R_B//[r_{be}+(1+\beta)(R_E//R_L)] \tag{2-32}$$

从结果可见，共集电极放大电路的 R_i 的值与共射极放大电路 R_i 的值相比提高了很多，共集电极放大电路 R_i 的值可达到几十千欧到几百千欧。

（3）求输出电阻 R_o。如图 2-35（b）所示，输出电阻 R_o 为信号源短路，保留内阻 R_S，去掉负载 R_L 时，从放大电路输出端向放大电路内看进去的等效电阻，故

$$R_o=R_E//\frac{u_o}{i_e}=R_E//[\frac{r_{be}+(R_S//R_B)}{1+\beta}]$$

通常 $\frac{r_{be}+(R_S//R_B)}{1+\beta}\ll R_E$，所以

$$R_o=\frac{r_{be}+(R_S//R_B)}{1+\beta} \tag{2-33}$$

共集电极放大电路的输出电阻很小，一般只有几欧到几十欧，因此其带负载的能力比较强。

（4）共集电极放大电路（射极输出器）的主要特点：

① 电压放大倍数近似为1；

② 输入电压与输出电位同相位。

③ 输入电阻大，常用在多级放大电路的输入级中；

④ 输出电阻小，常用在多级放大电路的输出级，以提高整个电路的带负载能力。

⑤ 具有电流放大作用，$A_i \approx \dfrac{i_e}{i_b} = 1+\beta$，因此也具有功率放大作用。

【例 2-8】 如图 2-36（a）所示电路中，已知 $U_{CC}=12V$，$\beta=100$，$R_{B1}=R_{B2}=20k\Omega$，$R_E=R_L=3k\Omega$。

（1）计算静态工作点；

（2）计算电压放大倍数 A_u、输入电阻 R_i 和输出电阻 R_o。

解： 如图 2-36（b）和图 2-36（c）所示为该放大电路的直流通路和微变等效电路。

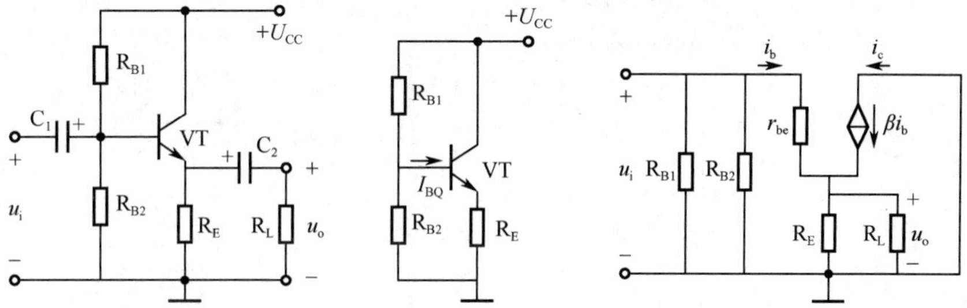

（a）放大电路　（b）直流通路　（c）微变等效电路

图 2-36　例 2-8 图

（1）计算静态工作点。

由直流通路可得

$$U_{BQ} \approx \frac{R_{B2}}{R_{B1}+R_{B2}}U_{CC} = \frac{20}{20+20}\times 12 = 6(V)$$

$$I_{CQ} \approx I_{EQ} = \frac{U_{BQ}-U_{BEQ}}{R_E} \approx \frac{U_{BQ}}{R_E} = \frac{6}{3} = 2(mA)$$

$$U_{CEQ} = U_{CC} - I_{EQ}R_E = 12 - 2\times 3 = 6(V)$$

（2）计算电压放大倍数 A_u、输入电阻 R_i 和输出电阻 R_o。

$$r_{be} = 300 + (1+\beta)\frac{26}{I_{EQ}} \approx 1.613k\Omega$$

由微变等效电路可得

$$A_u = \frac{(1+\beta)(R_E//R_L)}{r_{be}+(1+\beta)(R_E//R_L)} = \frac{101\times(3//3)}{1.613+101\times(3//3)} \approx 0.99$$

$$R_i = R_{B1}//R_{B2}//[r_{be}+(1+\beta)(R_E//R_L)] = 20//20//[1.613+101\times(3//3)] \approx 9.4(k\Omega)$$

$$R_o \approx \frac{r_{be}}{1+\beta} = \frac{1.613}{101} = 16(\Omega)$$

2.2.6 共基极放大电路

1. 电路的组成

共基极放大电路如图 2-37（a）所示，图中 C_B 为基极旁路电容，C_1、C_2 是耦合电容；R_{B1} 和 R_{B2} 分别是上、下两个偏置电阻；R_C 是集电极直流负载；R_E 是发射极电阻，起稳定工作点的作用。信号从晶体管的发射极和基极输入，从集电极和基极输出，基极是输入回路和输出回路的公共端，因此称为共基极放大电路。

2. 静态工作点 Q 的估算

如图 2-37（b）所示为共基极放大电路的直流通路，它和前面叙述的分压偏置式放大电路的直流通路相同，因此静态工作点 Q 的计算方法相同，这里不再赘述。

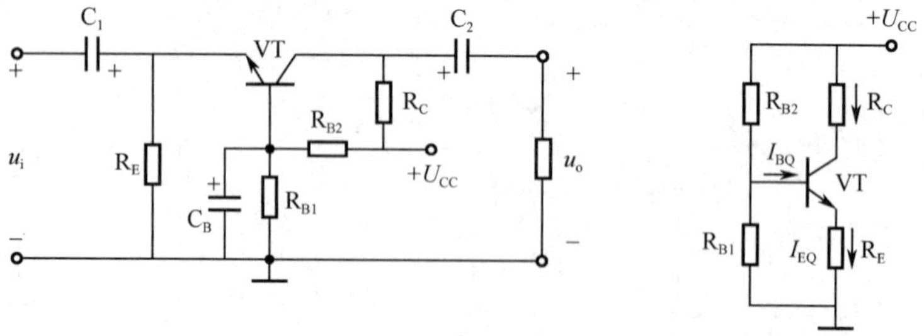

（a）共基极放大电路　　（b）直流通路

图 2-37　共基极放大电路及其直流通路

3. 动态参数 A_u、R_i、R_o

图 2-38 所示为共基极放大电路的微变等效电路，可得：

（1）电压放大倍数 A_u

$$A_u = \frac{u_o}{u_i} = \frac{-\beta i_b (R_C // R_L)}{-i_b r_{be}} = \beta\left(\frac{R_C // R_L}{r_{be}}\right) \tag{2-34}$$

（2）输入电阻 R_i

$$R_{eb} = \frac{u_i}{i_e} = \frac{-i_b r_{be}}{-(1+\beta) i_b} = \frac{r_{be}}{1+\beta} \tag{2-35}$$

$$R_i = R_E // R_{eb} = R_E // \frac{r_{be}}{1+\beta} \tag{2-36}$$

一般 $\frac{r_{be}}{1+\beta}$ 的比值较小，所以输入电阻 R_i 的值很小。

（3）输出电阻为 R_o

$$R_o \approx R_C \tag{2-37}$$

综上所述，共基极放大电路具有输入电阻小（只有几十欧）、输出电阻较大（与基本共射放大电路相同，均为 R_C），以及较强的同相电压放大能力，但它不具备电流放大能力。

另外，共基极放大电路的通频带是三种组态放大电路中最宽的，它的频率特性最好，适合用作宽频带放大电路。

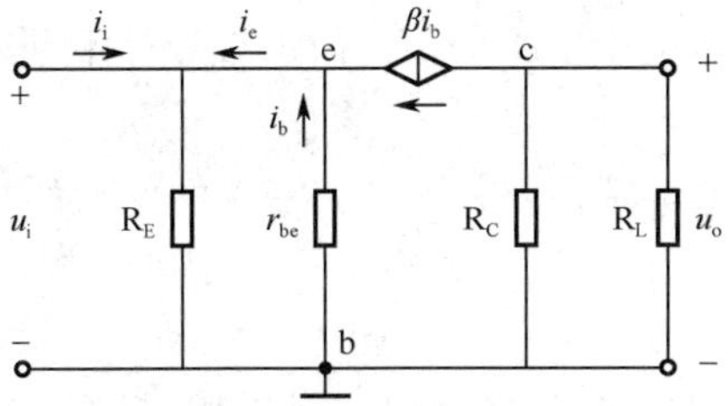

图 2-38　共基极放大电路的微变等效电路

2.3　多级放大电路

在实际的应用中，放大电路的输入信号通常都很微弱（毫伏或微伏数量级），而单级放大电路的放大倍数又不宜过大，一般为十几到几十倍，而一个电子产品往往需要将极微弱的信号放大到足够大，这就需要由多级放大电路来放大，以满足电子产品要求的性能指标。

如图 2-39 所示为多级放大电路的组成框图，各个框图的作用如下：输入级一般采用输入阻抗较高的放大电路，以便完成与信号源的衔接并对信号进行放大，如射极跟随器；中间级主要用于对信号进行电压放大，将微弱的信号电压放大到规定的幅度，一般都采用共发射极放大电路来完成；输出级通常为多级放大电路的最后一级，主要用于对信号进行功率放大，输出负载所需要的功率并完成和负载的匹配。

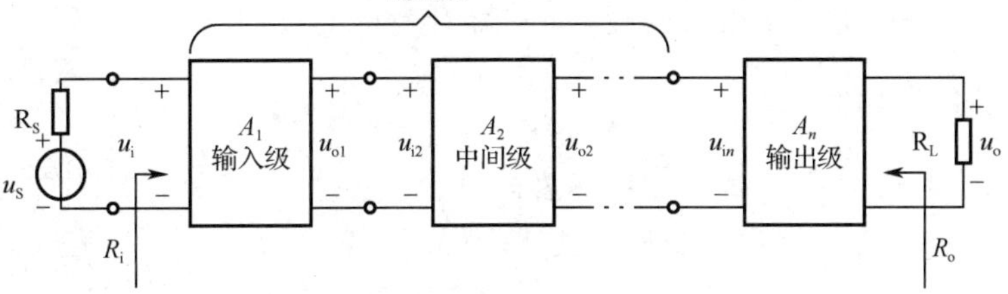

图 2-39　多级放大电路的组成框图

2.3.1　多级放大电路的耦合方式

在多级放大电路中，各级放大电路的输入和输出之间的连接方式称为耦合。常用的耦合方式有阻容耦合、直接耦合、变压器耦合和光电耦合。

1. 阻容耦合

阻容耦合是指各单级放大电路之间通过耦合电容连接。图 2-40 所示为阻容耦合两级放大电路，电路通过电容连接信号源与放大电路、放大电路的前后级、放大电路与负载。

阻容耦合放大电路的特点：

① 各级放大电路的静态工作点相对独立、互不影响，有利于放大器的设计、调试和维修；

② 阻容耦合放大电路的体积小、质量小，但电容元件不利于集成，故在分立元件电路中应用较多；

③ 阻容耦合放大电路的低频特性差，不适合放大直流及缓慢变化的信号。

2. 直接耦合

直接耦合是指各级放大电路之间直接通过导线连接。如图 2-41 所示为直接耦合两级放大电路。

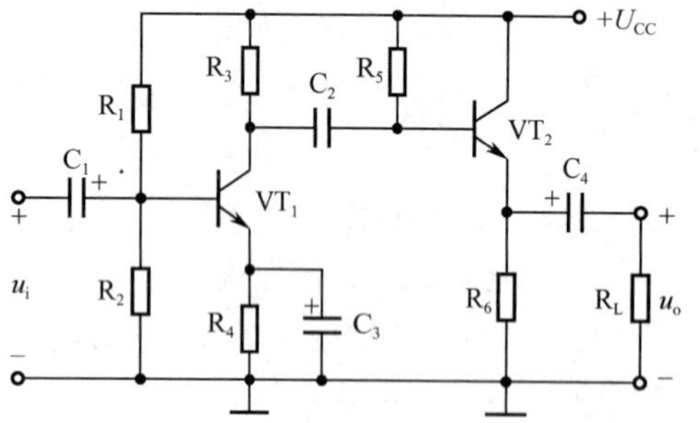

图 2-40 阻容耦合两级放大电路

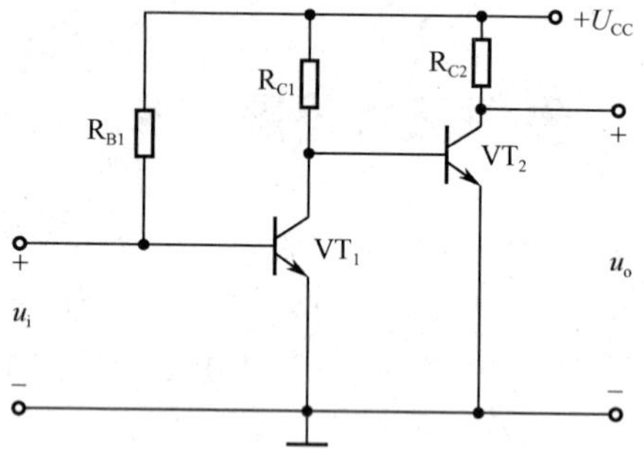

图 2-41 直接耦合两级放大电路

直接耦合放大电路的特点：

① 频率特性好，可以放大直流、交流及缓慢变化的信号；

② 电路中无耦合电容，便于集成化；

③ 各级放大电路的静态工作点相互影响，输出存在温度漂移。

3. 变压器耦合

直接耦合是指前级的输出端通过变压器连接到后级的输入端或负载上，称为变压器耦合。如图 2-42 所示为变压器耦合电路。

变压器耦合的最大优点是可以实现阻抗变换，但体积大而且重，现在使用较少。

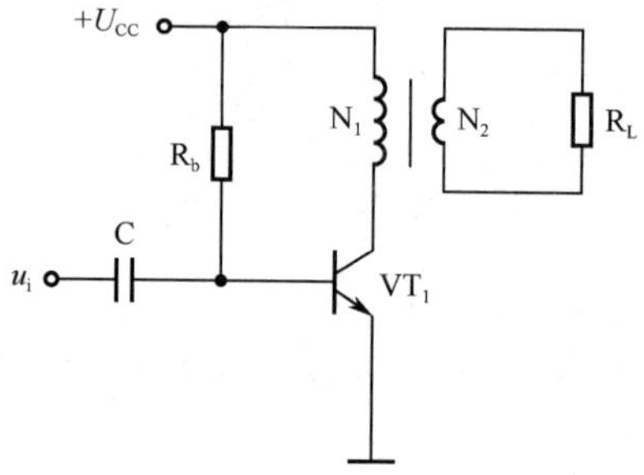

图 2-42 变压器耦合电路

4. 光电耦合

前后级之间利用光电耦合器件耦合的方式称为光电耦合。其特点是前后级静态工作点相互独立，便于集成，但受温度影响较大。

2.3.2 多级放大电路的分析

1. 多级放大电路的电压放大倍数 A_u

在多级放大电路中，前一级放大器的输出电压可以看成后一级放大器的输入信号，后一级放大器的输入电阻可以看成前一级放大器的负载电阻。

从图 2-39 中可以看出第一级的输出电压 u_{o1} 就是第二级的输入电压 u_{i2}，即 $u_{o1}=u_{i2}$，由电压放大倍数的定义可知，多级放大电路的电压放大倍数为：

$$A_u=\frac{u_o}{u_i}=\frac{u_{o1}}{u_i}\cdot\frac{u_{o2}}{u_{i2}}\cdot\frac{u_{o3}}{u_{i3}}\cdots=A_{u1}\cdot A_{u2}\cdot A_{u3}\cdots \tag{2-38}$$

即多级放大电路电压放大倍数为各级电压放大倍数的乘积。

以分贝为单位来表示电压放大倍数，则有

$$20\lg A_u=20\lg A_{u1}+20\lg A_{u2}+20\lg A_{u3}+\cdots \tag{2-39}$$

即总的电压增益为各级电压增益之和。

2. 多级放大电路的输入电阻 R_i 与输出电阻 R_o

多级放大电路的输入电阻 R_i 就是从第一级放大器的输入端所看到的等效电阻 R_{i1}。

$$R_i=R_{i1} \tag{2-40}$$

多级放大电路的输出电阻 R_o 就是从最后一级放大器的负载两端（不含负载）所看到的等效电阻。

$$R_o=R_{on} \tag{2-41}$$

需要注意的是，求解多级放大电路的动态参数时，一定要考虑前后级之间的相互影响。计算前级放大器的电压放大倍数时，后级放大器的输入电阻应看作前级放大器的负载电阻；计算后级放大器的电压放大倍数时，前级放大器的输出电阻应看作后级放大器的信号源内阻。但两种方法只能取其一，不能重复使用，通常采用前一种方法。

【例 2-9】 如图 2-43 所示，已知 $R_{B11}=39\text{k}\Omega$，$R_{B21}=13\text{k}\Omega$，$R_{B12}=120\text{k}\Omega$，$R_C=3\text{k}\Omega$，$R_{E1}=150\Omega$，$R_{E2}=1\text{k}\Omega$，$R_E=2.4\text{k}\Omega$，$R_L=2.4\text{k}\Omega$，两三极管 β=50，$U_{BE}=0.6\text{V}$，$U_{CC}=12\text{V}$，各电容在中频区的容抗可以忽略不计。

（1）试求静态工作点（I_{B1}、I_{C1}、U_{CE1}）及（I_{B2}、I_{C2}、U_{CE2}）；

（2）画出全电路微变等效电路，计算 r_{be1} 及 r_{be2}；

（3）试求各级电压放大倍数 A_{u1}、A_{u2} 及总电压放大倍数 A_u；

（4）试求输入电阻 R_i 及输出电阻 R_o；

（5）请问后级是什么电路？其作用是什么？若 R_L 减小为原值的 1/10（即 240Ω），则 A_u 变化多少？

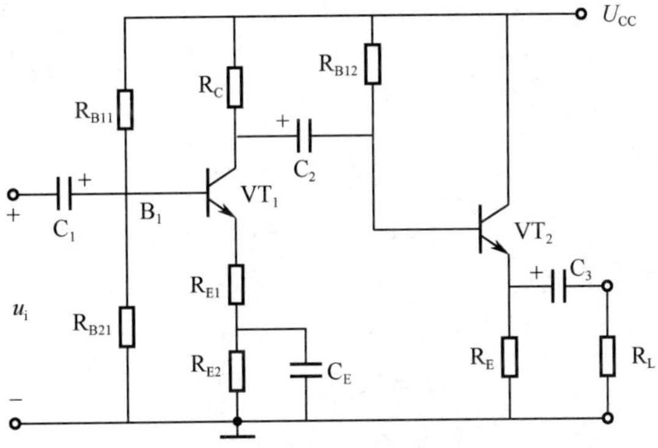

图 2-43 例 2-9 电路图

解：（1）由于阻容耦合多级放大电路静态工作点相互隔离，所以静态工作求解方法和单级相同。

第一级电路的静态工作点为

$$U_{B1}=\frac{R_{B21}U_{CC}}{R_{B11}+R_{B21}}=\frac{13\times12}{39+13}=3(\text{V})$$

$$I_{E1}=\frac{U_{B1}-U_{BE}}{R_{E1}+R_{E2}}=\frac{3-0.6}{150+1000}\approx2.09(\text{mA})$$

$$I_{B1}=\frac{I_{E1}}{1+\beta}=\frac{2.09}{51}\approx41(\mu\text{A})$$

$$I_{C1}=\beta I_{B1}\approx2.05(\text{mA})$$

$$U_{CE1}=U_{CC}-I_{C}R_{C}-I_{E1}(R_{E1}+R_{E2})=3.45(\text{V})$$

第二级电路的静态工作点为

$$I_{B2}=\frac{U_{CC}-U_{BE}}{R_{B12}+(1+\beta)R_{E}}=\frac{12-0.7}{120+51\times2.4}\approx47(\mu\text{A})$$

$$I_{E2}=(1+\beta)I_{B2}=2.4(\text{mA})$$

$$U_{CE2}=U_{CC}-I_{E2}R_{E}=12-2.4\times2.4=6.24(\text{V})$$

（2）画出全电路的微变等效电路，如图 2-44 所示。

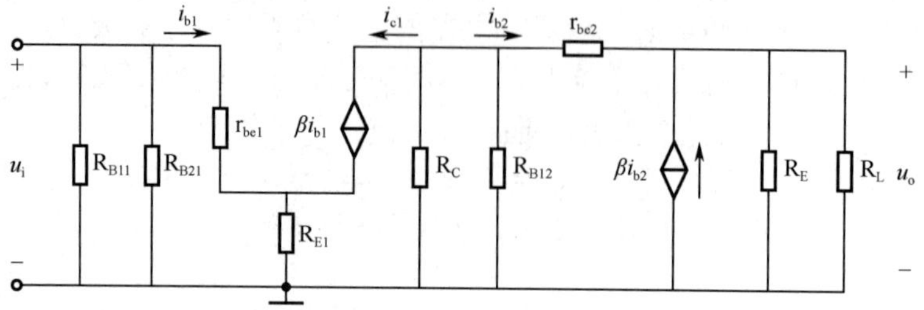

图 2-44　全电路的微变等效电路

$$r_{be1}=r_{bb'}+(1+\beta)\frac{26}{I_{E1}}\approx0.734(\text{k}\Omega)$$

$$r_{be2}=r_{bb'}+(1+\beta)\frac{26}{I_{E2}}\approx0.652(\text{k}\Omega)$$

（3）第二级的输入电阻为

$$R_{i2}=R_{B12}//[r_{be2}+(1+\beta)(R_E//R_L)]\approx40.8(\text{k}\Omega)$$

故第一级的放大倍数为

$$A_{u1}=-\frac{\beta(R_C//R_{i2})}{r_{be1}+(1+\beta)R_{E1}}\approx-16.6$$

第二级是射极输出器，其放大倍数近似为 1，即

$$A_{u2}\approx1$$

故

$$A_u=A_{u1}A_{u2}\approx-16.6$$

（4）全电路的输入电阻为第一级的输入电阻，全电路的输出电阻为第二级的输出电阻，故

$$R_i = R_{B11}//R_{B21}//[r_{be} + (1+\beta)R_{E1}] \approx 4.51\text{k}\Omega$$

$$R_o = R_E//(\frac{R_C//R_{B12} + r_{be2}}{1+\beta}) \approx 68\Omega$$

（5）后级是射极输出器，其作用是增强带负载的能力。

当 R_L 变化后的输出为 U_o'，则有

$$\frac{U_o'}{U_o} = \frac{\frac{240}{R_o + 240}}{\frac{2400}{R_o + 2400}} \approx 0.801$$

故此时电路放大倍数 $A_u' = 0.801A_u = -16.4 \times 0.801 = -13.1$

2.4 放大电路中的反馈

根据前面所述的内容，助听器的放大电路部分可以采用多级放大的结构，如图 2-45 所示。

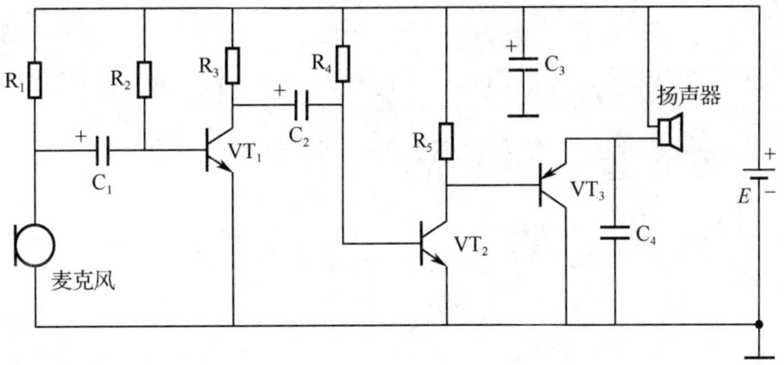

图 2-45 助听器的放大电路

若要实现助听器完整的功能，还需增加音量控制部分，可采用反馈电路实现人工增益（放大倍数）的控制。

在电子系统中，反馈有着广泛的应用，它不仅应用在音量控制中，还可以改善放大电路的性能。例如，语音放大器将声音通过送话器转换成微弱的电压信号并放大到足够大后，有时输出声音的稳定性、失真度以及音色和带载能力等指标仍不能满足需求。改进的措施是在放大电路中引入反馈技术。

因此，这里将系统地介绍反馈的基本概念、反馈的类型和判断方法、深度负反馈的计算。

2.4.1 反馈的基本概念及类型判断

1. 反馈的基本概念

（1）反馈的定义。将放大电路输出回路的信号（电压或电流）的一部分或全部通过某一电路或元件送回输入回路的过程，叫作反馈。实现这一反馈的电路和元件统称为反馈网络。通常，反馈网络中的元件一端直接或间接地与输出端相连，另一端必定直接或间接地与输入

端相连。根据以上特征，很容易确定反馈网络。例如，图 2-46 所示集成运放基本反馈电路，其中电阻 R_2 为反馈网络。

注：集成运放即集成运算放大器，它的符号如图 2-47 所示，它有两个输入端，分别为反相输入端 u_- 和同相输入端 u_+；一个输出端 u_o。框图内的"▷"表示信号传输方向，"∞"表示集成运放为理想化器件。所谓反相输入端，是指若从该端输入信号，则输出信号与其相位相反。所谓同相输入端，是指若从该端输入信号，则输出信号与其相位相同。

（2）反馈网络的闭环系统方框图。如图 2-48 所示为带有反馈网络的闭环系统方框图。该系统包括两个部分：方框 $\dot{A}$ 代表没有反馈的基本放大电路，而且电路的开环增益为 $\dot{A}$，方框 $\dot{F}$ 代表反馈系数为 $\dot{F}$ 的反馈网络，符号⊗表示比较环节，$\dot{X}_i$ 为电路输入信号，$\dot{X}_f$ 为反馈信号，$\dot{X}_i$ 与 $\dot{X}_f$ 比较后的输入基本放大电路的信号 $\dot{X}_{id}$ 称为净输入信号，$\dot{X}_o$ 为输出信号。

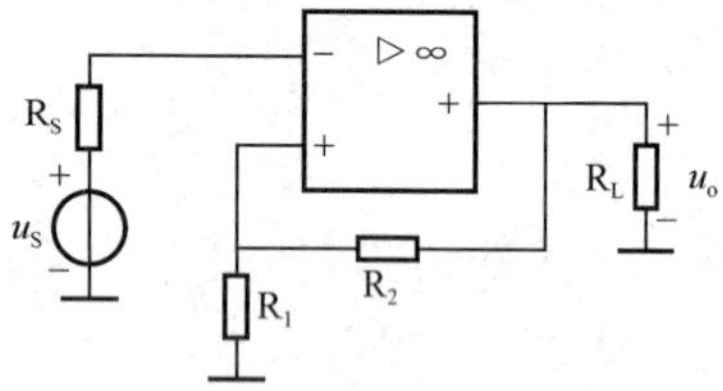

图 2-46　集成运放基本反馈电路

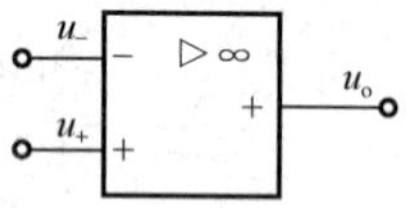

图 2-47　集成运放符号

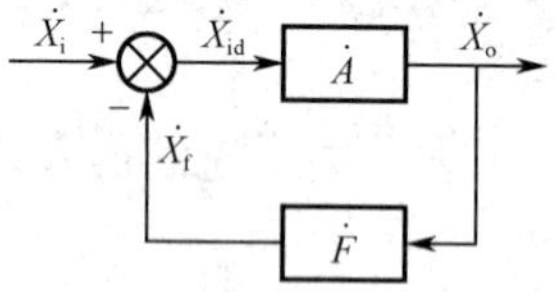

图 2-48　带有反馈网络的闭环系统框图

（3）负反馈放大电路增益的一般表达式。如图 2-48 所示为反馈放大电路的方框图，参数定义如下：

基本放大电路（开环）的放大倍数为

$$\dot{A}=\frac{\dot{X}_o}{\dot{X}_{id}}$$

反馈网络的反馈系数为

$$\dot{F}=\frac{\dot{X}_f}{\dot{X}_o}$$

反馈放大电路（闭环）的放大倍数为

$$\dot{A}_f=\frac{\dot{X}_o}{\dot{X}_i}$$

基本放大电路的净输入信号为

$$\dot{X}_{id}=\dot{X}_i-\dot{X}_f$$

根据上述关系式可推导出

$$\dot{A}_f=\frac{\dot{X}_o}{\dot{X}_i}=\frac{\dot{X}_o}{\dot{X}_f+\dot{X}_{id}}=\frac{1}{\dfrac{\dot{X}_f}{\dot{X}_o}+\dfrac{\dot{X}_{id}}{\dot{X}_o}}=\frac{1}{\dot{F}+\dfrac{1}{\dot{A}}}=\frac{\dot{A}}{1+\dot{A}\dot{F}}$$

可得负反馈放大电路增益的一般表达式为

$$\dot{A}_f=\frac{\dot{A}}{1+\dot{A}\dot{F}} \tag{2-42}$$

（4）反馈深度 $(1+\dot{A}\dot{F})$。定义 $(1+\dot{A}\dot{F})$ 为闭环放大电路的反馈深度。它是衡量放大电路反馈强弱程度的一个重要指标。闭环放大倍数 $\dot{A}_f$ 的变化均与反馈深度有关。

若 $(1+\dot{A}\dot{F})>1$，则有 $\dot{A}_f<\dot{A}$，这时称放大电路引入的反馈为负反馈。

若 $(1+\dot{A}\dot{F})<1$，则有 $\dot{A}_f>\dot{A}$，这时称放大电路引入的反馈为正反馈。

若 $(1+\dot{A}\dot{F})\gg 1$，则有 $\dot{A}_f=\dfrac{\dot{A}}{1+\dot{A}\dot{F}}\approx\dfrac{1}{\dot{F}}$，这时称放大电路引入深度负反馈。这说明在深度负反馈放大电路中，闭环增益主要由反馈系数决定。

2. 反馈的类型及判断

（1）直流反馈和交流反馈。

直流反馈：反馈量中只包含直流成分的反馈（或仅在直流通路中存在的反馈），引入直流反馈的目的是稳定静态工作点。

交流反馈：反馈量中只包含交流成分的反馈（或仅在交流通路中存在的反馈），引入交流反馈是为了改善放大电路的交流性能。

在直流通路中，如果反馈回路存在，即为直流反馈。在交流通路中，如果反馈回路存在，即为交流反馈。如果在交、直流通路中反馈都存在，即为交、直流反馈。如图 2-49 所示，R_{E1} 为交、直流反馈，R_{E2} 为直流反馈。

（2）正反馈和负反馈。根据反馈极性的不同，反馈可以分为正反馈和负反馈。

正反馈：使放大电路净输入量增大的反馈。

负反馈：使放大电路净输入量减小的反馈。

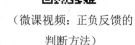

（微课视频：正负反馈的判断方法）

常用电压瞬时极性法判定回路的正、负反馈。先假定在某一瞬时放大电路的输入信号极性（在电路图中用符号“+”和“−”来表示瞬时极性的正和负，即该点瞬时信号的变化为升高或降低），然后依照信号传输方向逐级推出电路其他有关各点瞬时信号的变化情况，最后判断反馈信号 $\dot{X}_f$ 的瞬时极性是增强还是削弱原来的输入信号 $\dot{X}_i$。

现以图 2-50 所示电路为例进行判断。首先假设集成运算放大器的同相输入端输入信号的瞬时极性为正，图 2-50 中用“⊕”所示，由于是同相输入，所以输出端的输出信号也为正，则在 R_2 上产生反馈电压 u_f 对地也为正。显然，反馈电压 u_f 在输入回路与输入电压 u_i 的共同作用使净输入电压 $u_{id}=u_i-u_f$ 比无反馈时减小了，所以是负反馈。

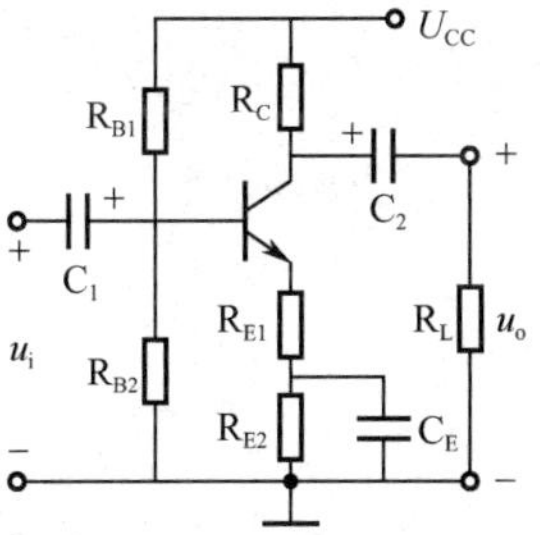

图 2-49 交、直流反馈的示例

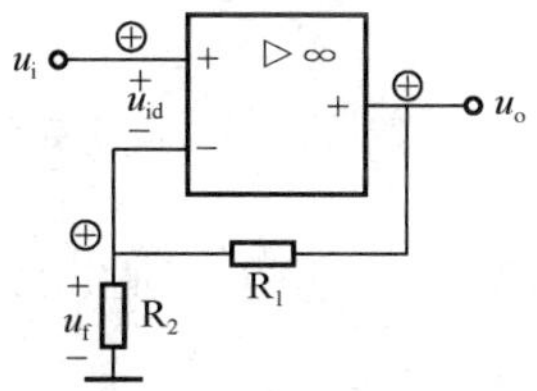

图 2-50 用瞬时极性法判断反馈的性质

（3）串联反馈和并联反馈。根据反馈信号与输入信号的叠加方式不同，可以分为串联反馈和并联反馈。

串联反馈：反馈信号与输入信号叠加方式为串联，即反馈信号与输入信号在输入回路中以电压的形式相加减。

并联反馈：反馈信号与输入信号叠加方式为并联，即反馈信号与输入信号在输入回路中以电流的形式相加减。

串联反馈和并联反馈是根据反馈信号与输入信号的叠加方式来判断的。若反馈信号与输入信号在输入回路的不同端点，为串联反馈；若反馈信号与输入信号在输入回路的同一端点，为并联反馈。如图 2-51（a）所示为串联反馈，如图 2-51（b）所示为并联反馈。

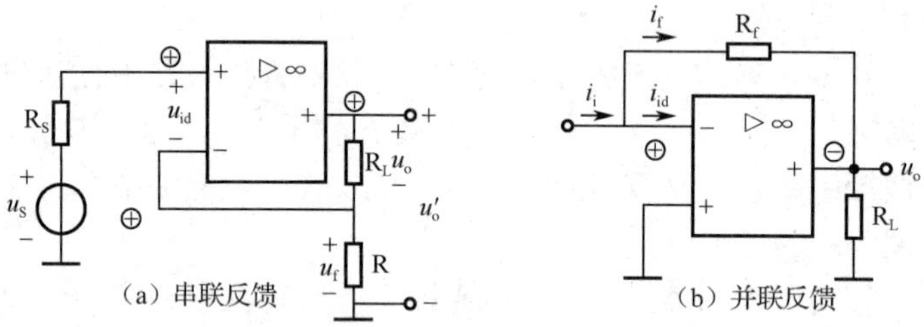

（a）串联反馈　（b）并联反馈

图 2-51　串联反馈与并联反馈

（4）电流反馈和电压反馈。根据反馈信号在放大电路输出端取样方式的不同，可以分为电流反馈和电压反馈。

电流反馈：反馈信号与输出端电流成正比的反馈。

电压反馈：反馈信号与输出端电压成正比的反馈。

（微课视频：负反馈的分类和判断方法）

判定电压反馈和电流反馈的方法可将输出负载 R_L（或 u_o=0）短路，若反馈信号消失，则为电压反馈；若反馈信号仍存在，则为电流反馈。更直接的判定方法是观察反馈网络与放大电路输出端的连接关系，若反馈网络与输出端相连，则为电压反馈，反之为电流反馈。如图 2-52（a）所示为电压反馈，如图 2-52（b）所示为电流反馈。

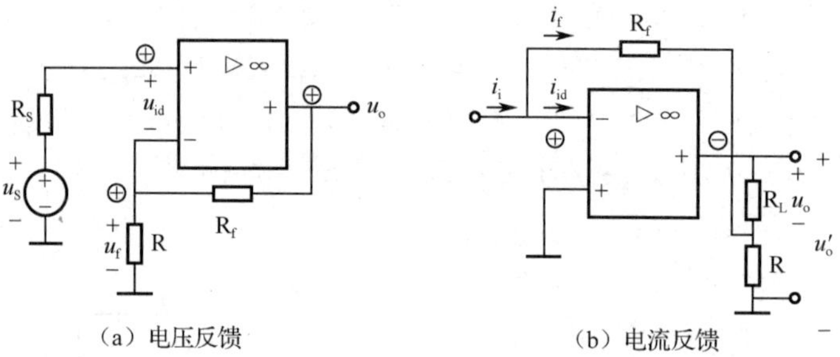

（a）电压反馈　（b）电流反馈

图 2-52　电压反馈与电流反馈

2.4.2　负反馈对放大电路性能的改善

放大电路引入负反馈后，虽然会使放大电路的增益有所下降，但却提高了电路增益的稳定性，而且负反馈还可以减小非线性失真、扩展频带，并根据需要灵活地改变放大电路的输入电阻和输出电阻。因此，负反馈从多方面改善了放大电路的性能。

1. 提高增益的稳定性

电子产品批量生产时，由于元器件参数的离散性，如三极管各参数值的不同，电容、电阻值的误差等原因，都可能造成同一电路的增益产生变化，使产品性能产生较大差异。放大电路引入负反馈，则可以提高电路增益的稳定性。

在中频段，$\dot{A}_f$、$\dot{A}$ 和 $\dot{F}$ 均为实数，故 $\dot{A}_f$ 的表达式可写成 $A_f = \dfrac{A}{1+AF}$

求微分，可得

$$dA_f = \frac{(1+AF)\cdot dA - AF\cdot dA}{(1+AF)^2} = \frac{dA}{(1+AF)^2}$$

对上式两边同时除以 A_f，得

$$\frac{dA_f}{A_f} = \frac{1}{1+AF}\frac{dA}{A} \tag{2-43}$$

即引入负反馈后，闭环增益的相对变化是开环增益相对变化的 $\dfrac{1}{1+AF}$。

【例 2-10】 已知某开环放大电路的放大倍数 $A=1000$，由于某种原因，其变化率为 $\dfrac{dA}{A}=10\%$，若引入负反馈，反馈系数为 $F=0.004$，这时电路放大倍数的变化率为多少？

解： 由 $\dfrac{dA_f}{A_f} = \dfrac{1}{1+AF}\dfrac{dA}{A} = \dfrac{1}{1+1000\times 0.004}\times 10\% = 2\%$

可见，放大倍数的变化率由原来的 10%降低到 2%，这说明引入反馈后，电路的稳定性明显提高。

2. 扩展通频带

频率响应是放大电路的重要特性之一。在多级放大电路中，级数越多，增益越大，频带越窄。引入负反馈后，可使放大电路的通频带展宽。

负反馈的作用就是对电路输出的任何变化都具有反相纠正作用，所以放大电路在高频区及低频区放大倍数的下降，必然会引起反馈量的减小，从而使净输入量增加，放大倍数随频率的变化减小，幅频特性变得平坦，使上限截止频率升高，下限截止频率下降，如图 2-53 所示，从而使放大电路的通频带被展宽。

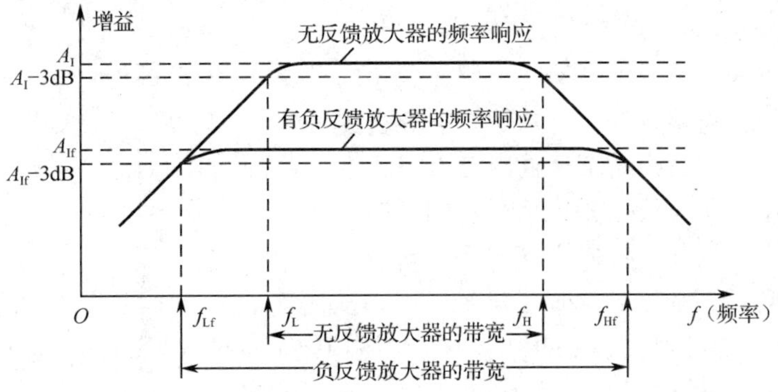

图 2-53 负反馈展宽频带

3. 减小非线性失真及抑制干扰和噪声

由于构成放大器的核心元件三极管的特性是非线性的，常会使输出信号产生非线性失真。引入负反馈后，可减小这种失真。

例如，图 2-54（a）中正弦信号经放大后，输出信号产生失真，正半波大，负半波小。引入负反馈后，如图 2-54（b）所示，反馈信号也是正半波较大，负半波较小，它与输入信号叠加后，使净输入信号正半波被削弱较多，而负半波削弱较少，经放大后使输出波形得到一定程度的矫正，这样就减小了非线性失真。

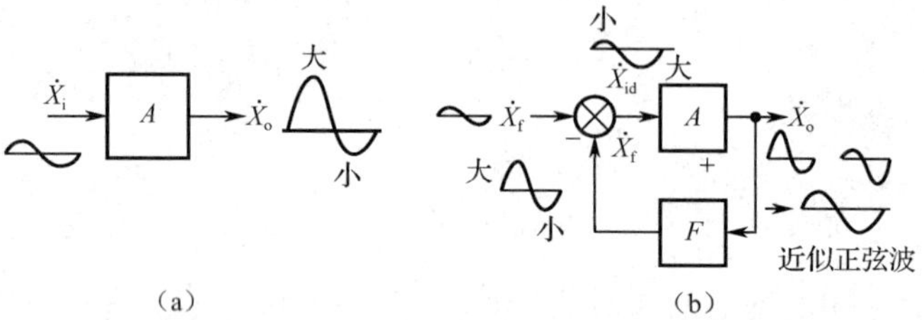

图 2-54　负反馈减小非线性失真

4. 改变放大器的输入、输出电阻

通过引入不同组态的负反馈，可以改变放大电路的输入、输出电阻，以实现电路的阻抗匹配和提高放大器的带负载能力。

负反馈对输入电阻的影响取决于输入端的反馈类型（串联或并联）。串联负反馈类似在输入端串联一个等效电阻，所以串联负反馈使得输入电阻变大；并联负反馈类似在输入端并联一个等效电阻，故并联负反馈使得输入电阻变小。

负反馈对输出电阻的影响取决于输出端的反馈类型（电压或电流）。电压负反馈能维持输出电压恒定，具有恒压源的输出特性，使得输出电阻减小；电流负反馈能维持输出电流恒定，具有恒流源的输出特性，使得输出电阻增大。

2.4.3　负反馈放大电路的四种组态

根据反馈网络与放大电路不同的连接方式，可以得到 4 种类型的反馈组态：电压串联负反馈、电压并联负反馈、电流串联负反馈和电流并联负反馈。下面通过对具体电路的介绍，了解不同组态的特点。

（1）电压串联负反馈。电路如图 2-52（a）所示，反馈电阻是 R_f。由于 R_f 与输入端是间接相连，与输出端是直接相连，可知是电压串联负反馈。

电压负反馈的重要特点是维持输出电压的基本恒定。例如，当 u_i 一定时，若负载电阻 R_L 的值减小而使输出电压 u_o 下降，则电路会有如下的自动调节过程：

$$R_L\downarrow\rightarrow u_o\downarrow\rightarrow u_f\downarrow\rightarrow u_{id}\uparrow\rightarrow u_o\uparrow$$

可见，电压负反馈的引入抑制了 u_o 的下降，从而使 u_o 基本维持稳定。但应当指出的是，对于串联负反馈，信号源内阻 R_S 的值越小，u_i 越稳定，反馈效果越好。电压放大电路的输入级或中间级常采用此类型反馈。

（2）电压并联负反馈。电路如图 2-51（b）所示，很显然电阻 R_f 是反馈元件。假设在输入端电流 i_i 的瞬时流向如图 2-51（b）中箭头所示，则由它引起各支路电流 i_f、i_{id} 的瞬时流向如图 2-51（b）中箭头所示。这样，在 i_i 一定时，因 i_f 的分流而使净输入 i_{id} 减小，故属于负反馈。因反馈元件分别与输入、输出端直接相连，所以是并联负反馈。

电压负反馈的特点是维持输出电压基本恒定。而对于并联反馈，则是信号源内阻越大，i_i 越稳定，反馈效果越好。因此，电压并联负反馈电路常用于输入为高内阻电源信号而要求输出为低内阻的电压信号的场合，称为电流-电压变换器，作为放大电路的中间级使用。

（3）电流串联负反馈。电路如图 2-51（a）所示，此电路与分压偏置共射极放大电路很相似，只是这里集成运算放大器作为基本放大电路，反馈元件是 R 。当 u_S 一定时，反馈电压 u_f 使净输入电压 u_{id} 减小，故引入负反馈。由 R 与输入、输出回路的连接方式可以判断出电路的反馈组态为电流串联负反馈。

电流负反馈的特点是使输出电流基本恒定。例如，当 u_S 一定时，若负载电阻 R_L 的值增大，使 i_o 减小，则电路会有如下的自动调节过程：

$$R_L \uparrow \rightarrow i_o \downarrow \rightarrow u_f \downarrow \rightarrow u_{id} \uparrow \rightarrow i_o \uparrow$$

电流串联负反馈输出电流稳定，输入电阻大，常用于电压-电流变换器及放大电路的输入级。

（4）电流并联负反馈。电路如图 2-52（b）所示，反馈网络是由电阻 R 和 R_f 构成的。通过瞬时极性法可判断：当 i_i 一定时，反馈电流 i_f 的分流使净输入电流 i_{id} 减小，所以电路引入的是负反馈。通过反馈网络与输入、输出回路的连接方式，可以确定电路为电流并联负反馈。

电流并联负反馈电路，输出电流稳定，输入电阻小，常用在放大电路的中间级或输出级。

2.4.4 深度负反馈的近似估算

（微课视频：深度负反馈放大电路的估算方法）

实用的放大电路中多引入深度负反馈，并常需要对电路的放大倍数进行定量计算。利用深度负反馈的特点，可以很方便地将电路的放大倍数估算出来。

在深度负反馈条件下，闭环放大倍数为

$$\dot{A}_f \approx \frac{1}{\dot{F}}$$

又因为

$$\dot{A}_f = \frac{\dot{X}_o}{\dot{X}_i}, \quad \dot{F} = \frac{\dot{X}_f}{\dot{X}_o}$$

可推出

$$\dot{X}_i \approx \dot{X}_f$$

则净输入量为

$$\dot{X}_{id} = \dot{X}_i - \dot{X}_f \approx 0$$

因此有如下结论。

（1）对于深度串联负反馈， $\dot{X}_i$ 与 $\dot{X}_f$ 均为电压信号，则有

$$\dot{U}_i \approx \dot{U}_f$$

（2）对于深度并联负反馈，$\dot{X}_i$与$\dot{X}_f$均为电流信号，则有

$$\dot{I}_i \approx \dot{I}_f$$

下面介绍深度负反馈放大电路电压放大倍数的估算方法。

根据负反馈放大电路，列出$\dot{U}_i$和$\dot{U}_f$（$\dot{I}_i$和$\dot{I}_f$）的表达式，然后利用关系式$\dot{X}_i \approx \dot{X}_f$，估算出闭环电压放大倍数。

【例 2-11】 设图 2-55 中的电路均为深度负反馈放大电路，试估算各电路的闭环电压放大倍数。

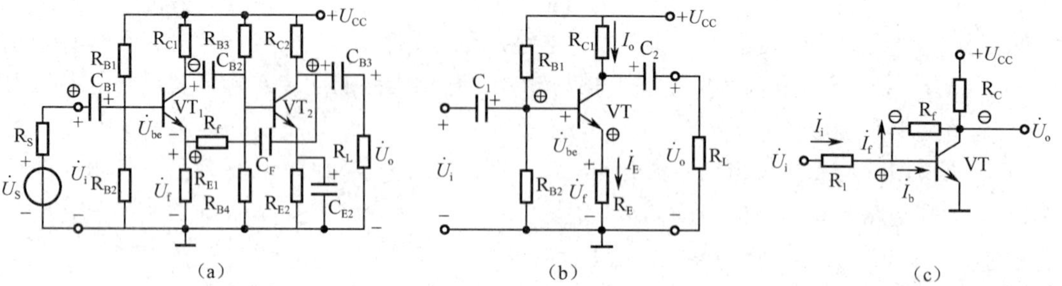

图 2-55　例 2-11 题电路图

解：（1）首先判断负反馈电路的组态，图 2-55（a）所示电路的组态为电压串联负反馈。

因为该电路是两级共发射极放大电路，所以$\dot{U}_o$与$\dot{U}_i$同相。电路中的R_{E1}和R_f组成了反馈网络，R_{E1}上获得的电压为反馈电压，因此反馈系数$\dot{F}$为

$$\dot{F} = \frac{\dot{U}_f}{\dot{U}_o} = \frac{R_{E1}}{R_{E1} + R_f}$$

电路的闭环电压放大倍数$\dot{A}_{uf}$为

$$\dot{A}_{uf} = \frac{\dot{U}_o}{\dot{U}_i} \approx \frac{\dot{U}_o}{\dot{U}_f} = 1 + \frac{R_f}{R_{E1}}$$

（2）判断图 2-55（b）所示电路的组态为电流串联负反馈。电路中R_E组成了交流反馈网络，R_E上获得的电压为反馈电压，所以有

$$\dot{U}_i \approx \dot{U}_f$$

由图 2-55（b）可得

$$\dot{U}_f = \dot{I}_E R_E \approx \dot{I}_C R_E$$

所以电路的闭环电压放大倍数为

$$\dot{A}_{uf} = \frac{\dot{U}_o}{\dot{U}_i} \approx \frac{-\dot{I}_C (R_C // R_L)}{\dot{I}_C R_E} = \frac{-R_C // R_L}{R_E}$$

（3）判断图 2-55（c）所示电路的级间负反馈组态为电压并联负反馈。电路中R_f组成了级间反馈网络，R_f上获得的电流为反馈电流。

因为是电压并联负反馈，所以有

$$\dot{I}_i \approx \dot{I}_f$$

如图 2-55（c）所示，由于 VT 管发射结压降u_{be}很小，可以忽略，可得

$$\dot{I}_{\mathrm{i}} \approx \dot{I}_{\mathrm{f}} = -\frac{\dot{U}_{\mathrm{o}}}{R_{\mathrm{f}}}$$

则电路的闭环电压放大倍数为

$$\dot{A}_{\mathrm{uf}} = \frac{\dot{U}_{\mathrm{o}}}{\dot{U}_{\mathrm{i}}} = \frac{\dot{U}_{\mathrm{o}}}{\dot{I}_{\mathrm{i}} R_1} = \frac{-R_{\mathrm{f}}}{R_1}$$

上述对负反馈放大电路的估算，必须满足深度负反馈的条件，否则将会引起较大的误差。

2.5　项目实施

2.5.1　助听器电路的组成

助听器电路原理图如图 2-56 所示，该电路由语音信号输入电路、二级负反馈电压放大电路、语音输出电路和电源去耦电路四部分组成。

（1）语音信号输入电路。该部分电路由驻极麦克风和电阻 R_1 组成，将声音信号转变成电信号。

（2）二级负反馈电压放大电路。该部分电路由三极管 VT_1、VT_2 及其外围元件构成，对输入信号进行放大，并通过 R_f、R_e 构成负反馈支路调节输出信号的大小，稳定静态工作点。

（3）语音输出电路。该部分电路由 VT_3 和扬声器构成，VT_3 构成射极输出器实现阻抗匹配。

（4）电源去耦电路。该部分电路由电容器 C_3 构成，用来消除电源与级、负载与级的共电耦合。

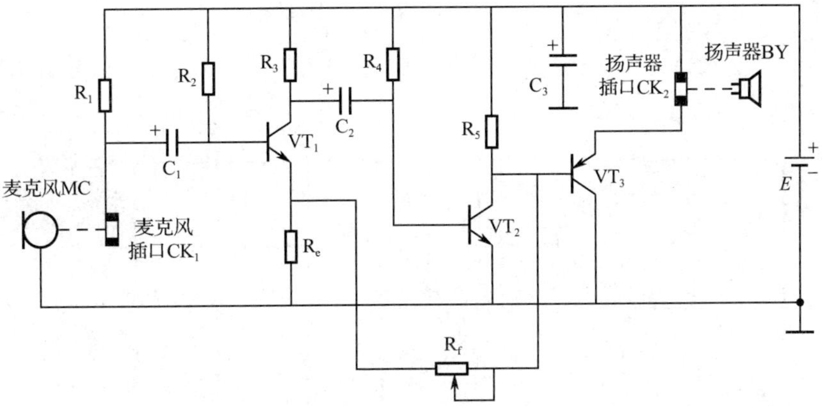

图 2-56　助听器电路原理图

表 2-2 为助听器电路元器件参数及功能。

表 2-2　助听器电路元器件参数及功能

序号	元器件标号	名称	型号及参数	功　能
1	CK_1 CK_2	插口 插口	—— ——	信号输入：外接麦克风 信号输出：外接扬声器
2	R_1	电阻器	RJ11，0.25W，10kΩ	衰减：减小外接音频信号输入
3	R_2 R_3	电阻器 电阻器	RJ11，0.25 W，240kΩ RJ11，0.25 W，1kΩ	VT_1基极偏置电阻 VT_1集电极负载电阻
4	R_4 R_5	电阻器 电阻器	RJ11，0.25 W，220kΩ RJ11，0.25 W，1kΩ	VT_2基极偏置电阻 VT_2集电极负载电阻
5	C_1 C_2	电解电容 电解电容	CD11，16V，10μF CD11，16V，10μF	极间耦合电容：将交流信号从前一级传到下一级
6	R_e R_f	电阻器 电位器	RJ11，0.25 W，51Ω WTH，1 W，10kΩ	VT_1发射极偏置电阻，稳定静态工作点 极间电压串联交流负反馈电阻，可以调节输出音量
7	VT_1、VT_2 VT_3	三极管 三极管	9013 9012	电压放大 电流放大
8	*E*	直流电	3V、0.5A	供电：为放大电路工作提供工作电流
9	MC BY	麦克风 扬声器	可用手机输出声音信号 额定阻抗：8Ω	把声音信号转换为电信号 把电信号转换为声音信号

2.5.2　电路仿真及分析

用 Multisim 画出助听器电路，如图 2-57 所示。

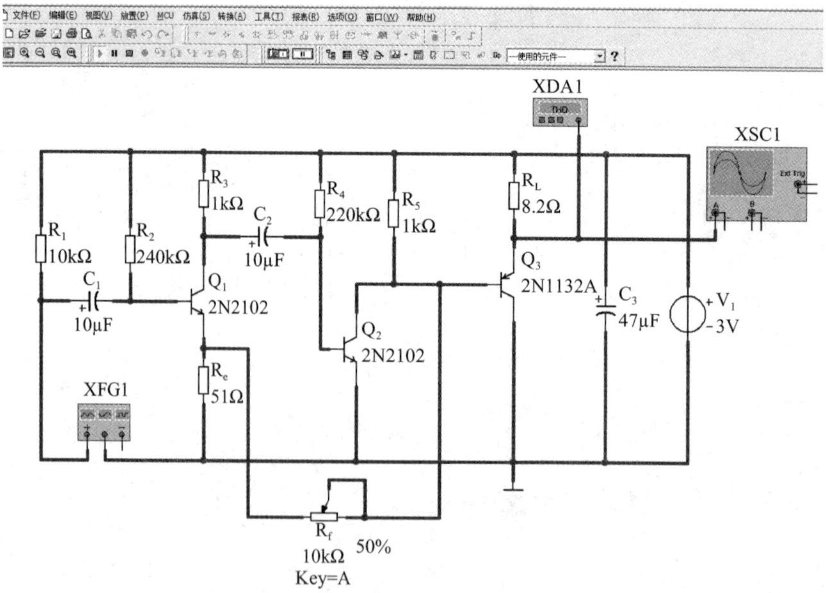

图 2-57　助听器电路仿真连线图

（1）将电位器 R_f 调至 50%，并将信号发生器频率设定为 1kHz，正弦波幅度从 1mV 慢慢调大，此时可发现失真度分析仪上 XDA1 显示的失真度慢慢变________（大或小），当幅度为 15mV 时，失真度为________，观察示波器上显示的输出波形，这时发生明显的________（截止或饱和）失真。

（2）将信号发生器的幅度仍然调回 3mV，将电位器 R_f 调至 0%，观察示波器上输出波形的变化，读出此时输出波形的峰值为________ mV。

（3）保持信号发生器的输入信号不变，将电位器 R_f 调至 100%，观察到示波器上输出波形的幅值变________（填大或小），并读出此时输出波形的峰值为：________ mV。

（4）根据步骤（2）和（3），分析电位器 R_f 的作用为________。

2.5.3 三极管的识别和检测

（微课视频：三极管的识别与检测）

1. 三极管的识别

三极管的种类很多，按照功率不同可分为小功率管、中功率管和大功率管，图 2-58 所示为三极管的几种常见外形。

（a）小功率管　（b）中功率管　（c）大功率管　（d）贴片三极管

图 2-58　三极管的几种常见外形

2. 三极管的检测

用万用表检测三极管主要是判别三极管的引脚和管子类型，以及估测三极管的电流放大系数 β。

（1）用万用表判别三极管的引脚和管子类型。用万用表判别三极管的引脚和管子类型的根据是：把三极管看成两个背靠背的 PN 结（或二极管），对 NPN 管来说，基极是两个 PN 结的公共阳极，如图 2-59（a）所示；对 PNP 管来说，基极是两个 PN 结的公共阴极，如图 2-59（b）所示。因此，判别公共电极是正极还是负极，即可以知道该三极管是 NPN 型，还是 PNP 型。

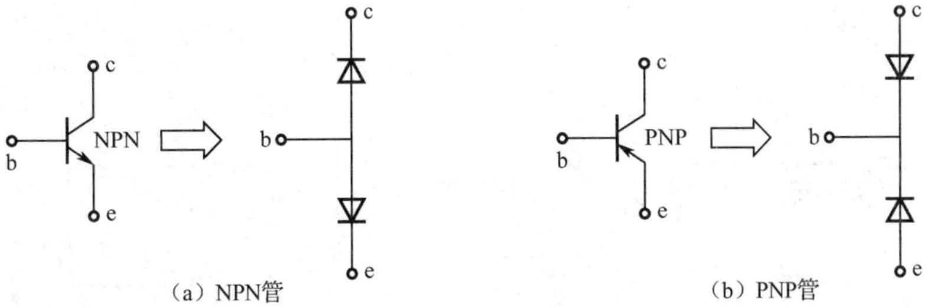

（a）NPN管　（b）PNP管

图 2-59　三极管的内部结构模型

① 判断三极管的基极 b 和管子的类型。万用表选 $R\times100$ 挡，用黑表笔接触某一引脚，红表笔分别接触另外两个引脚，如两次测得的电阻值都很小，则与黑表笔接触的引脚是基极，同时可以知道此三极管为 NPN 型。

若用红表笔接触某一引脚，而用黑表笔接触另外两个引脚，两次测得的读数同样都很小的时候，则与红表笔接触的那一引脚是基极，同时可以知道此三极管为 PNP 型。

用上述方法既判定了三极管的基极，又判别了三极管的类型。

② 判断三极管的发射极 e 和集电极 c。以 NPN 型三极管为例，确定基极 b 以后，假定其余两只脚中的一只引脚是集电极 c，将黑表笔接到此引脚上，红表笔接到假定的发射极 e 上，用手指捏住 b、c 两个电极（但不能使 b、c 相碰）。通过人体，就相当于在 b、c 之间接入一个偏置电阻，记下此时表针偏转的读数，如图 2-60 所示，其中图 2-60（a）为示意图，图 2-60（b）为等效电路。然后将红、黑表笔对调，重新测量 c、e 间的电阻值，并与前次的读数比较，阻值较小的那次假设是正确的。

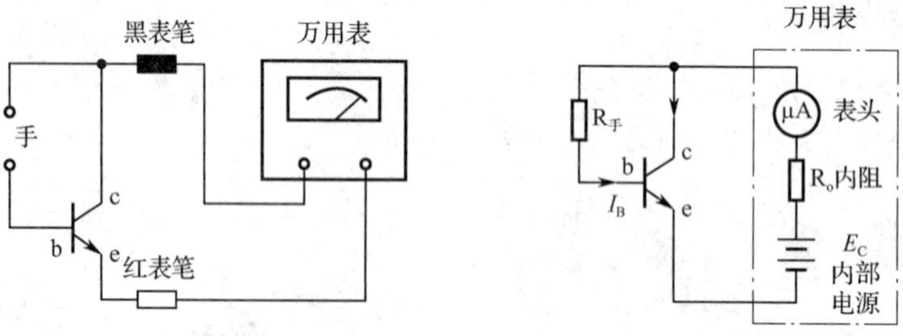

图 2-60 判断三极管的发射极 e 和集电极 c

（2）万用表估测电流放大系数 β。一般情况下，指针式万用表都具备测量 β 的功能，只需要将三极管插入测试孔中就可以从表头刻度盘上直接读出 β 值。若依此方法来判断发射极和集电极也很容易，只要将 e、c 引脚对调一下，在表针偏转较大的那一次测量中，从万用表插孔旁的标记就可以直接辨别出三极管的发射极和集电极。

2.5.4 常用电子仪器仪表的使用练习

常用电子仪器仪表在电路中的连接布局示意图如图 2-61 所示。这里主要介绍数字示波器的使用方法。

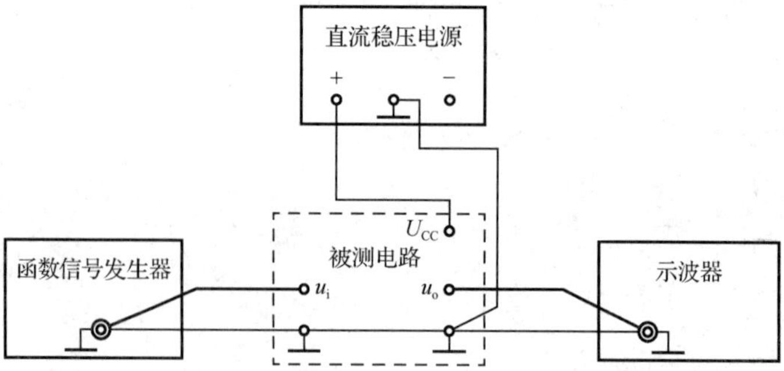

图 2-61 常用电子仪器仪表布局示意图

1. 数字示波器的使用方法

示波器虽然分成好几类，每类又有许多种型号，但使用方法基本都是相同的。现以DS1052E型数字示波器为例介绍示波器的使用方法。DS1052E型双踪示波器面板布局如图2-62所示。

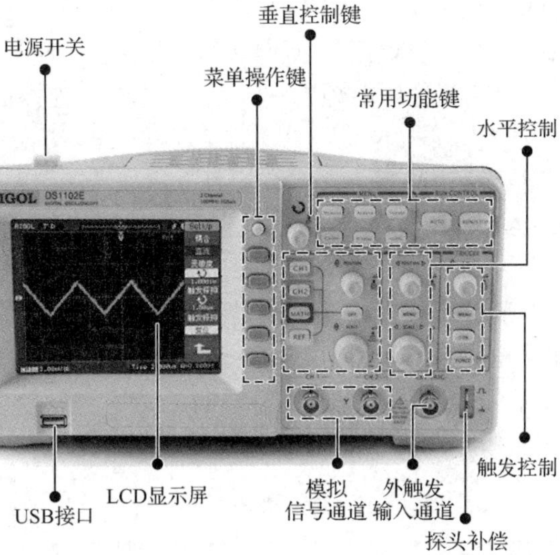

图2-62　DS1052E型数字示波器面板布局图

（1）探头补偿。在首次将探头与任一输入通道连接时，进行此项调节，使探头与输入通道相配。未经补偿或补偿偏差的探头会导致测量误差或错误。若调整探头补偿，请按如下步骤。

① 将探头菜单衰减系数设定为10X，将探头上的开关设定为10X，并将示波器探头与通道1连接。如使用探头钩形头，应确保与探头接触紧密。

将探头端部与探头补偿器的信号输出连接器相连，基准导线夹与探头补偿器的地线连接器相连，打开通道1，然后按下 AUTO 按钮。

② 检查所显示波形的形状，如图2-63所示。

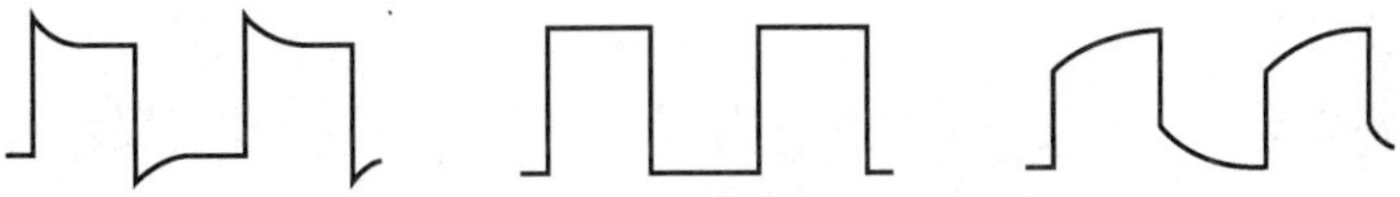

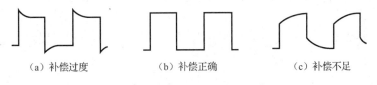

（a）补偿过度　　（b）补偿正确　　（c）补偿不足

图2-63　探头补偿调节

③ 如必要，可用非金属质地的改锥调整探头上的可变电容，直到屏幕显示的波形如图2-63（b）所示。

④ 必要时，重复以上步骤。

（2）波形显示的自动设置。DS1052E型数字示波器具有自动设置的功能。根据输入的信号，可自动调整电压倍率、时基及触发方式至最好的形态显示。应用自动设置要求被测信号的频率大于或等于 50Hz，占空比大于 1%。

使用自动设置的方法是：将被测信号连接到信号输入通道，按下 AUTO 按钮。示波器将自动设置垂直、水平和触发控制。如需要，可手工调整这些控制使波形显示达到最佳。

2. 训练内容和步骤

（1）两个 0~18V 可调直流稳压电源与直流数字电压表的配合使用。

① 用直流稳压电源调试出 12V 直流电压，并用数字电压表进行数值测试。

② 将两个 0~18V 可调直流稳压电源串联，公共端接地，连接成为一个 0~±15V 可调直流稳压电源。

③ 将两个 0~18V 可调直流稳压电源串联，且令第二个 0~18V 可调直流稳压电源的负极接地，连接成为一个 0~24V 可调直流稳压电源。

（2）函数信号发生器和示波器配合使用。调节函数信号发生器波形选择开关，分别得到正弦波、三角波和方波，通过示波器进行波形显示。

用函数信号发生器输出频率 f 分别为 100Hz、1kHz、10kHz，对应的有效值分别为 100mV、300mV、1V 的正弦交流信号，通过示波器进行周期、频率、峰-峰值有效值的读取或计算，并完成表 2-3 中。

表 2-3

规定信号	示波器测量值		规定信号电压	示波器测量值	
频率	周期/ms	频率/Hz	有效值	峰-峰值/V	有效值/V
100Hz			100mV		
1kHz			300mV		
10kHz			1V		

2.5.5 电路安装与调试

1. 电路的安装

（1）焊接。在万能板上对元器件进行布局，并依次焊接。焊接时，注意电解电容及三极管的电极。

（2）检查。检查焊点，看是否有虚焊、漏焊；检查电解电容及三极管的电极，看是否连接正确。

2. 电路的测试与调整

（1）通电观察。接通直流电源后，观察电路有无异常现象，如元器件是否发烫，电路有无短路现象等，如有异常立即断电，排除故障后重新通电。

（2）静态工作点的测量与分析。接通直流电源，用低频信号发生器在电路输入 1kHz 的正弦波信号，调节电位器，使电路输出波形最大且不失真。用万用表分别测量三极管 VT_1 三个极的电位，将测量的数据记录在表 2-4 中。

表 2-4 静态工作点的测量与分析

测试项目	测量值记录					
	三极管 VT_1			三极管 VT_2		
测量项	U_{B1}	U_{C1}	U_{E1}	U_{B2}	U_{C2}	U_{E2}
数据记录						

（3）动态参数测量与分析。在电路的输入端接入幅度为3mV、频率为1kHz的正弦波信号，调节电位器，用示波器观察输出电压U_o的波形如何变化，并指出电位器的作用。

（4）整机调试。输入端接入麦克风，这里麦克风可以用手机来代替，并播放音乐。输出端接入扬声器，听被测声音是否被放大。调节电位器，听被测声音大小是否被调节。

3. 电路故障分析与排除

（1）静态工作点不正常。静态工作点不正常一般与电路供电电源、基极和发射极偏置电阻、集电极负载电阻及三极管本身有关，应重点检查电源是否引入，各电阻焊接是否良好，阻值是否正确，三极管引脚顺序是否焊接错误，三极管性能是否良好等方面。

静态工作点是否正常的检测方法：在仔细检查、核对电路的元器件参数、电解电容的极性、三极管的引脚顺序并确认无误后，可采用直流电压法进行测试，即用万用表直流电压挡检测电路各点电位，根据所测试数据大小，分析判断故障所在部位。

（2）信号弱或无信号输出。在各三极管静态工作点正常的前提下。信号弱或无信号输出的故障一般与信号输入、输出耦合电路及三极管本身有关，应重点检查耦合电容容量是否符合要求、三极管性能是否良好等方面。

检测方法：采用信号波形观测法进行检测，即在电路输入端接入幅度为3mV、频率为1kHz的正弦波信号，按信号流从前往后用示波器观测各点波形，根据所测波形，分析判断故障所在部位。

项目总结

（1）三极管按结构分为NPN型和PNP型两类。但无论何种类型，内部都包含三个区、两个结，并由三个区引出三个电极。

三极管是放大元件，主要是利用基极电流控制集电极电流实现放大作用。实现放大的外部条件是：发射结正向偏置，集电结反向偏置。

三极管的输出特性曲线可划分为三个区：饱和区、放大区和截止区。描述三极管放大作用的重要参数是电流放大系数β。

（2）基本放大电路有三种组态，即共射极、共集电极和共基极电路。放大电路正常放大的前提条件是外加电源电压的极性要保证三极管的发射结正偏、集电结反偏，有合适的静态工作点。

（3）基本放大电路的分析方法有两种：一是图解分析法，二是微变等效电路分析法。图解分析法直观方便，主要用来分析静态工作点Q的位置是否合适，非线性失真和最大不失真输出电压等。微变等效电路分析法用于分析电压放大倍数、输入电阻、输出电阻等动态参数。

（4）基本共射放大电路中 Q 点受温度影响大；分压偏置放大电路可以稳定工作点 Q。

（5）三种组态放大电路各自的特点如下：

① 共射极电路：A_u 较大，R_i、R_o 适中，输出电压与输入电压相位相反，常用作中间级电压放大；

② 共集电极电路：$A_u \approx 1$，R_i 大、R_o 小，带负载能力强，常用作输入级、输出级和缓冲级等；

③ 共基极电路：A_u 较大，R_i 小、$R_o \approx R_C$，频带宽，适用于放大高频信号。

（6）多级放大电路的主要耦合方式有三种：阻容耦合、直接耦合和变压器耦合。多级放大电路一般由输入级、中间级和输出级组成，各自负担不同的任务。多级放大电路的电压放大倍数为各级电压放大倍数的乘积：$A_u = A_{u1} \times A_{u2} \times \cdots \times A_{un}$；电路的输入电阻为第一级的输入电阻，输出电阻为最后一级的输出电阻。求解多级放大电路的动态参数时，一定要把后一级的输入电阻当作前一级的负载电阻。

（7）将放大后的输出量（电压或电流）的部分或全部，通过电路或元件送回到放大电路的输入端，从而使放大电路的输入量不仅受到输入信号的控制，而且受到放大电路输出量的影响，这种连接方式叫作反馈。

（8）按照不同的分类方法，反馈有正反馈、负反馈、交流反馈、直流反馈。交流反馈中有电压反馈、电流反馈、串联反馈、并联反馈。常用的交流负反馈有四种组态：电压并联负反馈、电压串联负反馈、电流并联负反馈、电流串联负反馈。

（9）判断正、负反馈的方法是瞬时极性法；判断电压负反馈和电流负反馈的方法是观察反馈网络与放大电路输出端的连接关系；判断串联负反馈和并联负反馈的方法是观察反馈网络与放大电路输入端的连接关系。

（10）直流负反馈的作用是稳定静态工作点；交流负反馈的作用是改善放大电路的性能，如稳定增益、减小非线性失真、扩展通频带、改变输入和输出电阻等。

思考与训练

一、填空题

1．三极管的输出特性曲线可分为三个区域，即________区、________区和________区。当三极管工作在________区时，关系式 $I_{CQ} = \beta I_{BQ}$ 才成立；当三极管工作在________区时，$I_C = 0$；当三极管工作在________区时，$U_{CE} \approx 0$。

2．NPN 型三极管处于放大状态时，三个电极中电位最高的是________，________极电位最低。

3．三极管有两个 PN 结，即________和________，在放大电路中________正偏，________反偏。

4．三极管反向饱和电流 I_{CBO} 随温度升高而________，穿透电流 I_{CEO} 随温度升高而________，β 值随温度升高而________。

5．硅三极管发射结的死区电压约为____________V，锗三极管发射结的死区电压约为________V，三极管处在正常放大状态时，硅三极管发射结的导通电压约为________V，锗三极管发射结的导通电压约为_______ V。

6．输入电压为 20 mV，输出电压为 2 V，放大电路的电压增益为________。

7．多级放大电路的级数越多则上限频率 f_H 越________。

8．当三极管的________正向偏置，________反向偏置时，三极管具有放大作用，即极电流能控制________极电流。

9．根据三极管放大电路输入回路与输出回路公共端的不同，可将三极管放大电路分为________、________、________三种。

10．三极管的特性曲线主要有________曲线和________曲线两种。

11．三极管输入特性曲线指三极管集电极与发射极间所加电压 u_{CE} 一定时，__________与____________之间的关系。

12．为了使放大电路输出波形不失真，除需设置________外，还需输入信号________。

13．为保证不失真放大，放大电路必须设置静态工作点。对 NPN 管组成的基本共射放大电路，如果静态工作点太低，将会产生________失真，应调节 R_B 的值，使其________，则 I_B________，这样可克服失真。

14．共发射极放大电路电压放大倍数是________与________的比值。

15．三极管的电流放大原理是________电流的微小变化控制________电流的较大变化。

16．共射组态既有________放大作用，又有________放大作用。

17．共基组态中，三极管的基极为公共端，________极为输入端，________极为输出端。

18．某三极管 3 个电极电位分别为 $U_E = 1V$，$U_B = 1.7V$，$U_C = 1.2V$。可判定该三极管是工作于________区的________型的三极管。

19．三极管实现电流放大作用的外部条件是________，电流分配关系是________。

20．温度升高对三极管各种参数的影响，最终将导致 I_C________，静态工作点________。

21．一般情况下，三极管的电流放大系数随温度的增加而________，发射结的导通压降 U_{BE} 则随温度的增加而________。

22．画放大器交流通路时，________和________应作短路处理。

23．在多级放大器里，前级是后级的________，后级是前级的________。

24．多级放大器中每两个单级放大器之间的连接称为耦合。常用的耦合方式有：________，________，________。

25．在多级放大电路的耦合方式中，只能放大交流信号，不能放大直流信号的是________放大电路，既能放大直流信号，又能放大交流信号的是________放大电路，________放大电路各级静态工作点是互不影响的。

二、选择题

1．下列数据中，对 NPN 型三极管属于放大状态的是（　　）。

A．$U_{BE} > 0$，$U_{BE} < U_{CE}$ 时　　B．$U_{BE} < 0$，$U_{BE} < U_{CE}$ 时

C．$U_{BE} > 0$，$U_{BE} > U_{CE}$ 时　　D．$U_{BE} < 0$，$U_{BE} > U_{CE}$ 时

2．工作在放大区域的某三极管，当 I_B 从 20μA 增大到 40μA 时，I_C 从 1mA 变为 2mA，

则它的β值约为（　　）。

A．10　　B．50　　C．80　　D．100

3．NPN型和PNP型三极管的区别是（　　）。

A．由两种不同的材料硅和锗制成的　　B．掺入的杂质元素不同

C．P区和N区的位置不同　　D．引脚排列方式不同

4．三极管各极对公共端电位如图所示，则处于放大状态的硅三极管是（　　）。

A． 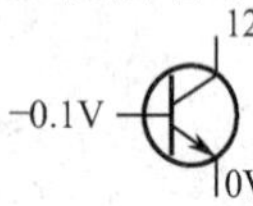

B． 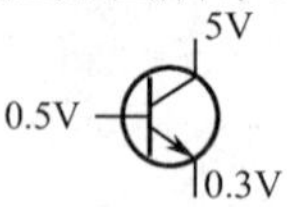

C． 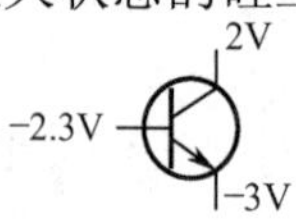

D． 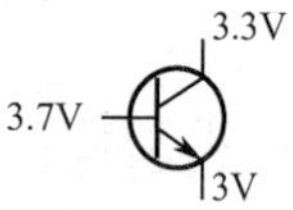

5．当三极管的发射结和集电结都反偏时，则三极管的集电极电流将（　　）。

A．增大　　B．减少　　C．反向　　D．几乎为零

6．为了使三极管可靠地截止，电路必须满足（　　）。

A．发射结正偏，集电结反偏　　B．发射结反偏，集电结正偏

C．发射结和集电结都正偏　　D．发射结和集电结都反偏

7．检查放大电路中的三极管在静态的工作状态（工作区），最简便的方法是测量（　　）。

A．I_{BQ}　　B．U_{BE}　　C．I_{CQ}　　D．U_{CEQ}

8．对放大电路中的三极管进行测量，各极对地电压分别为$U_B = 2.7V$，$U_E = 2V$，$U_C = 6V$，则该管工作在（　　）。

A．放大区　　B．饱和区　　C．截止区　　D．无法确定

9．测得三极管$I_B = 30\mu A$时，$I_C = 2.4mA$；$I_B = 40\mu A$时，则该管的交流电流放大系数为（　　）。

A．80　　B．60　　C．75　　D．100

10．当温度升高时，三极管的β、穿透电流I_{CEO}、U_{BEQ}的变化为（　　）。

A．大，大，基本不变　　B．小，小，基本不变

C．大，小，大　　D．小，大，大

11．三极管的I_{CEO}大，说明该三极管的（　　）。

A．工作电流大　　B．击穿电压高　　C．寿命长　　D．热稳定性差

12．三极管共发射极输出特性常用一族曲线表示，其中每一条曲线对应一个特定的（　　）。

A．i_C　　B．u_{CE}　　C．i_B　　D．i_E

13．某三极管的发射极电流等于1mA，基极电流等于20μA，则它的集电极电流等于（　　）。

A．0.98mA　　B．1.02 mA　　C．0.8 mA　　D．1.2 mA

14．下列各种基本放大器中可作为电流跟随器的是（　　）。

A．共射接法　　B．共基接法　　C．共集接法　　D．任何接法

15．放大电路的三种组态（　　）。

A．都有电压放大作用　　B．都有电流放大作用

C．都有功率放大作用　　D．只有共射极电路有功率放大作用

16．三极管参数为P_{CM}=800mW，I_{CM}=100mW，$U_{(BR)CEO}$=30V，在下列几种情况中，________属

于正常工作（ ）。

A．U_{CE}=15V，I_C=150mA　　B．U_{CE}=20V，I_C=80mA

C．U_{CE}=35V，I_C=100mA　　D．U_{CE}=10V，I_C=50mA

17．在三极管构成的三种放大电路中，没有电压放大作用但有电流放大作用的是（ ）。

A．共集电极接法　　B．共基极接法

C．共发射极接法　　D．以上都不是

18．三极管各个极的电位如下，处于放大状态的三极管是（ ）。

A．$U_B = 0.7V$，$U_E = 0V$，$U_C = 0.3V$

B．$U_B = -6.7V$，$U_E = -7.4V$，$U_C = -4V$

C．$U_B = -3V$，$U_E = 0V$，$U_C = 6V$

D．$U_B = 2.7V$，$U_E = 2V$，$U_C = 2V$

19．在单管基本共射放大电路中，为了使工作于截止状态的三极管进入放大状态，可采用的办法是（ ）。

A．增大R_C　　B．减小R_B　　C．减小R_C　　D．增大R_B

20．放大电路中，微变等效电路分析法（ ）。

A．能分析静态，也能分析动态　　B．只能分析静态

C．只能分析动态　　D．只能分析动态小信号

21．温度影响了放大电路中的（ ），从而使静态工作点不稳定。

A．电阻　　B．电容　　C．三极管　　D．电源

22．某放大器由三级组成，已知每级电压放大倍数为kV，则总放大倍数为（ ）。

A．3kV　　B．$(kV)^3$　　C．$(kV)^3/3$　　D．kV

23．在多级放大电路中，经常采用功率放大电路作为（ ）。

A．输入级　　B．中间级　　C．输出级　　D．输入级和输出级

24．一个三级放大器，各级放大电路的输入阻抗分别为$R_{i1} = 1M\Omega$，$R_{i2} = 100k\Omega$，$R_{i3} = 200k\Omega$，则此多级放大电路的输入阻抗为（ ）。

A．1MΩ　　B．100kΩ　　C．200kΩ　　D．1.3kΩ

25．放大器的基本性能是具有放大信号的能力，这里的信号指的是（ ）。

A．电压　　B．电流　　C．电阻　　D．功率

26．在放大交流信号的多级放大器中，放大级之间主要采用（ ）两种方法。

A．阻容耦合和变压器耦合　　B．阻容耦合和直接耦合

C．变压器耦合和直接耦合　　D．以上都不是

27．某放大电路在负载开路时的输出电压为 4V，接入 3kΩ 的负载电阻后输出电压降为3V，这说明放大电路的输出电阻为（ ）。

A．10kΩ　　B．2kΩ　　C．1kΩ　　D．0.5kΩ

28．多级放大器前级输出电阻，可看成后级的（ ）。

A．信号源内阻　　B．输入电阻　　C．电压负载　　D．电流负载

29．三极管工作在饱和区状态时，它的两个PN结必须是（ ）。

A．发射结和集电结同时正偏

B．发射结和集电结同时反偏

C．发射极和集电极同时正偏

D．发射极和集电极同时反偏

30．在三极管的输入特性曲线中，每一条曲线与（　　）对应。

A．输入电压　　B．基射电压　　C．基极电流　　D．不确定

31．可以放大电压，但不能放大电流的是（　　）组态放大电路。

A．共射　　B．共集　　C．共基　　D．不确定

32．在共射、共集和共基三种基本放大电路组态中，电压放大倍数小于 1 的是（　　）组态。

A．共射　　B.共集　　C．共基　　D．不确定

33．在共射、共集和共基三种基本放大电路组态中，输出电阻最小的是（　　）组态。

A．共射　　B．共集　　C．共基　　D．不确定

34．多级放大电路的总放大倍数是各级放大倍数的（　　）。

A．和　　B．差　　C．积　　D．商

35. 带射极电阻 R_E 的共射放大电路，在并联交流旁路电容 C_E 后，其电压放大倍数（　　）。

A．减小　　B．增大　　C．不变　　D．变为零

三、分析题

1．如图 2-64 所示的三极管均为硅管，试判断其工作状态。

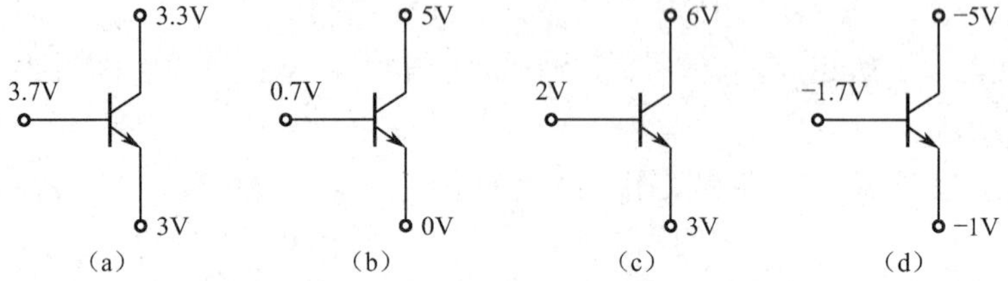

图 2-64　第三题第 1 小题图

2．画出图 2-65 所示放大电路的直流通路和交流通路。

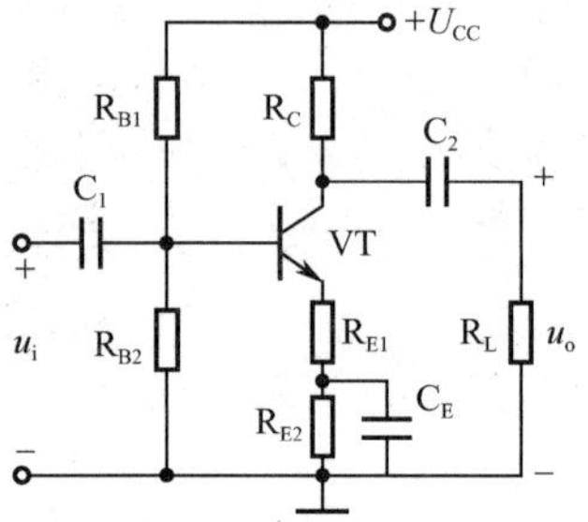

图 2-65　第三题第 2 小题图

3．用示波器观察 NPN 型管共发射极单极放大电路输出电压，得到图 2-66 所示三种失真的波形，试分别写出失真的类型，并指出应如何改进。

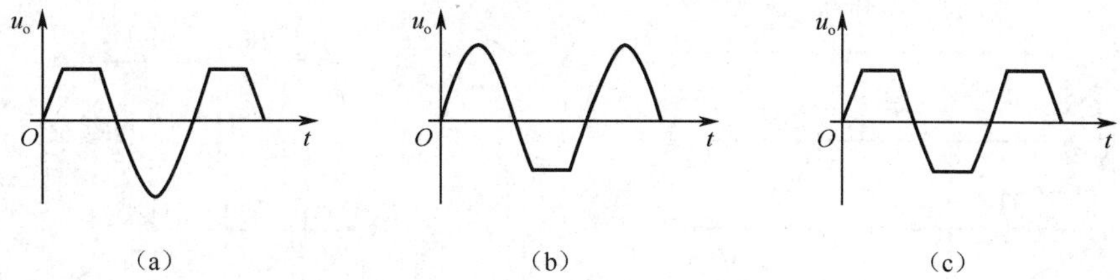

图 2-66　第三题第 3 小题图

四、计算题

1．在如图 2-67 所示的基本共射放大电路中，设静态时 $I_{CQ}=2mA$，三极管饱和管压降 $U_{CES}=0.6V$。试问：当负载电阻 $R_L=3k\Omega$ 时电路的最大不失真输出电压为多少？

2．共射放大电路如图 2-68 所示，已知 $\beta=30$，$R_b=300k\Omega$，$R_c=3k\Omega$，$R_L=3k\Omega$，$U_{CC}=12V$。试求：

（1）静态工作点；

（2）画出微变等效电路图，求 r_{be}；

（3）电压放大倍数 A_u、输入电阻 R_i 和输出电阻 R_o。

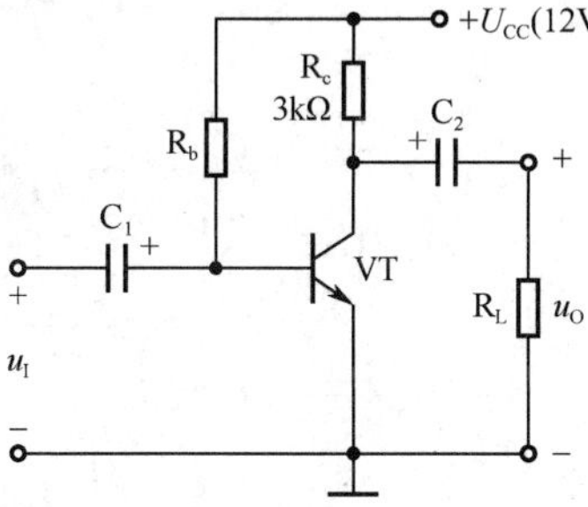

图 2-67　基本共射放大电路

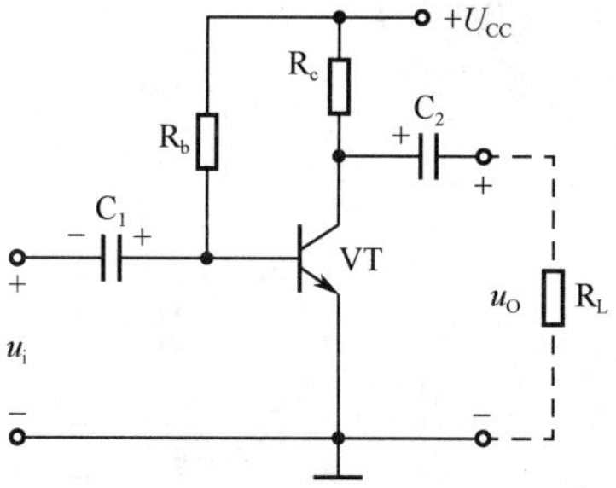

图 2-68　共射放大电路

3．在基本共射放大电路中，由于电路参数的改变使静态工作点产生如图 2-69 所示变化。试分析，当 Q 分别为图 2-69 中的 $Q_1 \sim Q_4$ 时，从输出电压的角度看：

（1）哪种情况最易产生截止失真？

（2）哪种情况最易产生饱和失真？

（3）哪种情况下最大不失真输出电压最大？其值约为多少？

4．电路如图 2-70 所示，$U_{CC}=12V$，$R_{B1}=30k\Omega$，$R_{B2}=10k\Omega$，$R_C=2k\Omega$，$R_E=1k\Omega$，$R_L=1k\Omega$，$\beta=60$。

（1）求静态工作点；

（2）求 A_u、R_i、R_o；

（3）说明放大电路中各元器件的作用；

（4）说明分压式偏置电路是如何稳定静态工作点的。

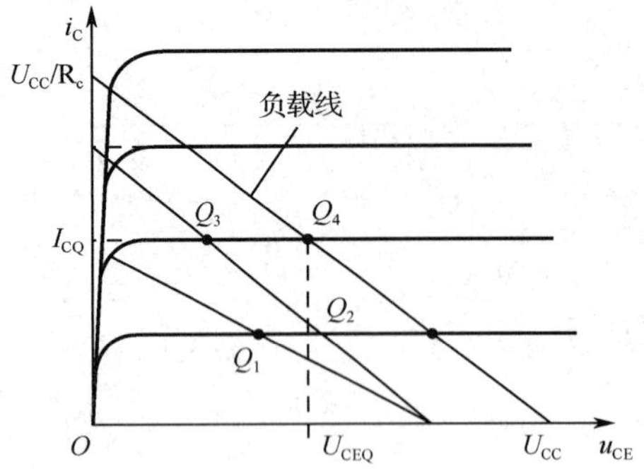

图 2-69　第四题第 3 小题图

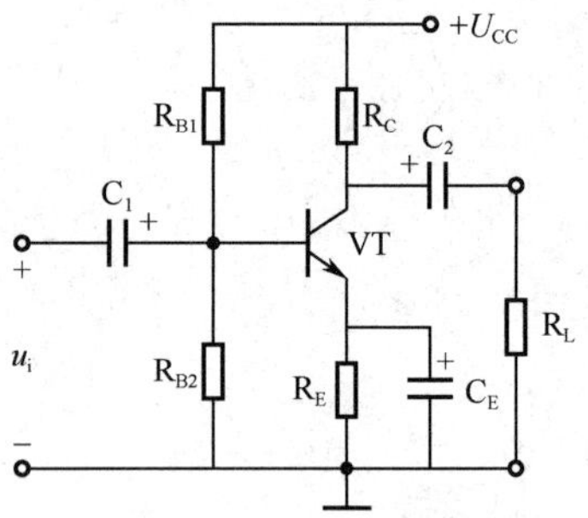

图 2-70　第四题第 4 小题图

5．某共射放大电路如图 2-71 所示，已知：$U_{CC}=12V$，$R_S=10k\Omega$，$R_{B1}=120k\Omega$，$R_{B2}=39k\Omega$，$R_C=3.9k\Omega$，$R_E=2.1k\Omega$，$R_L=3.9k\Omega$，电流放大系数β=50，要求：

（1）求静态值I_{BQ}、I_{CQ}和U_{CEQ}（设$U_{BEQ}=0.6V$）；

（2）画出放大电路的微变等效电路；

（3）求电压放大倍数A_u，源电压放大倍数A_{us}，输入电阻R_i，输出电阻R_o。

（4）去掉旁路电容C_E，求电压放大倍数A_u，输入电阻R_i。

6．射极输出器电路如图 2-72 所示，已知三极管为硅管，β=100，试求：（1）静态电流I_C；（2）画出微变等效电路；（3）输入电阻和输出电阻。

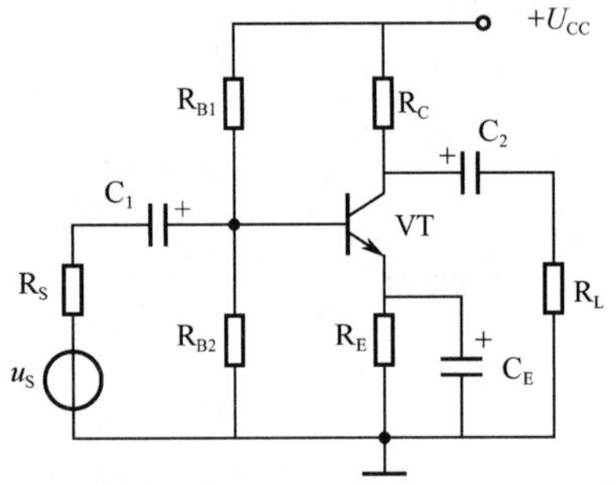

图 2-71　第四题第 5 小题图

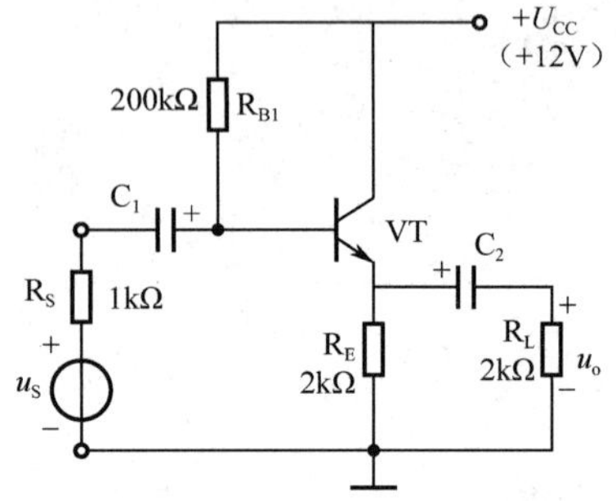

图 2-72　第四题第 6 小题图

7．已知在图 2-73 所示两级放大电路中，$R_1=15k\Omega$，$R_2=R_3=5k\Omega$，$R_4=2.3k\Omega$，$R_5=100k\Omega$，$R_6=R_L=5k\Omega$，$U_{CC}=12V$；三极管的β均为50，$r_{be1}=1.2k\Omega$，$r_{be2}=1k\Omega$，$U_{BEQ1}=U_{BEQ2}=0.7V$。试估算：

（1）放大电路的静态工作点 Q；

（2）放大电路的电压放大倍数A_u；

（3）输入电阻R_i和输出电阻R_o。

8．判断图 2-74 所示电路是否引入了反馈，如果引入反馈，指出反馈元器件，并判断反馈是交流反馈还是直流反馈，是正反馈还是负反馈。

9．指出图 2-75 所示各电路有无反馈，若有反馈，试判别反馈的极性和类型（即说明正、负、电压、电流、串、并联反馈）。设图中所有电容对交流信号均可视为短路。

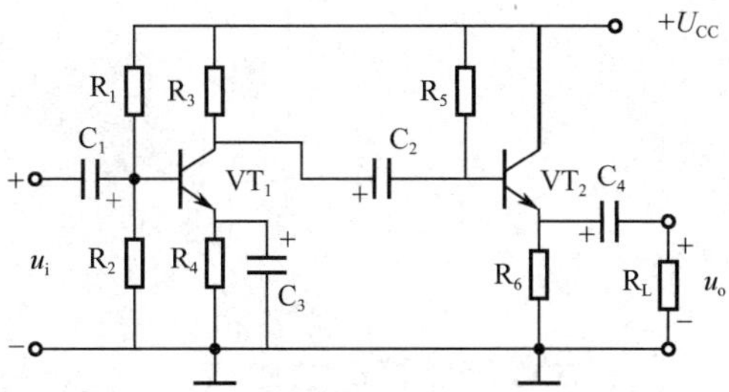

图 2-73　第四题第 7 小题图

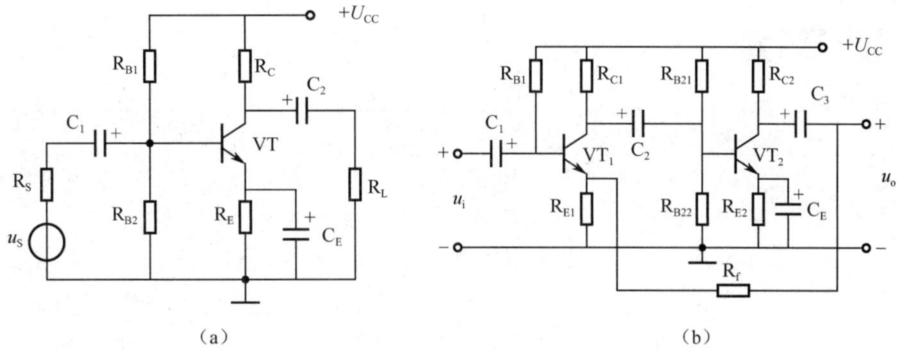

图 2-74　第四题第 8 小题图

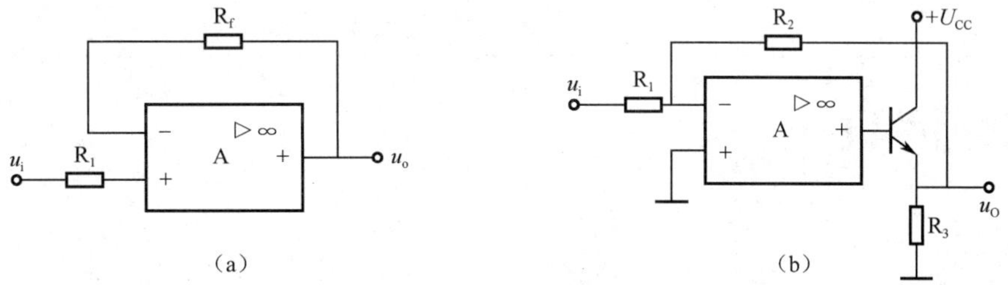

图 2-75　第四题第 9 小题图

项目3

音调调节电路的制作与调试

教学目标

知识目标	技能目标
● 掌握差动放大电路的基本电路及工作原理。 ● 了解集成运算放大电路的组成及其特点。 ● 掌握集成运算放大电路的线性及非线性应用分析。	● 了解集成运算放大器资料查阅、识别及选取方法。 ● 能用集成运算放大器构成各种运算电路，并进行调试和参数测试。 ● 能对音调调节电路进行安装、调试及检修。 ● 能熟练使用万用表、双踪示波器、函数信号发生器等电子仪器。

项目引入

为了使声音信号符合人们的听觉及爱好，通常在前置放大电路后增加音调调节电路。音调调节电路通过对不同频率的衰减和提升来改变信号原有的频率特性。

图3-1是音调调节电路。这一电路能够实现高低音调的调节，并有一定的信号放大作用，同时还能进行音量的控制。本项目将介绍音调调节电路的相关原理、电路制作与调试方法。

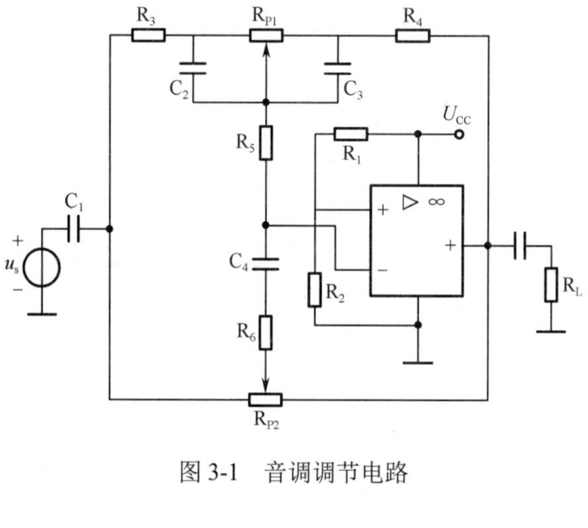

图3-1　音调调节电路

相关知识

3.1 差动放大电路

3.1.1 直接耦合放大电路的零点漂移现象

采用直接耦合方式的多级放大电路，由于直接耦合使得各级静态工作点（Q 点）互相影响，若前级 Q 点发生变化，则会影响到后面各级的 Q 点。由于各级的放大作用，第一级微弱变化的信号经多级放大，会使输出端产生很大的信号。由环境温度的变化而引起工作点的漂移，称为温漂。它是影响直接耦合放大电路性能的主要因素之一。

当放大电路输入短路时，输出将随时间缓慢变化，这种输入电压为零、输出电压偏离零值的变化称为“零点漂移”，简称“零漂”。显然，这种输出不能真实地反映输入信号的变化，容易造成假象。这种假象往往会给电子设备造成错误动作，严重时，将会淹没真正的信号。因此，克服“零漂”十分重要。为解决“零漂问题”，人们采取了多种措施。其中最有效的是采用差动放大电路。

3.1.2 基本差动放大电路的组成及工作原理

（微课视频：差动放大电路的组成及工作原理）

1. 差动放大电路的构成与特点

典型的差动放大电路如图 3-2 所示。

电路有两个输入信号 u_{i1} 和 u_{i2}，分别加到基极，输出信号 u_o 从两个三极管的集电极之间取出。它具有以下特点。

① 电路的结构具有对称性。它由两个完全对称的共射电路组成。VT_1 和 VT_2 是两个型号和特性相同的三极管，对称位置上的电阻阻值也相同。

② 电路采用正、负双电源供电。负电源能在两个三极管基极为零电势的情况下，保证两个三极管发射结正偏。

③ 共发射极电阻 R_E 可使静态工作点稳定。

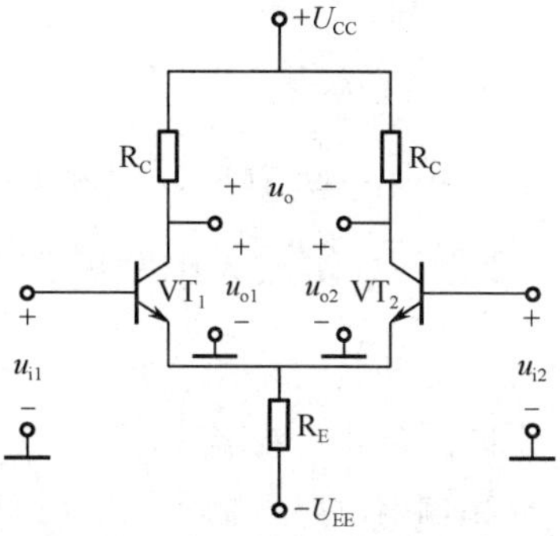

图 3-2 典型的差动放大电路

2. 差动放大电路的信号分析及工作原理

（1）差动放大电路的信号分析。如图 3-2 所示，u_{i1} 和 u_{i2} 有以下三种情况。

（微课视频：差动放大电路的信号分析）

① 两个输入信号的大小相等且极性相同。此时 $u_{i1}=u_{i2}=u_{ic}$，这样的输入称为共模输入，u_{ic} 表示共模输入信号，即 $u_{ic}=\frac{1}{2}(u_{i1}+u_{i2})$。

② 两个输入信号的大小相等而极性相反。此时 $u_{i1}=\frac{1}{2}u_{id}$、

$u_{i2}=-\frac{1}{2}u_{id}$，这样的输入称为差模输入，$u_{id}$ 表示差模输入信号。$u_{i1}-u_{i2}=\frac{1}{2}u_{id}-\left(-\frac{1}{2}u_{id}\right)=u_{id}$，加在两个输入端之间的电压即为差模输入信号。

③ 两个输入信号不同。这种输入称为一般输入。此时输入信号可分解为共模分量和差模分量。u_{i1} 和 u_{i2} 的平均值为共模分量 u_{ic}；u_{i1} 和 u_{i2} 的差值为差模分量 u_{id}，即

$$u_{ic}=\frac{1}{2}(u_{i1}+u_{i2}) \tag{3-1}$$

$$u_{id}=u_{i1}-u_{i2} \tag{3-2}$$

当用 u_{ic} 和 u_{id} 表示两个输入电压时，有

$$u_{i1}=u_{ic}+\frac{1}{2}u_{id} \tag{3-3}$$

$$u_{i2}=u_{ic}-\frac{1}{2}u_{id} \tag{3-4}$$

例如，u_{i1}=10mV，u_{i2}=6mV，则 u_{ic}=8mV，u_{id}=4mV。

（2）差动放大电路的工作原理。差动放大电路在电路结构相同、参数完全对称的情况下，由于环境温度变化引起静态工作点的漂移折合到输入端相当于在两个输入端加上了大小相等、极性相同的共模信号，因此两个三极管的集电极电位在温度变化时也相等。若电路以两个三极管的集电极电位差作为输出，就克服了温度漂移。

在理想的差动放大电路中，放大电路只对差模信号有放大作用，而对共模信号无放大作用，但在实际情况中不可能做到电路完全对称。差模电压放大倍数 A_{ud} 越大，电路的放大能力越强；共模电压放大倍数 A_{uc} 越小，电路抑制共模信号的能力越强。

为了全面衡量差动电路放大差模分量和抑制共模分量的能力，通常用共模抑制比 K_{CMRR} 来表征，即

$$K_{CMRR}=\left|\frac{A_{ud}}{A_{uc}}\right| \tag{3-5}$$

K_{CMRR} 的值越大，表示电路对共模信号的抑制能力越强。

3.1.3 差动放大电路的输入、输出方式

差动放大电路有两个对地的输入端和两个对地的输出端，所以信号的输入、输出有四种不同的方式：双端输入，双端输出；双端输入，单端输出；单端输入，双端输出；单端输入，单端输出。

（微课视频：差动放大电路的输入、输出方式）

（1）双端输入、双端输出。如图 3-2 所示的差动放大电路为双端输入、双端输出的连接方式，且两边单管放大电路完全对称。设每一边单管放大电路的电压放大倍数为 A_{u1}，可推出该电路的差模电压放大倍数 A_{ud} 为

$$A_{ud}=\frac{u_o}{u_{id}}=\frac{u_{o1}-u_{o2}}{u_{i1}-u_{i2}}=\frac{2u_{o1}}{2u_{i1}}=A_{u1}=-\frac{\beta R_C}{r_{be}} \tag{3-6}$$

共模电压放大倍数 A_{uc} 为

$$A_{uc}=\frac{u_{oc}}{u_{ic}}=0 \tag{3-7}$$

共模抑制比 K_{CMRR} 为

$$K_{CMRR}=\left|\frac{A_{ud}}{A_{uc}}\right|=\infty \tag{3-8}$$

（2）单端输入、双端输出。如图 3-3 所示的差动放大电路为单端输入、双端输出的连接方式。它可以看成双端输入、双端输出情况的特例。电路同时包含差模信号和共模信号。其中，差模信号 $u_{id}=u_{i1}$，共模信号 $u_{ic}=u_{i1}/2$。因此，电路的特性与双端输入、双端输出时相同。

（3）双端输入、单端输出。如图 3-4 所示的差动放大电路为双端输入、单端输出的连接方式。单端输出的优点在于它有一端接地，便于与其他放大电路连接。但输出电压仅是 VT_1 集电极的对地电压，VT_2 的输出电压没有用上，所以差模电压放大倍数比双端输出时减少一半。单端输出方式的差模电压放大倍数 A_{ud} 为

$$A_{ud}=\frac{u_{o1}}{u_{id}}=\frac{u_{o1}}{u_{i1}-u_{i2}}=\frac{u_{o1}}{2u_{i1}}=-\frac{\beta R_C}{2r_{be}} \tag{3-9}$$

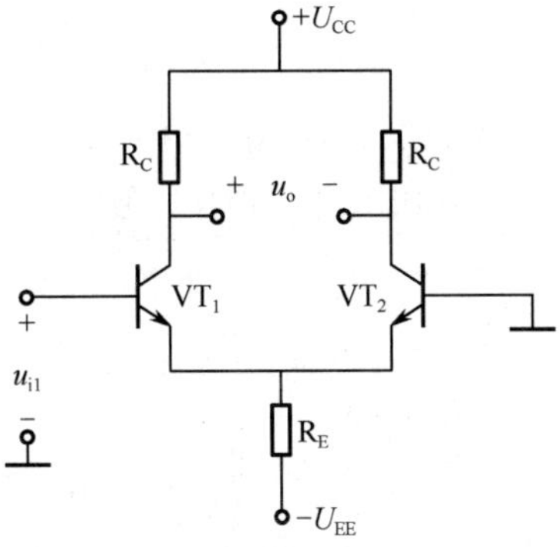

图 3-3　单端输入、双端输出

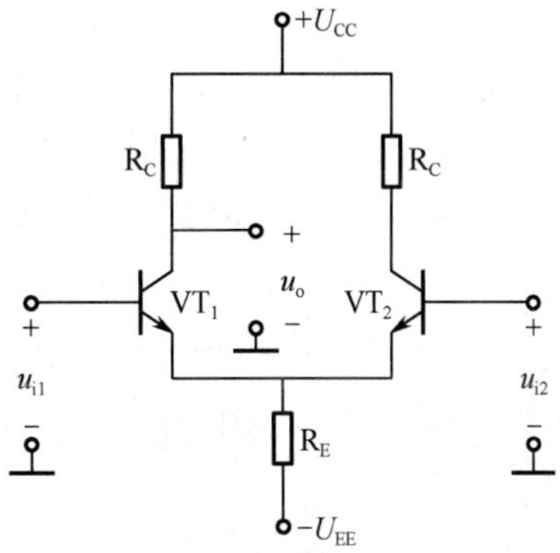

图 3-4　双端输入、单端输出

共模电压放大倍数 A_{uc} 为

$$A_{uc}=\frac{u_{oc}}{u_{ic}}=\frac{\beta R_C}{r_{be}+2(1+\beta)R_E} \tag{3-10}$$

共模抑制比 K_{CMRR} 为

$$K_{CMRR}=\left|\frac{A_{ud}}{A_{uc}}\right|=\frac{r_{be}+2(1+\beta)R_E}{2r_{be}}\approx\frac{\beta R_E}{r_{be}} \tag{3-11}$$

（4）单端输入、单端输出。如图 3-5 所示的差动放大电路为单端输入、单端输出的连接方式。电路的差模放大倍数与双端输入、单端输出相同。

综上所述，差动放大电路四种连接方式的差模放大倍数与输出方式有关。单端输出时的差模放大倍数是双端输出时的一半。单端输出时的差动放大电路共模抑制比减小。若提高共模抑制比，则可增加电阻 R_E 的阻值。

3.1.4　差动放大电路的改进电路

（1）调零电路。为了解决因电路元器件参数不可能完全对称而造成的静态时输出电压不为零的问题，在实用的电路中都设计有调零电路，人为地调节放大电路使输入为零时的输出也为零。图 3-6 是具有调零作用的差动放大电路。调节电位器 R_P 的阻值可改变 VT_1、VT_2 的集电极电流，使输出电压为零。调零电阻的值大约为几十欧到几百欧。

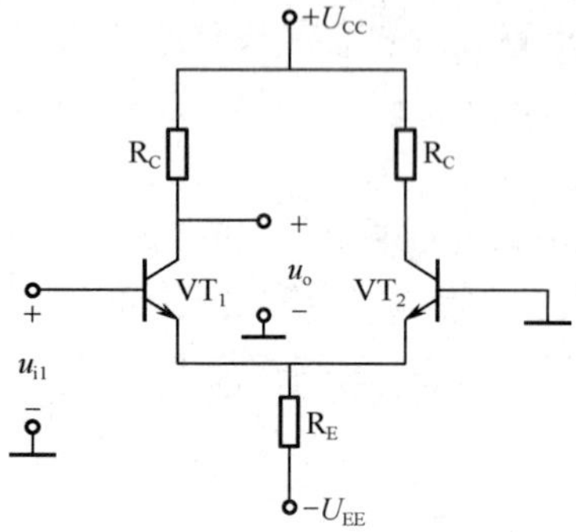

图 3-5　单端输入、单端输出

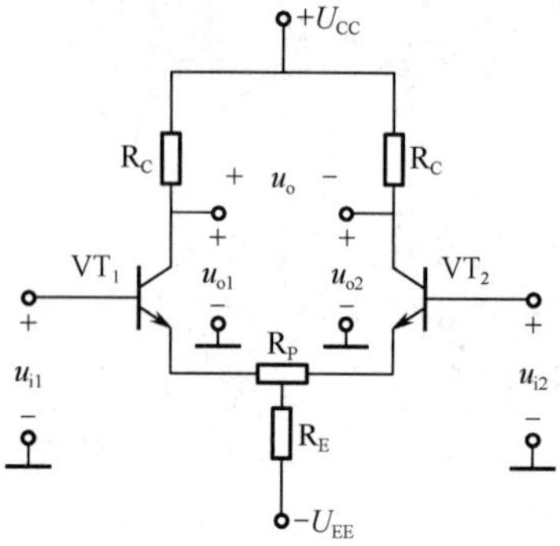

图 3-6　具有调零作用的差动放大电路

（2）恒流源差动放大电路。在差动放大电路中，R_E 的阻值越大，抑制温漂的能力越强。但在电源电压一定时，R_E 的阻值越大，则 I_{CQ} 越小，共模放大倍数越小。此外，集成电路不易制作高阻值电阻，常采用恒流源电路代替射极电阻 R_E，电路如图 3-7 所示。由三极管组成恒流源电路的动态电阻很大、直流电阻较小。

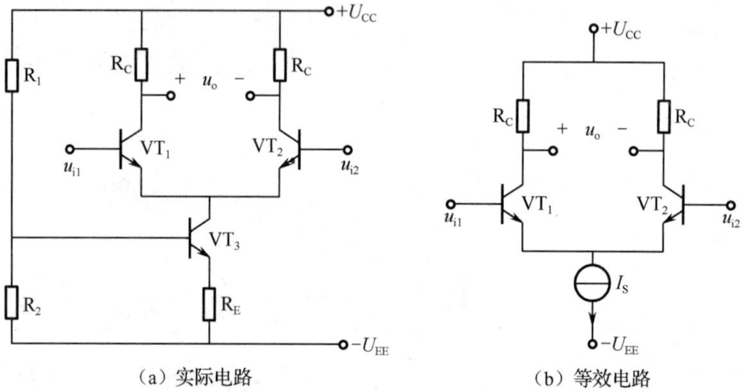

图 3-7　差动放大电路的改进电路——恒流源差动放大电路

3.2　集成运算放大器

集成运算放大器是模拟集成电路中应用最广泛的一个重要分支。它的实质是具有高增益的直接耦合式放大电路，具有通用性强、可靠性高、体积小及功耗低等优点，目前广泛应用在自动测试、信息处理及计算机技术等领域。由于集成运算放大器在发展初期主要应用在数学运算上，因此至今仍将其称为“集成运算放大器”，简称“集成运放”。

3.2.1 集成运算放大器的组成

集成运算放大器的内部通常包含四个基本组成部分：输入级、中间级、输出级和偏置电路，如图 3-8 所示。

由于集成运算放大器是一种多级直接耦合放大电路，因此要求输入级具有抑制零点漂移的作用。另外，还要求输入级具有较高的输入电阻，因此在输入级常采用双端输入的差动放大电路。

中间级的作用是放大信号，要求有尽可能高的电压放大倍数。中间级常采用直接耦合共发射极放大电路。

输出级与负载相连，因此要求带负载能力要强，常采用直接耦合的功率放大电路。此外，输出级一般还有过电流保护电路，用于防止电流过大而烧坏输出电路。

偏置电路的功能主要是为输入级、中间级和输出级提供合适的静态工作点。偏置电路一般采用电流源电路。

集成运算放大器的电路图形符号如图 3-9 所示。符号有两个输入端 u_- 和 u_+ 及一个输出端 u_o。其中，u_- 为反相输入端，输入信号的极性与输出端相反，标“−”号；u_+ 为同相输入端，输入信号的极性与输出端相同，标“+”号。电路图形符号中的“▷”表示信号传输方向；“∞”表示集成运放开环电压放大倍数的理想值为无穷大。

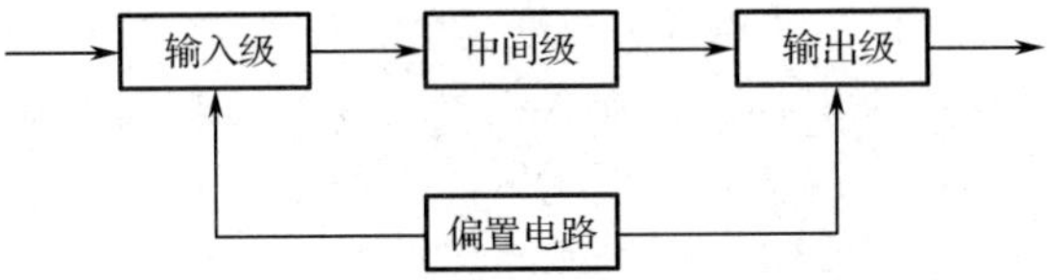

图 3-8 集成运算放大器的基本组成

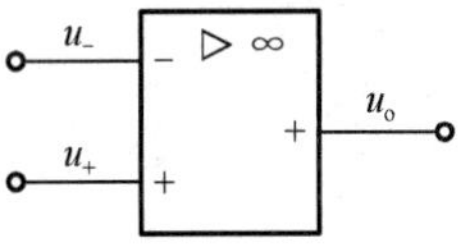

图 3-9 集成运算放大器的电路图形符号

3.2.2 集成运算放大器的主要性能指标及选择方法

1. 集成运算放大器的主要性能指标

集成运算放大器在应用及选取时都应参照性能指标。集成运算放大器的性能指标较多。这里仅介绍主要的性能指标。

（1）开环差模电压放大倍数 A_{ud}。集成运算放大器在没有外部反馈作用时的差模电压增益称为开环差模电压放大倍数，定义为集成运算放大器开环时的差模输出电压与差模输入电压之比，即

$$A_{ud}=\frac{u_{od}}{u_{id}}$$

在一般情况下，希望 A_{ud} 越大越好。A_{ud} 越大，由集成运算放大器构成的电路越稳定，运算精度越高。A_{ud} 一般为 100dB 左右。目前，高质量集成运放 A_{ud} 可达 140dB 以上。

（2）共模抑制比 K_{CMRR}。共模抑制比等于差模电压放大倍数与共模电压放大倍数之比的绝对值，即

$$K_{CMRR}=\left|\frac{A_{ud}}{A_{uc}}\right|$$

若用分贝（dB）表示，即

$$K_{CMRR}=20\lg\left|\frac{A_{ud}}{A_{uc}}\right| \tag{3-12}$$

K_{CMRR} 是衡量集成运算放大器抑制零点漂移能力的重要指标，通常 K_{CMRR} 为 80~160dB。

（3）开环差模输入电阻 r_{id}。开环差模输入电阻 r_{id} 指运算放大器在无反馈回路时，两个输入端之间的等效电阻。r_{id} 反映了运算放大器输入电路向差分信号源索取电流的能力。其值越大越好，一般为几兆欧。MOS 型集成运算放大器的 r_{id} 高达 10^6 MΩ 以上。

（4）开环差模输出电阻 r_{od}。开环差模输出电阻 r_{od} 指运算放大器在无反馈回路时，从输出端看进去的等效电阻。r_{od} 反映了运算放大器输出电路向负载提供电流的能力。其值越小越好，一般小于几十欧姆。

（5）输入失调电压 U_{IO}。对理想运算放大器而言，当输入电压为零时，输出电压必须为零。但由于实际运算放大器的参数很难达到完全对称，当输入电压为零时，输出电压并不为零。如果在输入端人为地外加补偿电压使输出电压为零，则这个补偿电压称为输入失调电压，用 U_{IO} 表示。输入失调电压也可认为是当输入电压为零时，将输入电压折算到输入端（除以 A_{uo}）的电压。U_{IO} 越小越好。U_{IO} 越小，表示电路的对称性越好。U_{IO} 一般为毫伏级。

（6）输入失调电流 I_{IO}。由于输入级的参数不对称，当输入信号为零时，集成运算放大器两个输入端的静态基极电流不相等。I_{IO} 是指当运放输入电压为零时，两个输入端的输入电流之差。I_{IO} 是由于运算放大器内部元器件参数不一致等原因造成的。其值越小越好，一般 I_{IO} 为 0.1～0.01 μA，理想运算放大器的 I_{IO} 应为零。

（7）开环频带宽度 f_{BW}。开环带宽 f_{BW} 又称-3dB 带宽，是指在开环差模电压放大倍数下降 3dB 时所对应的频率范围。

2. 集成运算放大器的选择

在通常情况下，在设计集成运算放大器的应用电路时，没有必要研究它的内部电路，而是应该根据设计需求寻找具有相应性能指标的芯片。因此，了解集成运算放大器的类型，理解其主要性能指标的物理意义，是正确选择集成运算放大器的前提。应根据以下几个方面的要求选择集成运算放大器。

（1）信号源的性质。根据信号源是电压源还是电流源、内阻大小、输入信号的幅值及频率变化范围等，选择集成运算放大器的差模输入电阻 r_{id}、-3dB 带宽（或单位增益带宽）等指标参数。

（2）负载的性质。根据负载电阻的大小，确定所需集成运算放大器的输出电压和输出电流的幅值。对于容性负载和感性负载，还要考虑它们对频率参数的影响。

（3）精度要求。对集成运算放大器精度要求恰当，过低不能满足要求，过高将增加成本。

（4）环境条件。选择集成运算放大器时，必须考虑工作温度范围、工作电压范围、功耗、体积限制及噪声源的影响等因素。

3. 集成运算放大器在使用中的一些问题

（1）集成运算放大器的选择，从性价比方面考虑，应尽量选择通用集成运算放大器，只有在通用集成运算放大器不满足应用要求时，才采用特殊集成运算放大器。通用集成运算放大器是市场上销售最多的品种，只有这样才能降低成本。

（2）使用集成运算放大器首先要会辨认封装形式。目前，常用的封装是双列直插式和扁平式。

（3）学会辨认引脚，不同公司产品的引脚排列是不同的，需要查阅手册，确认各个引脚的功能。

（4）一定要清楚集成运算放大器的电源电压、输入电阻、输出电阻、输出电流等参数。

（5）集成运算放大器在单电源使用时，要注意输入端是否需要增加直流偏置，使两个输入端的直流电位相等。

（6）设计集成运算放大器电路时，应该考虑是否增加调零电路、输入保护电路、输出保护电路。

根据上述分析就可以通过查阅手册等手段来选择某一型号的集成运算放大器，必要时还可以通过各种 EDA 软件进行仿真，最终确定最满意的芯片。目前，各种专用集成运算放大器和多方面性能俱佳的集成运算放大器种类繁多，采用它们会大大提高电路的质量。

3.3　集成运算放大器的应用

在各种应用电路中，集成运算放大器的工作状态有线性工作状态和非线性工作状态两种，在其传输特性曲线上对应两个区域：线性区（也称放大区）和非线性区（也称饱和区）。图 3-10（a）和 3-10（b）分别为理想集成运算放大器和实际运算放大器的电压传输特性。由于集成运算放大器的开环电压放大倍数很大，因此很小的差模电压输入就会使输出趋向饱和。图 3-10（b）的中间斜线部分是运放线性工作区，线性工作区以外的部分为非线性区。

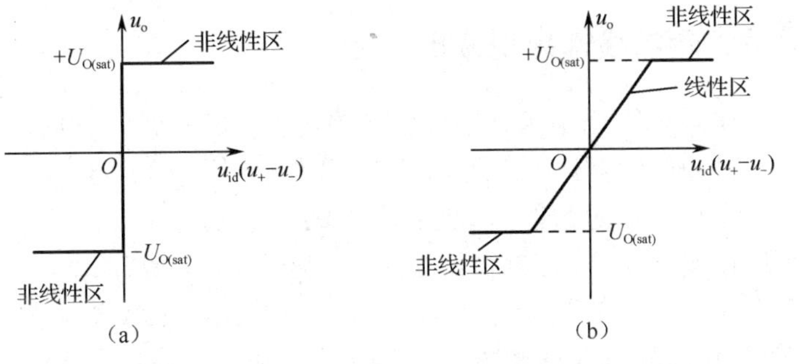

图 3-10　集成运算放大器的电压传输特性

（1）线性区。当集成运算放大器工作在线性区时，其输出电压 u_o 与输入电压 u_{id} 成线性关系，即

$$u_o = A_{ud}\ u_{id} = A_{ud}(u_+ - u_-) \tag{3-13}$$

由于一般集成运算放大器的开环电压放大倍数都很大，而输出电压为有限值，因此都要

接有深度负反馈，使其净输入电压减小，这样才能使其工作在线性区。理想集成运算放大器工作在线性区时，有以下两个重要特点。

① 虚短。由于集成运算放大器的电压增益很高，即 $A_{ud}=\infty$，而集成运算放大器的输出电压 u_o 是有限值，因此有

$$u_+ - u_- = \frac{u_o}{A_{ud}} = 0$$

即

$$u_+ = u_- \tag{3-14}$$

也就是说，集成运算放大器工作在线性区时，两个输入端电位接近相等，可以等同于短路，但是这两个输入端其实并没有短路，故称为输入端“虚短”。

② 虚断。由于理想集成运算放大器的开环差模输入电阻 $r_{id}=\infty$，即从输入端看的电阻为无穷大，这相当于两个输入端之间断路，其实两个输入端之间并没有断路，故称为输入端“虚断”。这样同相输入端电流 i_+ 和反相输入端电流 i_- 满足以下关系：

$$i_+ = i_- \approx 0 \tag{3-15}$$

$u_+ = u_-$ 和 $i_+ = i_- \approx 0$ 是分析理想集成运算放大器线性应用的两个基本依据，一些相关的推倒和运算都是从这两个基本依据展开的。

（2）非线性区。集成运算放大器工作在非线性区时，输出电压和输入电压不再是线性关系，即

$$u_o \neq A_{ud}(u_+ - u_-)$$

此时，输出电压为 $\pm U_{o(sat)}$。其中，$U_{o(sat)}$ 为饱和值。

饱和值的大小主要受电源电压的限制，正向饱和值 $+U_{o(sat)}$ 接近正电源 $+U_{CC}$ 的数值，负向饱和值 $-U_{o(sat)}$ 接近负电源 $-U_{EE}$ 的数值。

一般区分集成运算放大器是工作在线性区还是非线性区的方法，就是看运算放大器外部是否引入负反馈。如果引入负反馈，则认为其工作在线性区；如果集成运算放大器处于开环或外部引入正反馈，则认为其工作在非线性区。

3.3.1 集成运算放大器的线性应用分析

（微课视频：集成运算放大器的线性应用分析）

集成运算放大器最早的应用是进行各种信号的运算，故称为运算放大器。在运算电路中，以输入电压为自变量，以输出电压作为函数，当输入电压发生变化时，输出电压反映输入电压某种运算的结果。因此，集成运算放大器必须工作在线性区，在深度负反馈的下，利用反馈网络可以实现各种运算。运算电路一般是在集成运放的基础上外接电阻、电容等元器件组成的。

本节的集成运算放大器都看作理想运放，因此在分析时，要特别注意“虚短”和“虚断”这两个特点的应用。

1. 反相比例运算电路

反相比例运算电路如图 3-11 所示。图中，输入电压 u_I 通过电阻 R_1 加至集成运算放大器的反相输入端，其同相输入端经电阻 R_2 接地。输出电压 u_o 经 R_F 反馈至反相输入端，形成深度

的电压并联负反馈。同相端通过电阻 R_2 接地。R_2 称为直流平衡电阻。其作用是使集成运算放大器两输入端的对地直流电阻相等，从而避免运算放大器输入偏置电流在两输入端之间产生附加的差模输入电压，故要求 $R_2 = R_1 // R_F$ 。

在该电路中，集成运算放大器工作在线性状态，根据“虚短”和“虚断”有 $u_+ = u_-$ 和 $i_+ = i_- \approx 0$ ，即 R_2 中无电流。其两端无电压降，故 $u_+ = u_- = 0$ 。这说明，反相输入端虽未直接接地，但其电位与地相等，因此为“虚地”。“虚地”是反相比例运算电路的重要特点。

由图 3-11 可得
$$i_i = i_F$$

又因为
$$i_i = \frac{u_i - u_-}{R_1} = \frac{u_i}{R_1}, \quad i_F = \frac{u_- - u_o}{R_F} = -\frac{u_o}{R_F}$$

所以
$$\frac{u_i}{R_1} = -\frac{u_o}{R_F}$$

即
$$u_o = -\frac{R_F}{R_1} u_i$$

可得电压放大倍数
$$A_{uf} = \frac{u_o}{u_i} = -\frac{R_F}{R_1} \qquad (3\text{-}16)$$

由以上分析可知，输出电压与输入电压的幅值成正比但相位相反，实现了反相比例运算。电压放大倍数取决于电阻 R_F 和 R_1 ，与运放内部参数无关，所以负反馈的放大倍数很稳定。当 $R_F = R_1$ 时，则 $u_o = -u_i$ ， $A_{uf} = -1$ ，此时的电路称为反相器。

2. 同相比例运算电路

同相比例运算电路如图 3-12 所示。图中，输入电压 u_i 通过电阻 R_2 加至集成运放的同相输入端，其反相输入端经电阻 R_1 接地。输出电压 u_o 经 R_F 反馈至反相输入端，形成深度的电压串联负反馈。R_2 为平衡电阻， $R_2 = R_1 // R_F$ 。

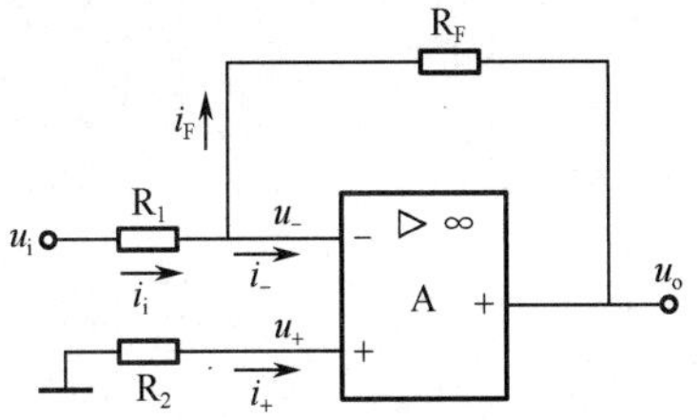

图 3-11　反相比例运算电路

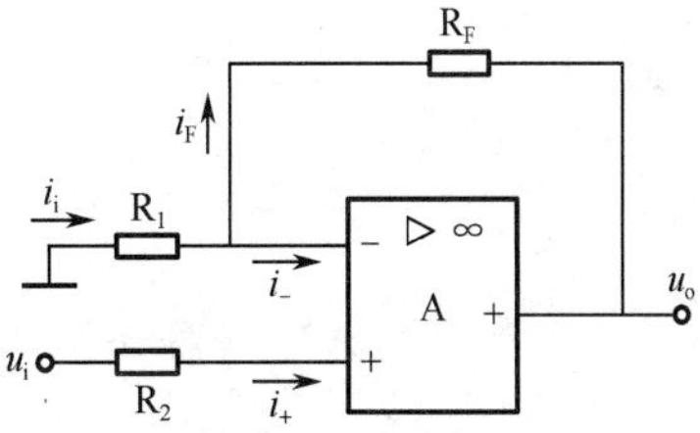

图 3-12　同相比例运算电路

根据图 3-12 可得
$$i_i = \frac{0 - u_-}{R_1} = -\frac{u_-}{R_1}, \quad i_F = \frac{u_- - u_o}{R_F}$$

根据“虚断”有
$$i_+ = i_- \approx 0$$

故
$$i_i = i_- + i_F = i_F$$

即
$$-\frac{u_-}{R_1} = \frac{u_- - u_o}{R_F}$$

再由“虚短”及 $i_+ = 0$ ，有
$$u_+ = u_- = u_i$$

所以
$$-\frac{u_i}{R_1} = \frac{u_i - u_o}{R_F}$$

整理得

$$u_o = \left(1 + \frac{R_F}{R_1}\right) u_i$$

可得电压放大倍数为

$$A_{uf} = \frac{u_o}{u_i} = 1 + \frac{R_F}{R_1} \tag{3-17}$$

由以上分析可知，集成运算放大器输出电压与输入电压相位相同，大小成正比，比例系数（电压放大倍数）为$1+\frac{R_F}{R_1}$，此值与运放本身的参数无关。

如果取$R_1=\infty$或$R_F=0$，则根据上面的电压放大倍数公式可得$u_o=u_i$，即输出电压跟随输入电压的变化而变化，这种电路称为电压跟随器，如图 3-13 所示。

由以上分析可知，在分析运算关系时，应该充分利用“虚断”和“虚短”的概念，首先列出关键节点的电流方程，这里的关键节点是指那些与输入、输出电压发生联系的节点，如集成运放的同相、反相节点，最后对所列表达式进行整理，即得到输出电压的表达式。

3. 加法运算电路

如图 3-14 所示，在反相比例运算电路的基础上再增加几个输入支路，便构成反相加法运算电路。同相端的平衡电阻 $R_4 = R_1//R_2//R_3//R_F$，反相加法运算电路也称为反相加法器。

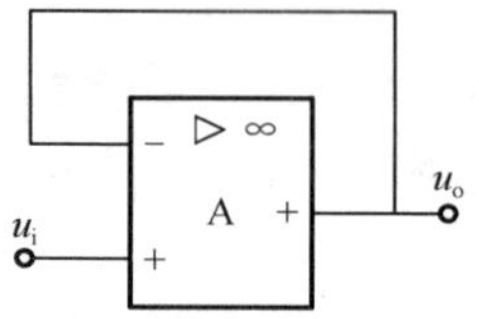

图 3-13　电压跟随器

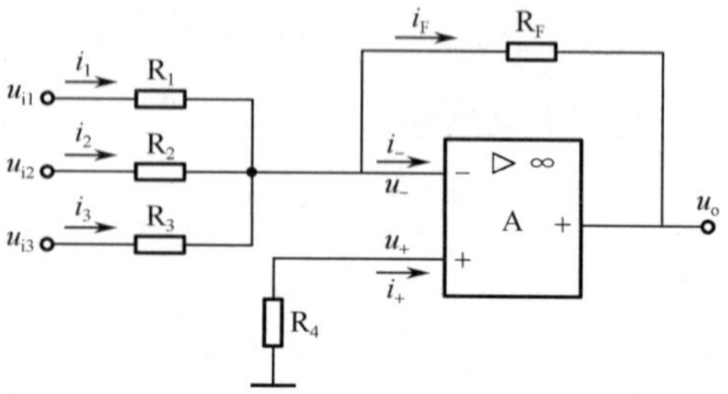

图 3-14　加法运算电路

根据“虚断”可得

$$i_1 + i_2 + i_3 = i_F$$

由$u_+ = u_- = 0$，可得各支路中的电流分别为

$$i_1 = \frac{u_{i1} - u_-}{R_1} = \frac{u_{i1}}{R_1},\quad i_2 = \frac{u_{i2}}{R_2},\quad i_3 = \frac{u_{i3}}{R_3},\quad i_F = -\frac{u_o}{R_F}$$

即

$$\frac{u_{i1}}{R_1} + \frac{u_{i2}}{R_2} + \frac{u_{i3}}{R_3} = -\frac{u_o}{R_F}$$

可求得输出电压为

$$u_o = -\left(\frac{u_{i1}}{R_1} + \frac{u_{i2}}{R_2} + \frac{u_{i3}}{R_3}\right) R_F \tag{3-18}$$

输出电压与各个输入电压之和成比例，从而实现了反相加法运算。

如果 $R_1=R_2=R_3=R_F$，则$u_o = -(u_{i1} + u_{i2} + u_{i3})$。

4. 减法运算电路

减法运算电路是指电路的输出电压与两个输入电压之差成比例。减法运算电路又称为差动放大电路。图 3-15 即为减法运算电路。

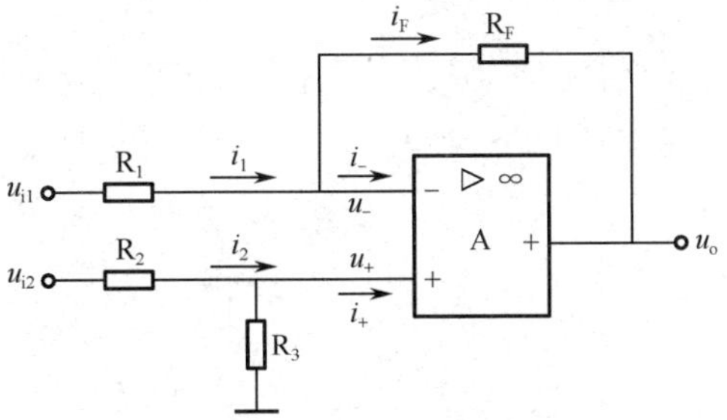

图 3-15　减法运算电路

由图 3-15 可以看到，运放的同相输入端和反相输入端分别接输入信号 u_{i1} 和 u_{i2} 。从电路结构来看，它由同相比例运算电路和反相比例运算电路组合而成。下面用叠加原理进行分析。

当 $u_{i2}=0$ 且只有 u_{i1} 单独作用时，该电路为反相比例运算电路，输出电压为

$$u_{o1}=-\frac{R_F}{R_1}u_{i1}$$

当 $u_{i1}=0$ 且只有 u_{i2} 单独作用时，该电路为同相比例运算电路，输出电压为

$$u_{o2}=(1+\frac{R_F}{R_1})u_+=(1+\frac{R_F}{R_1})\frac{R_3}{R_2+R_3}u_{i2}$$

当 u_{i1} 、u_{i2} 同时作用时，其输出电压为 u_{o1} 与 u_{o2} 的叠加，即

$$u_o=u_{o1}+u_{o2}=-\frac{R_F}{R_1}u_{i1}+(1+\frac{R_F}{R_1})\frac{R_3}{R_2+R_3}u_{i2}$$

特别当 $R_1=R_2$，$R_3=R_F$ 时，

$$u_o=\frac{R_F}{R_1}(u_{i2}-u_{i1}) \tag{3-19}$$

可见，输出电压与两个输入电压之差成比例，从而实现了减法运算。而当 $R_1=R_2=R_3=R_F$ 时，有

$$u_o=u_{i2}-u_{i1} \tag{3-20}$$

【例 3-1】 如图 3-16 所示电路，参数如图中标注。求解 u_o 与 u_1、u_2 的运算关系。

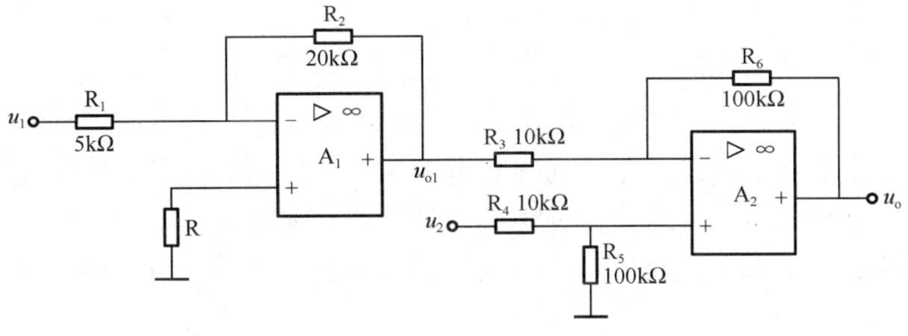

图 3-16　［例 3-1］图

解： 在多个运算电路相连接时，应按照输入信号的流通顺序分别求出每一个运算电路的输出与输入间的运算关系。在一般情况下，总是先列出表达式，再代入数值。

由图 3-16 可见，由 A_1 构成的是反相比例运算电路，因而有

$$u_{o1} = -\frac{R_2}{R_1}u_1 = -\frac{20}{5}u_1 = -4u_1$$

由 A_2 构成的是减法运算电路，且 $R_3 = R_4$，$R_5 = R_6$，则

$$\begin{aligned} u_o &= -\frac{R_6}{R_3}u_{o1} + \left(1+\frac{R_6}{R_3}\right)\frac{R_5}{R_4+R_5}u_2 \\ &= -\frac{R_6}{R_3}u_{o1} + \left(\frac{R_4+R_5}{R_3}\right)\frac{R_6}{R_4+R_5}u_2 \\ &= \frac{R_6}{R_3}(u_2 - u_{o1}) \\ &= \frac{100}{10}[u_2 - (-4u_1)] \\ &= 40u_1 + 10u_2 \end{aligned}$$

5. 积分运算电路

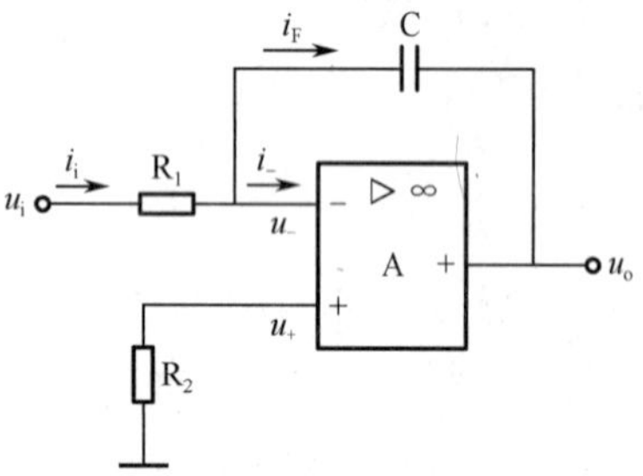

图 3-17　积分运算电路

积分运算电路如图 3-17 所示。输入信号由反相输入端通过电阻 R_1 接入，反馈元件为电容 C，平衡电阻 $R_2 = R_1$。

根据“虚断”和“虚短”，可得

$$i_i = i_F = i_C = \frac{u_i - u_-}{R_1} = \frac{u_i}{R_1}$$

$$i_C = \frac{C\mathrm{d}u_C}{\mathrm{d}t} = \frac{C\mathrm{d}(u_- - u_o)}{\mathrm{d}t} = -\frac{C\mathrm{d}u_o}{\mathrm{d}t} = \frac{u_i}{R_1}$$

故

$$u_o = -\frac{1}{R_1C}\int u_i \mathrm{d}t \tag{3-21}$$

式（3-21）说明，输出电压为输入电压对时间的积分，实现了积分运算。式中的负号表示输出与输入相位相反。R_1C 为积分时间常数，其值越小，积分作用越强；反之，积分作用越弱。

当输入电压为常数 U_i 时，式（3-21）就变为

$$u_o = -\frac{U_i}{R_1C}t$$

由式（3-21）可以看出，当输入电压固定时，由集成运放构成的积分运算电路在电容充电的过程（积分过程）中，输出电压（电容两端电压）随时间呈线性增长，增长速度均匀。简单的 RC 积分运算电路能实现使电容两端的电压随时间按指数变化，在很短的时间范围内可近似为线性关系。由集成运放构成的积分器引入了深度负反馈，实现了接近理想的积分运算。

如图 3-18 所示，当基本积分运算电路中输入是方波时，输出则是三角形电压，设初始时刻电容器两端的电压为零。

在 $0 \sim t_1$ 期间，$u_i = -E$，电容器放电，输出电压 u_o 为

$$u_o = -\frac{1}{R_1C}\int_0^{t_1} -E\mathrm{d}t = \frac{E}{R_1C}t$$

当$t=t_1$时，输出电压为

$$u_o=+U_{OM}$$

在$t_1\sim t_2$期间，$u_i=+E$，电容器充电，其初始时刻的电压值为

$$u_C(t_1)=-u_o(t_1)=-U_{OM}$$

$$u_C=\frac{1}{R_1C}\int_{t_1}^{t_2}E\mathrm{d}t+u_C(t_1)=\frac{1}{R_1C}\int_{t_1}^{t_2}E\mathrm{d}t-U_{OM}$$

$$u_o=-u_C=-\frac{1}{R_1C}\int_{t_1}^{t_2}E\mathrm{d}t+U_{OM}=\frac{-E}{R_1C}t+U_{OM}$$

当$t=t_2$时，$u_o=-U_{OM}$。从t_2开始将出现周期性的变化，这样输出就为三角形电压。

实际的积分运算电路因集成运放不具有理想特性和电容有漏电流等原因而产生积分误差，严重时甚至使积分器不能正常工作。最简单的解决办法是在电容两端并联一个电阻R_f，如图3-19所示，利用电阻R_f引入直流负反馈来抑制上述各种原因引起的积分漂移现象。通常在精度要求不高、信号变化速度适中的情况下，只要积分运算电路的功能正常，对积分误差可以容忍，不加考虑。若要提高精度，则可采用高性能集成运放和高质量积分电容器。

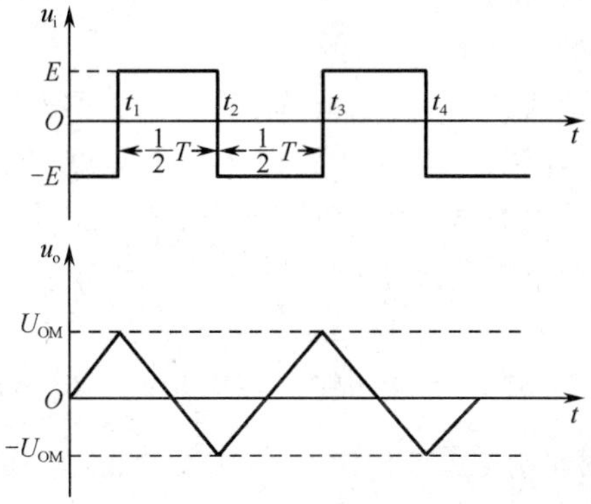

图3-18 基本积分运算电路的输入、输出波形

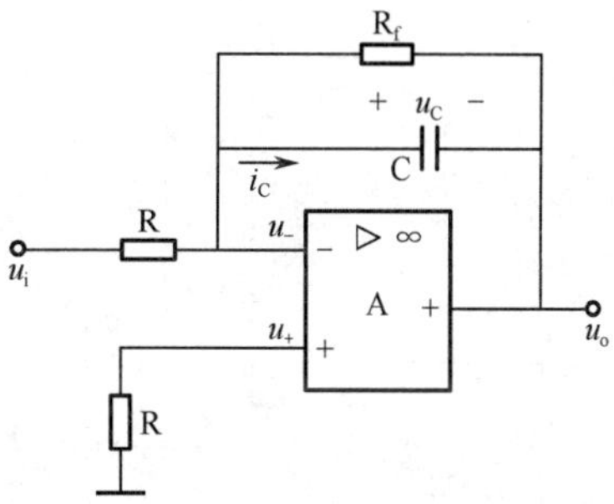

图3-19 改进的积分运算电路

积分运算电路可以用来求解微分方程，并可通过电量模拟的方式研究各种用微分方程式描述的系统动态性能。如果把积分运算电路的输出电压u_o作为电子开关或其他类似装置的输入控制电压，则积分运算电路可起到延时的作用，即当积分运算电路的输出电压u_o变化到一定阈值时，才能使受控装置动作。积分运算电路还可用于A/D转换装置中，将电压量转换为与之成比例的时间量。

6. 微分运算电路

微分与积分互为逆运算。将积分运算电路中的C与R_1互换位置，便构成微分电路，如图3-20所示微分电路也称为微分器。

在图3-20中，由$u_-=0$，$i_-=0$，得出$i_i=i_F+i_-=i_F$

又

$$i_i=\frac{C\mathrm{d}u_C}{\mathrm{d}t}=C\frac{\mathrm{d}u_i}{\mathrm{d}t}$$

所以

$$u_o=-i_FR_F=-i_iR_F=-R_FC\frac{\mathrm{d}u_i}{\mathrm{d}t} \tag{3-22}$$

可见，微分运算电路的输出信号与输入信号的变化率成正比，当输入信号变化比较大时，

其反应灵敏；而当输入信号变化较小时，其反应迟缓。这种情况与输入信号自身的大小无关。因此，在控制系统中常用微分电路来改善系统的动态性能。

如图 3-21 所示，当基本微分运算电路中输入的是矩形波电压时，输出是正负相间的尖顶波电压。

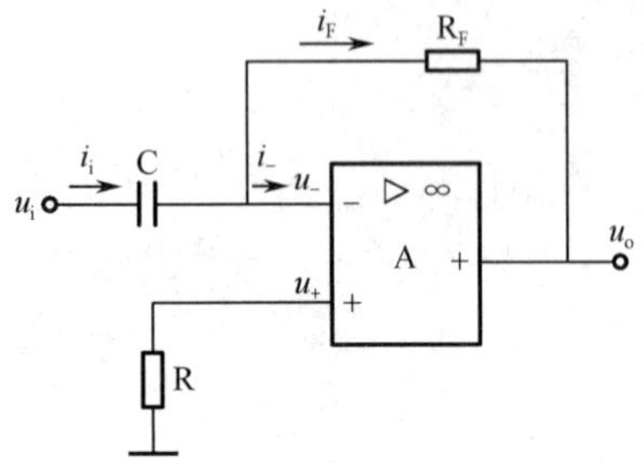

图 3-20　微分运算电路

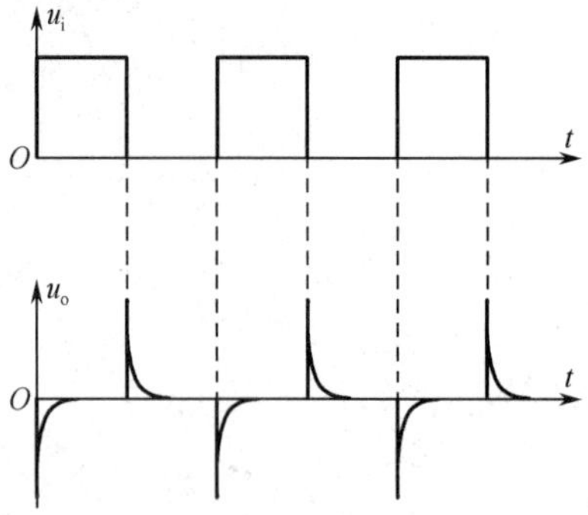

图 3-21　基本微分运算电路的输入、输出波形

如图 3-20 所示的微分运算电路在实际应用中存在以下问题：一是电容 C 的容抗随着输入信号频率的增加而减少，使得输出电压随着频率的增加而增大，引起高频放大倍数升高，高频噪声和干扰所产生的影响比较严重；二是微分运算电路的反馈网络具有一定的滞后相移（0°～90°），它和放大器本身的滞后相移（0°～90°）合在一起，容易满足自激振荡的相位条件而产生自激振荡，因此有了改进的微分运算电路，如图 3-22 所示。

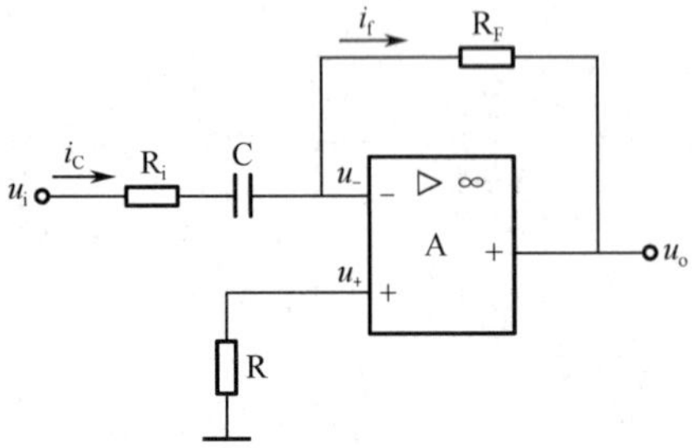

图 3-22　改进的微分运算电路

在图 3-22 中，增加了输入端电阻 R_i，在低频段，$R_i \ll \frac{1}{\omega C}$，因此在主要工作频率范围内，电阻 R_i 的作用不明显。在高频段，当电容的容抗小于电阻 R_i 的值时，R_i 的存在限制了闭环增益的进一步增大，从而有效抑制了高频噪声和干扰。R_i 的值不可过大，阻值过大会引起微分运算误差，一般取 $R_i \leqslant 1\text{k}\Omega$ 比较合适。

3.3.2　集成运算放大器的非线性应用分析

（微课视频：集成运算放大器的非线性应用分析）

集成运算放大器的非线性主要应用于电压比较器。电压比较器将一个模拟输入电压与一个参考电压比较后输出高或低电平，常用于越限报警、模/数转换及各种波形的产生和变换。电压比较器可分为单门限电压比较器和迟滞电压比较器。

1. 单门限电压比较器

集成运算放大器用作比较器时工作在非线性区域，只要两端输入电压有差别（差动输入），输出端就立即饱和。

如图 3-23（a）所示是一个简单的单门限比较器的电路图。在图中，运放的同相输入端接基准电位（或称参考电位）U_R，被比较信号由反相输入端输入，集成运放处于开环状态。

当$u_i > U_R$时，输出电压为负饱和值$-U_{OM}$；当$u_i < U_R$时，输出电压为正饱和值$+U_{OM}$。其传输特性如图 3-23（b）所示。由此可见，只要输入电压在基准电压U_R处稍微有正负变化，输出电压u_o就在负的最大值和正的最大值之间跃变。

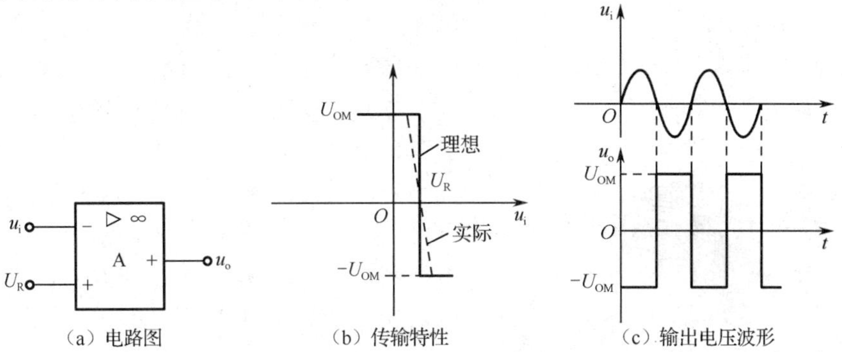

图 3-23　单门限电压比较器

作为特殊情况，当U_R=0V 时，即集成运放的同相端接地，其基准电压为 0V，这时的比较器称为过零比较器。当过零比较器的输入信号u_i为正弦波时，输出电压u_o为正负宽度相同的矩形波，如图 3-23（c）所示。

单门限电压比较器有电路简单、灵敏度高等优点，存在的主要问题是抗干扰能力差。迟滞电压比较器则可克服其不足。

2. 迟滞电压比较器

迟滞电压比较器如图 3-24 所示。它在过零比较器的基础上，从输出端引入一个电阻分压支路到同相端，形成正反馈。这样，作为参考电压的同相端电压u_+不再是固定的，而是随输出电压u_o而变。图中VD_Z是一对双向稳压管，用于限幅，把输出电压的幅度钳位于$\pm U_Z$值。

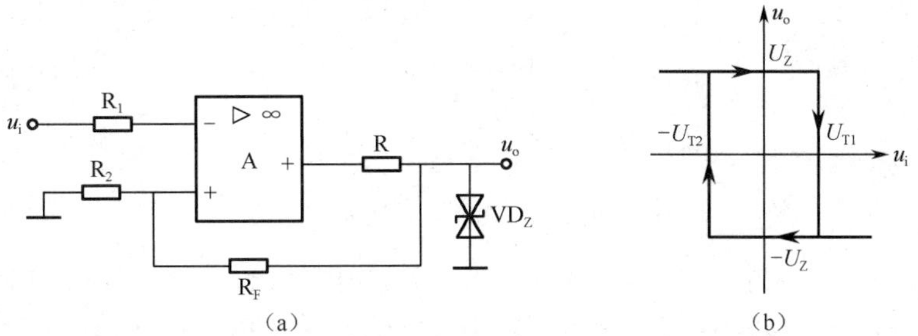

图 3-24　迟滞电压比较器

当输出电压为正最大值$+U_Z$时，同相输入端的电压设为U_T，则有

$$U_{T1} = \frac{R_2}{R_2 + R_F}(+U_Z) = U_T \tag{3-23}$$

此时，若保持$u_i < U_{T1}$，输出则保持$+U_Z$不变。一旦u_i从小逐渐加大到刚刚大于U_{T1}，则输出电压迅速从$+U_Z$跃变为$-U_Z$。

当输出电压为负最大值$-U_Z$时，同相输入端的电压U_{T2}为

$$U_{T2} = \frac{R_2}{R_2 + R_F}(-U_Z) = -U_T \tag{3-24}$$

此时，若保持$u_i > U_{T2}$，输出则保持$-U_Z$不变，一旦u_i从大逐渐减小到刚刚小于U_{T2}，则输出电压迅速从$-U_Z$跃变为$+U_Z$。

由此可以看出，由于正反馈支路的存在，同相端电位受到输出电压的制约，使基准电压变为两个值：U_{T1}和U_{T2}。其中，U_{T1}是输出电压从正最大到负最大跃变时同相输入端所加的基准电压，而U_{T2}是输出电压从负最大到正最大跃变时的基准电压。这使比较器具有迟滞电压的特性，其传输特性曲线具有迟滞曲线的形状，如图 3-24（b）所示，故称这种比较器为滞回电压比较器。称U_{T1}为上限阈值电压，U_{T2}为下限阈值电压，其差值$U_H = U_{T1} - U_{T2}$称为回差电压。回差电压的大小表示比较器的抗干扰能力，只要干扰信号的峰值小于半个回差电压，比较器就不会因干扰而动作，从而提高了其抗干扰能力。改变R_2和R_F的大小可以改变阈值电压和回差电压的大小。

【例 3-2】 如图 3-25 所示电路中，已知稳压管的稳定电压$U_Z = \pm 9V$，$R_1 = 40k\Omega$，$R_2 = 20k\Omega$，基准电压$U_R = 3V$，输入电压u_i为图 3-25（b）所示的正弦波，试画出滞回电压比较器的输出波形。

解： 图 3-25（a）的输出高、低电平分别为$U_{om} = U_Z = \pm 9V$。可得该电路的上限和下限门限电压分别为

$$U_{TH1} = \frac{R_1}{R_1 + R_2}U_R + \frac{R_2}{R_1 + R_2}U_{om} = \frac{40}{40+20}\times 3 + \frac{20}{40+20}\times 9 = 5(V)$$

$$U_{TH2} = \frac{R_1}{R_1 + R_2}U_R - \frac{R_2}{R_1 + R_2}U_{om} = \frac{40}{40+20}\times 3 - \frac{20}{40+20}\times 9 = -1(V)$$

电压传输特性曲线如图 3-25（d）所示。

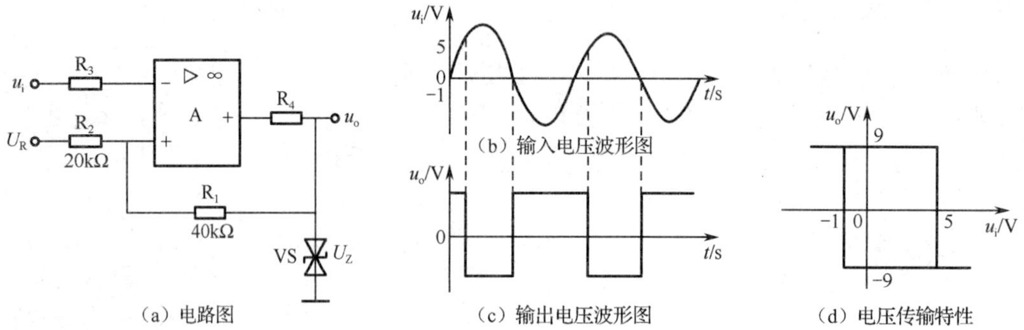

（a）电路图 （b）输入电压波形图 （c）输出电压波形图 （d）电压传输特性

图 3-25 例 3-2 的电路图和波形图

在输入电压u_i增大的过程中，若$u_i < +5V$，则输出电压$u_o = +9V$；当u_i升高到 5V 时，电路才发生翻转，输出电压$u_o = -9V$，若u_i再继续增大，输出电压不变。在u_i减小的过程中，$u_i > -1V$之前，输出电压$u_o = -9V$；只有u_i下降到−1V 时，电路才发生翻转，输出电压$u_o = +9V$，若u_i再继续减小，则输出电压也不变，输出电压u_o的波形如图 3-25（c）所示。

3.4 项目实施

3.4.1 音调调节电路的设计方案

音调调节电路原理如图 3-26 所示，该电路由一个分别控制高低音的音调控制电路和集成

运算放大器 LM324 的反向比例运算电路及电源供电电路三大部分组成。音调控制电路部分中的 R_1、R_{BASS}、C_4、C_5 组成低音控制电路，R_{TREBLE}、R_3、C_2 组成高音控制电路。

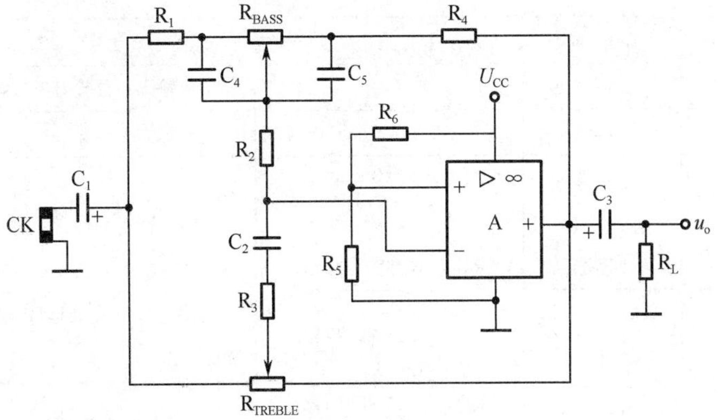

图 3-26　音调调节电路原理图

音调调节电路的工作原理如下：音调调节电路通过改变电路频率响应特性曲线的转折频率来改变音调。对于输入音频中的低频成分，C_2、C_4 和 C_5 可视为开路，调节 R_{BASS} 的值可提高或衰减低音增益，等效电路如图 3-27 所示；对于输入音频中的高频成分，C_2、C_4 和 C_5 可视为短路，调节 R_{TREBLE} 的值可提高或衰减高音增益，等效电路如图 3-28 所示。

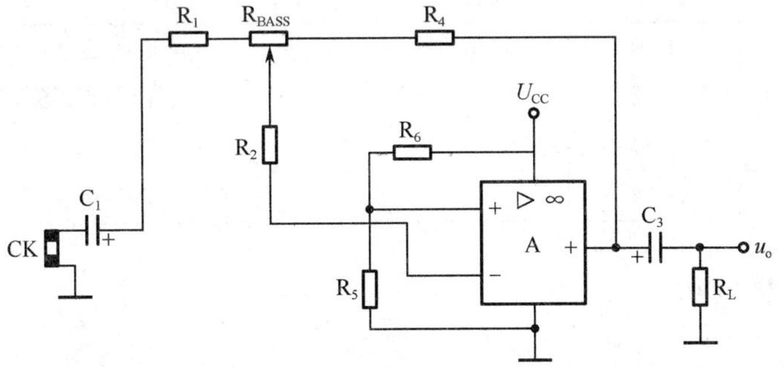

图 3-27　低音控制等效电路图

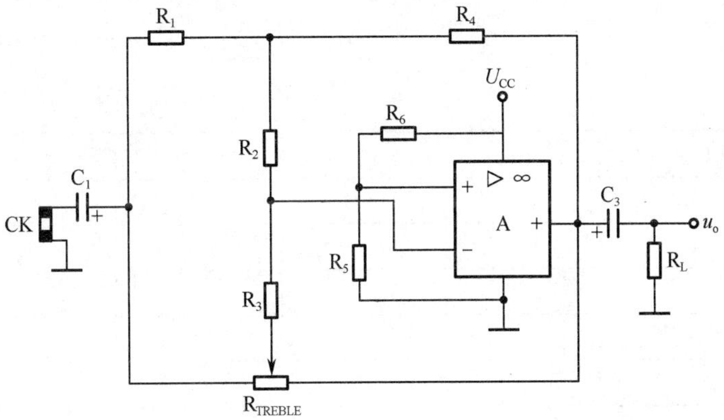

图 3-28　高音控制等效电路图

表 3-1 为助听器电路元器件参数及其功能。

表 3-1　助听器电路元器件参数及其功能

序号	元器件标号	名　称	型号及参数	功　能
1	CK	插口	—	信号输入：外接音频线路
2	LM324	集成运放	—	信号放大
3	R_1 R_2 R_3	电阻器 电阻器 电阻器	RJ11，0.25W，47 kΩ RJ11，0.25W，47 kΩ RJ11，0.25W，13 kΩ	衰减：减小外接音频信号输入
4	R_4	电阻器	RJ11，0.25W，47 kΩ	反馈电阻：集成运放反向比例运算电路的反馈电阻
5	R_5 R_6	电阻器 电阻器	RJ11，0.25W，10 kΩ RJ11，0.25W，10 kΩ	偏置电阻：为集成运放同相输入端提供固定电压
6	C_1 C_3	电解电容 电解电容	CD11，16V，100μF CD11，16V，100μF	耦合输入、输出交流信号，隔离直流信号
7	C_2	电容器	CC11，63V，470pF	通过高音信号，阻断低音信号
8	C_4 C_5	电容器 电容器	CC11，63V，10nF CC11，63V，10nF	通过低音信号时开路，通过高音信号时短路
9	R_{BASS} R_{TREBLE}	电位器 电位器	WTH，1W，470 kΩ WTH，1W，470kΩ	低音旋钮：低音音量调节 高音旋钮：高音音量调节
10	R_L	电阻器	RJ11，0.25W，10 kΩ	负载
11	U_{CC}	直流电	9V、0.5A	供电：为放大电路工作提供工作电流

3.4.2　电路仿真及分析

用 Multisim 画出音调调节电路，如图 3-29 所示。（仿真任务单：集音调调节电路的仿真）

（1）对于音调调节电路，首先加入幅值为 $U_i = 1V$ 不同频率的输入信号，对输出端的幅值进行测试。将测量结果计入表 3-2 中，并分析电位器 R_{BASS} 和 R_{TREBLE} 的作用。

表 3-2　仿真数据

频率	R_{BASS}	50%	0%	100%	50%	50%
	R_{TREBLE}	50%	50%	50%	0%	100%
100Hz	U_0					
5kHz	U_0					
R_{BASS}的作用						
R_{TREBLE}的作用						

（2）用虚拟示波器 XSC1 观测输出波形。图 3-30 用示波器仿真了电位器调节在不同位置时的输出波形。

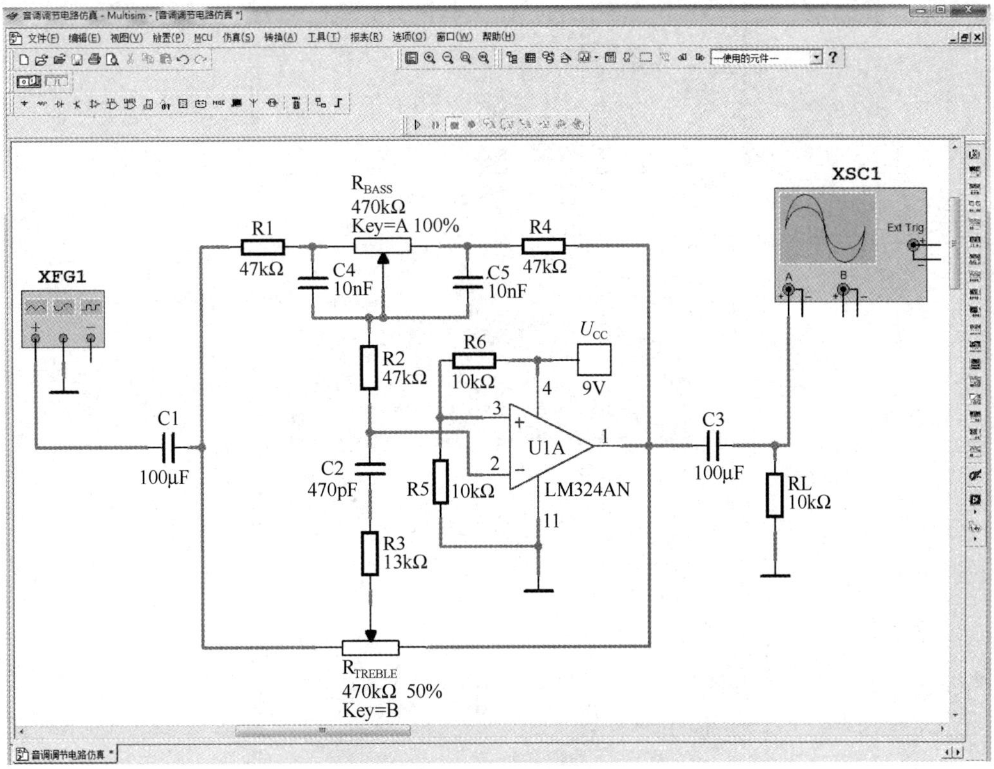

图 3-29　音调调节电路仿真连线图

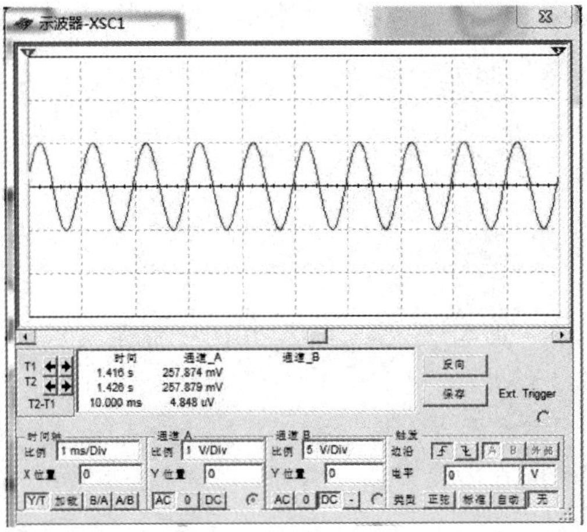

（a）输入信号频率为1kHz，幅值为1V，将R_{BASS}和R_{TREBLE}调到50%处的仿真波形

图 3-30　电位器调节在不同位置时的输出波形

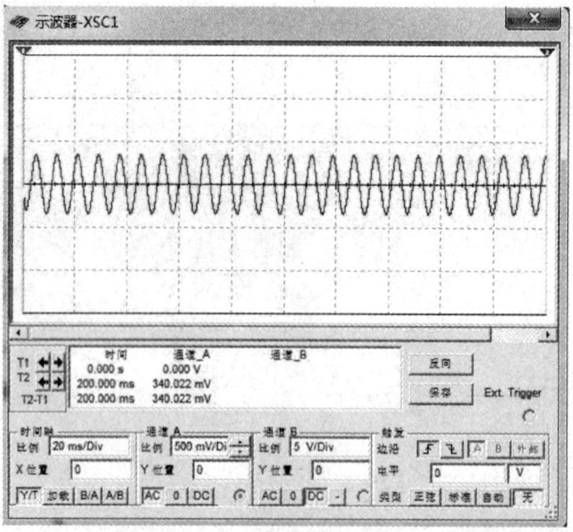

（b）输入信号频率为100Hz，R_{BASS}调到100%，R_{TREBLE}调到50%处的仿真波形

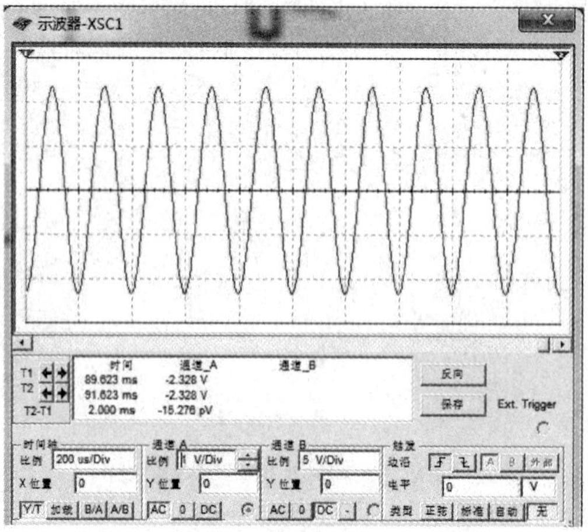

（c）输入信号频率为5kHz，R_{BASS}调到50%，R_{TREBLE}调到0%处的仿真波形

图 3-30　电位器调节在不同位置时的输出波形（续）

3.4.3　电路安装与调试

1. 电路的安装

（1）焊接。在万用表上对元器件进行布局，并依次焊接。焊接时，注意电解电容的正负极性。

（2）检查。检查焊点，看是否有虚焊、漏焊；检查电解电容及集成芯片引脚，看连接是否正确。

2. 电路的测试与调整

首先输入端接入幅值为 1V、频率为 1kHz 正弦信号，输出端接示波器，观测是否有输出波形。如输出波形正常，在输入信号频率分别为 100Hz 和 5kHz 时，调节 R_{BASS} 和 R_{TREBLE}，观测低音和高音时的增益情况。

3. 电路故障分析与排除

（1）电路放大倍数小或无放大。检测集成运算放大器是否工作正常，更换集成电路，观察故障是否排除；若故障依然存在，则故障在集成电路的外围电路。

（2）电路对低频或高频信号无衰减和提升。检测电路的低音等效控制电路和高音等效控制电路。

项目总结

（1）在直接耦合放大电路中，存在放大电路前后级的电位配合与零点漂移的问题。产生零点漂移的原因有温度变化、电源电压波动、三极管老化等，一般情况下温度的变化是主要原因。从根本上抑制零点漂移最有效的方法是采用差动放大电路。

（2）差动放大电路利用双管的对称性对共模信号进行抑制，对差模信号进行有效放大。衡量差动放大电路解决温漂能力的主要指标是共模抑制比。

（3）集成运算放大电路由输入级、中间级、输出级和偏置电路组成。集成运算放大电路闭环工作时，工作在线性区，存在“虚短”和“虚断”现象。线性应用包括比例、加法、减法、积分和微分等多种运算电路。

（4）集成运算放大电路工作在非线性区时，有“虚断”，但无“虚短”，两输入端的电位不再相等。集成运放的非线性应用主要是电压比较器，有过零电压比较器、单门限电压比较器和滞回电压比较器。

思考与训练

一、单项选择题

1．集成运算放大器是（　　）。

A．直接耦合多级放大器

B．阻容耦合多级放大器

C．变压器耦合多级放大器

2．直接耦合放大器的功能是（　　）。

A．只能放大直流信号

B．只能放大交流信号

C．直流和交流信号都能放大

3．集成运算放大器对输入级的主要要求是（　　）。

A．尽可能高的电压放大倍数

B．尽可能大的带负载能力

C．尽可能高的输入电阻，尽可能小的零点漂移

4．集成运算放大器输出级的主要特点是（　　）。

A．输出电阻低，带负载能力强

B．能完成抑制零点漂移

C．电压放大倍数非常高

5．集成运算放大器中间级的主要特点是（　　）。

A．足够高的电压放大倍数

B．足够大的带负载能力

C．足够小的输入电阻

6．如图 3-31 所示集成运算放大器，输入端 u_- 与输出端 u_o 的相位关系为（　　）。

A．同相　　B．反相　　C．相位差 90°

7．集成运算放大器的共模抑制比越大，表示该组件（　　）。

A．差模信号放大倍数越大

B．带负载能力越强

C．抑制零点漂移的能力越强

8．在运算放大器电路中，引入深度负反馈的目的之一是使集成运放（　　）。

A．工作在线性区，降低稳定性

B．工作在非线性区，提高稳定性

C．工作在线性区，提高稳定性

9．比例运算电路如图 3-32 所示，同相端平衡电阻 R_2 应等于（　　）。

A．R_1　　B．$R_1 + R_F$　　C．R_1 与 R_F 并联

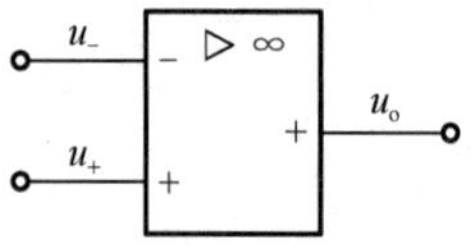

图 3-31　第 6 小题图

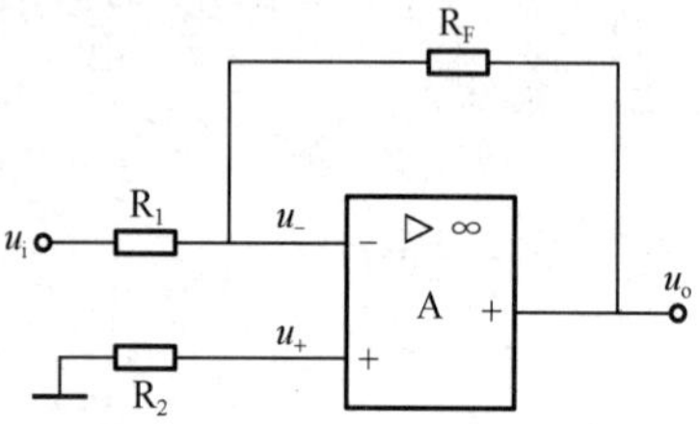

图 3-32　第 9 小题图

10．运算放大器电路如图 3-33 所示，输入电压 $u_i = 2V$，则输出电压 u_o 等于（　　）。

A．2V　　B．正饱和值　　C．负饱和值

11．电路如图 3-34 所示，若要满足 $u_o = -2u_i$ 的运算关系，各电阻数值必须满足（　　）。

A．$R_1 = 2R_F$，$R = R_1 // R_F$　　B．$R_1 = R_F$，$R = R_1 + R_F$

C．$R_F = 2R_1$，$R = R_1 // R_F$

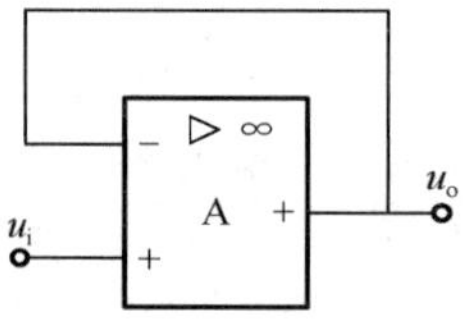

图 3-33　第 10 小题图

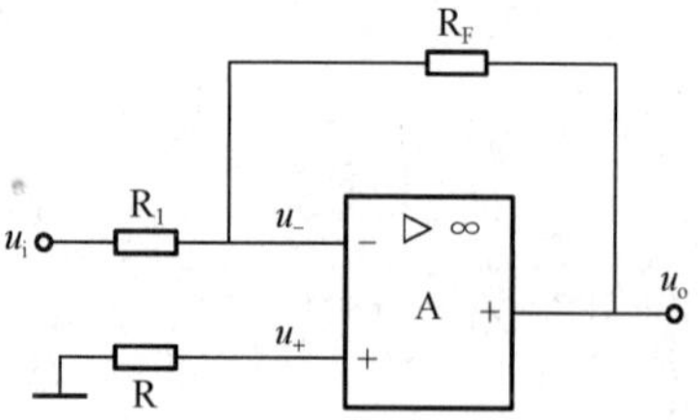

图 3-34　第 11 小题图

12．比例运算电路如图 3-35 所示，该电路的电压放大倍数为（　　）。

A. 1/10　　B. 10　　C. 100

13. 电路如图 3-36 所示，当 $R_1 = R_2 = R_3$ 时，则输出电压 u_o 为（　　）。

A. $-(u_{i2} - u_{i1})$　　B. $u_{i2} - u_{i1}$　　C. $-(u_{i2} + u_{i1})$

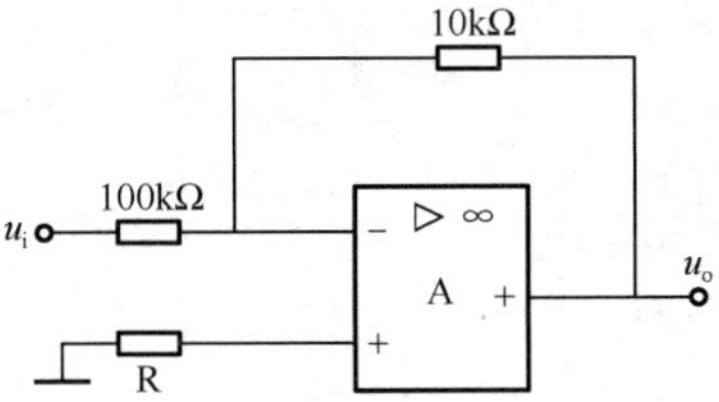

图 3-35　第 12 小题图

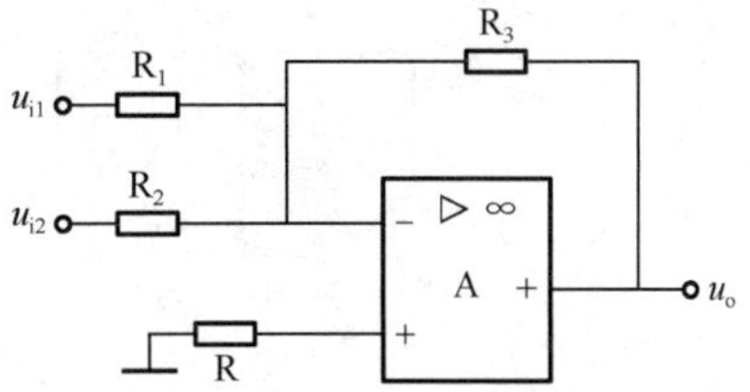

图 3-36　第 13 小题图

14. 电路如图 3-37（a）所示，若输入电压 u_i 为系列方波如图 2-37（b）所示，且 $\tau=RC>t_p$，则输出电压 u_o 的波形为（　　）。

A. 方波　　B. 三角波　　C. 正弦波

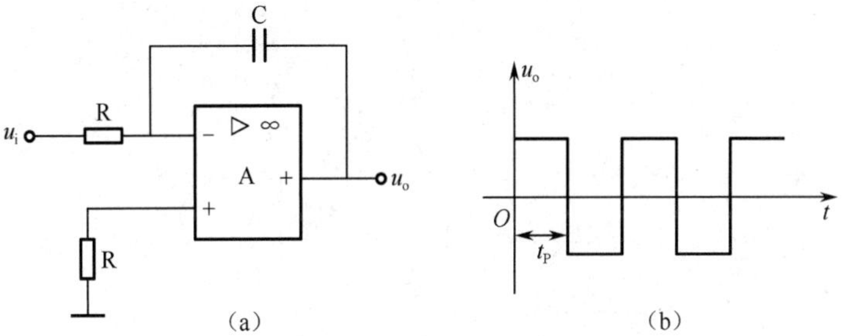

（a）　　（b）

图 3-37　第 14 小题图

二、计算题

1. 写出图 3-38 所示各电路的名称，分别计算它们的电压放大倍数 A_u。

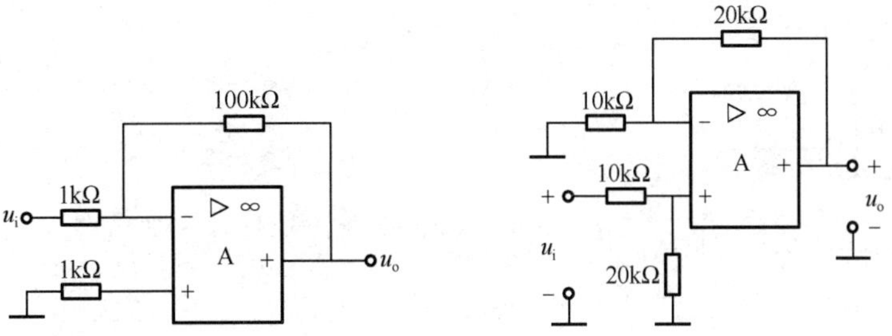

（a）　　（b）

图 3-38

2. 试求图 3-39 所示各电路输出电压 u_o 与输入电压 u_i 之间的关系式。

3. 电路如图 3-40 所示，设运放是理想的，电路中 $u_{i1} = 0.6\text{V}$、$u_{i2} = 0.8\text{V}$，求电路的输出电压 u_o。

4. 同相输入加法电路如图 3-41 所示。（1）求图中输出电压 u_o 的表达式。（2）当

$R_1 = R_2 = R_3 = R_4$时，u_o是多少？

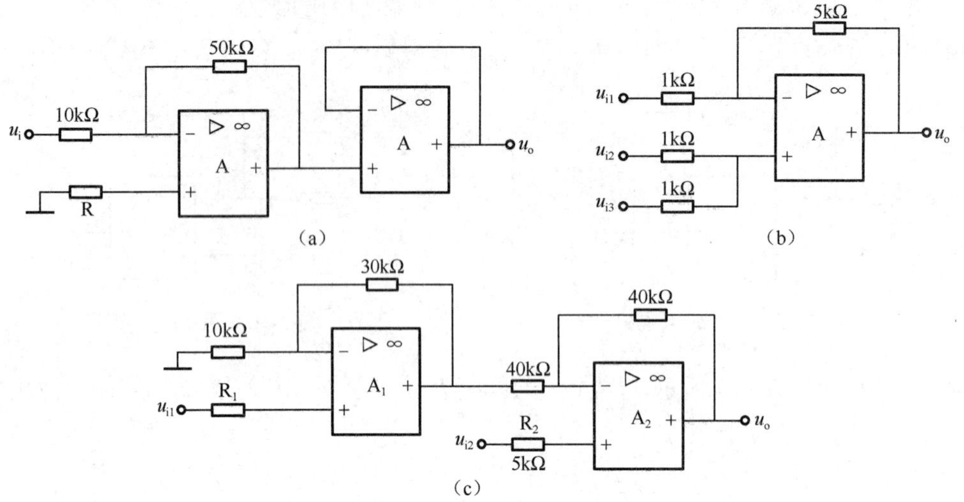

图 3-39

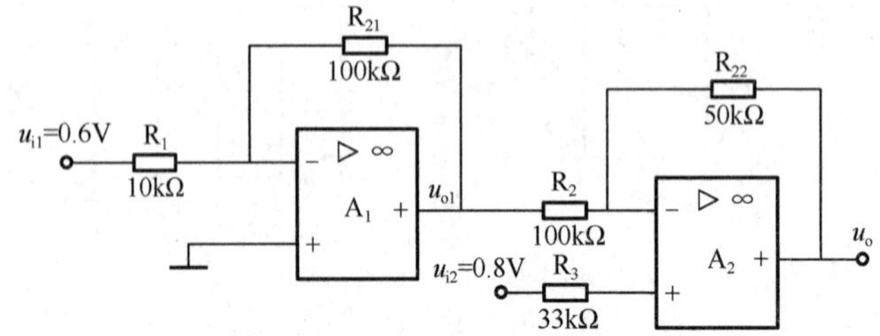

图 3-40

5．加减运算电路如图 3-42 所示，求输出电压u_o的表达式。

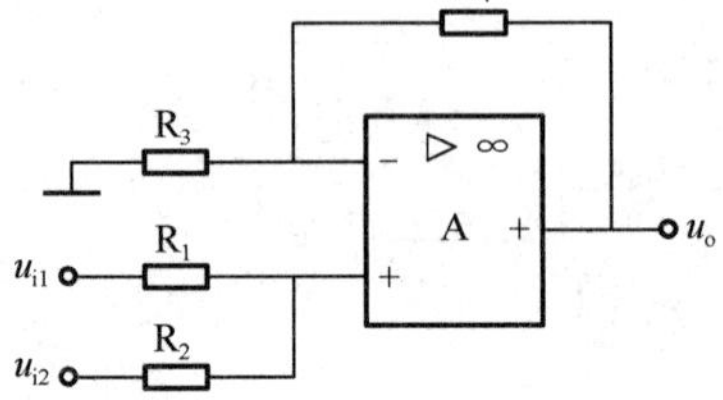

图 3-41

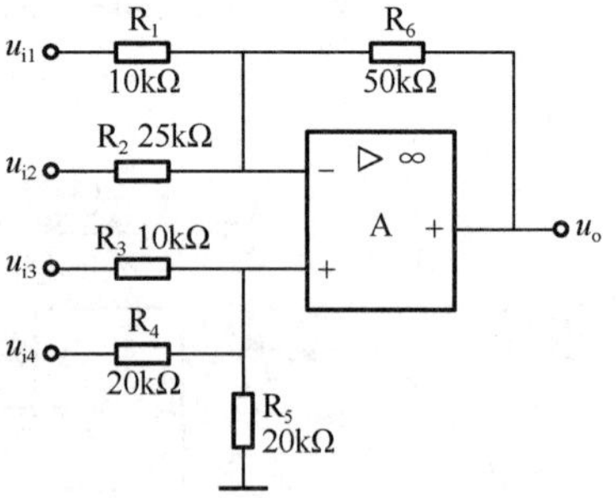

图 3-42

6．电路如图 3-43 所示，A_1、A_2为理想运放，电容的初始电压$u_c(0) = 0V$，

（1）写出u_{i1}、u_{i2}及u_{i3}之间的关系式；

（2）写出当电路中的电阻$R_1 = R_2 = R_3 = R_4 = R_5 = R_6 = R$时，输出电压$u_o$的表达式。

7. 电路如图 3-44（a）所示，已知集成运算放大器的正、负输出电压$\pm U_{om} = \pm 12V$，$U_R = 1V$，稳压管VD_Z的稳定电压$U_Z = 6V$，正向导通电压为 0.7V。

（1）求门限电压U_{TH}；

（2）画出电压传输特性；

（3）已知u_i的波形如图3-44（b）所示，试对应u_i的波形画出u_o的波形。

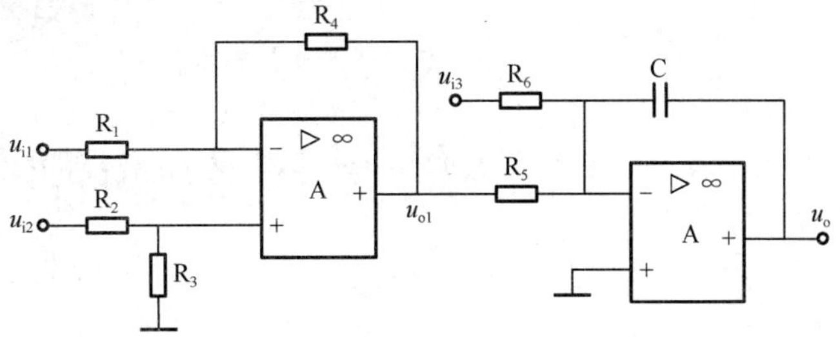

图3-43

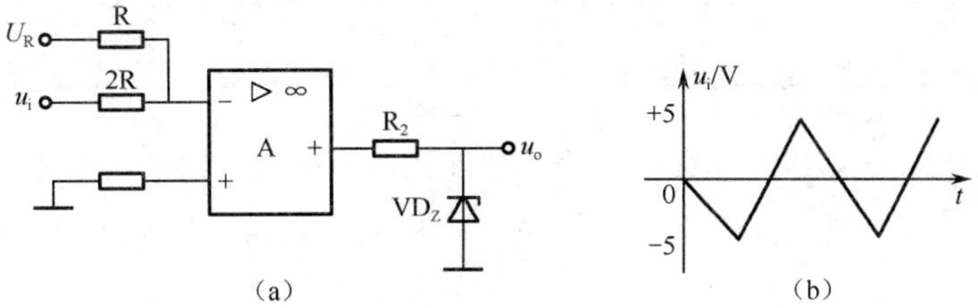

图3-44

8．在图3-45所示的电路中，设A_1、A_2、A_3均为理想运算放大器，其最大输出电压幅值为±12V。则若输入为1V的直流电压，则各输出端u_{o1}、u_{o2}、u_{o3}的电压为多大？

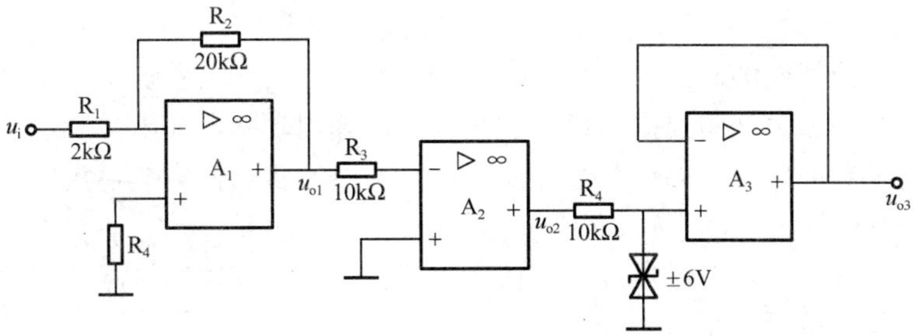

图3-45

项目4

功率放大电路的制作与调试

教学目标

知识目标	技能目标
● 了解功率放大电路的主要性能指标。 ● 了解功率放大电路的分类和特点。 ● 掌握 OCL、OTL 的基本组成和电路特性。 ● 了解集成功率放大电路的应用。	● 能对大功率三极管、集成功率放大电路进行资料查阅、识别与选取。 ● 能对集成功率放大电路进行安装、调试与参数测试。 ● 能熟练使用万用表、双踪示波器、函数信号发生器等电子仪器。

项目引入

多级放大电路虽然能够增大输入信号电压的幅度，但若在其输出端接某负载并驱动负载工作，这就要求多级放大电路要向负载提供足够大的输出功率，即输出端不但要有足够高的电压，还要有足够大的电流。如语音放大器中的扬声器，需要向它提供足够大的功率才能使其发出声音。这种能放大功率的放大电路统称为功率放大电路。

本项目通过制作一个双声道集成功率放大电路，了解功率放大电路的相关知识点，掌握功率放大电路的安装和调试方法。

相关知识

4.1 功率放大电路概述

（微课视频：功率放大电路特点及其分类）

功率放大电路是一种以输出较大功率为目的的放大电路，它一般直接驱动负载。

1. 功率放大电路的特点

放大电路都是放大信号的，从能量控制和信号放大的角度看，功率放大电路和电压放大电路没有本质的区别，但它们要完成的任务不同，电压放大电路的主要任务是使负载得到较大的、不失真的电压信号，讨论的主要技术指标是电压放大倍数、输入电阻和输出电阻等。因为是小信号放大，所以电路中的放大管工作在 Q 点附近的小范围之内，分析方法以微变等效电路为主。而功率放大电路的主要任务是向负载提供足够大的功率，通常功率放大电路是多级放大电路的最后一级，在大信号状态下工作。功率放大电路与电压放大电路相比有如下特点。

（1）输出功率要大。为了给负载提供足够大的功率，要求功放管有很大的电压变化范围和电流变化范围，所以它们常常工作在大信号状态或接近极限运用状态。

（2）效率要高。所谓效率 η 就是负载得到的有用信号功率 P_o 和电源供给的直流功率 P_V 的比值。即

$$\eta = P_o/P_V \tag{4-1}$$

该值代表了电路将电源直流能量转换为输出交流能量的能力。

（3）失真要小。功率放大电路是在大信号下工作的，所以不可避免地会产生非线性失真。这就要求在不失真（或在失真允许范围内）的情况下，向负载输出尽量大的交流功率。

（4）散热要好。在功率放大电路中，有相当大的功率消耗在管子的集电结上，使结温和管壳温度升高。为了充分利用允许的管耗而使管子输出足够大的功率，放大器件的散热就成为一个重要的问题。

2. 功率放大电路的分类

功率放大电路通常根据放大管的工作状态不同，分为甲类、乙类和甲乙类功率放大电路。

（1）甲类放大。如果在输入信号的整个周期内都有电流流过，这种工作方式为甲类放大，其波形如图 4-1（a）所示。甲类功率放大电路中功放管的静态工作点位于特性曲线的放大区，工作点的移动范围也在放大区，整个周期内均有电流 i_C 通过功放管，并且电流始终不断地为电路提供功率，在没有输入信号时，这些功率全部消耗在管子和电阻上，使电路产生较大的功率损耗，因此效率比较低。

（2）乙类放大。如果在输入信号的整个周期内，只有半个周期有电流通过三极管，这种工作方式为乙类放大，其波形如图 4-1（b）所示。乙类放大电路中功放管静态工作点位于截止区边缘。因此，在整个周期内，只能半个周期有电流 i_C 通过功放管。在没有信号输入时，功放管的静态集电极电流 $I_{CQ}=0$，没有管耗，因此效率比较高，但这种工作方式输出波形失真较严重。

（3）甲乙类放大。如果在输入信号的整个周期内，大于半个周期有电流流过三极管，这种工作方式为甲乙类放大，其波形如图 4-1（c）所示。甲乙类放大电路中功放管的静态工作点位于放大区中靠近截止区的位置，因此在大于半个周期内有电流 i_C 通过功放管，因为静态时的 I_{CQ} 较小，所以管耗较小，因此效率也比较高。这种工作方式输出波形也有一定的失真，但比乙类工作方式有所改善。

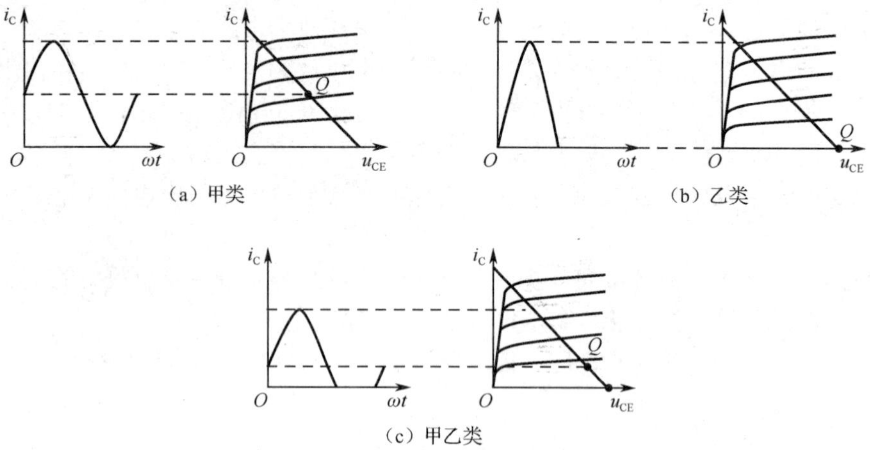

图 4-1　功率放大器的分类

3. 功率放大电路的分析方法

功率放大电路的输入信号幅值较大，不适用微变等效电路的分析方法，所以分析电路时一般采用图解法。分析步骤如下。

（1）求出功率放大电路负载上可能获得的最大交流电压幅值，从而得出负载上可能获得的最大输出功率，即电路的最大输出功率 P_{omax}。

（2）求出此时电源提供的直流平均功率 P_V。

（3）求转换效率 η，即 P_{omax} 与 P_V 之比。

下面以图 4-2（a）所示甲类功率放大电路为例说明功率放大电路的分析方法。

分析过程如下。

（1）求最大输出功率 P_{omax}。由图 4-2（b）可知，为了使输出信号的幅值尽可能大，静态工作点 Q 设置靠近负载线的中部，若忽略三极管的饱和压降和截止区，输出信号 u_o 的峰值最大为

$$U_{ommax} \approx 0.5U_{CC} \tag{4-2}$$

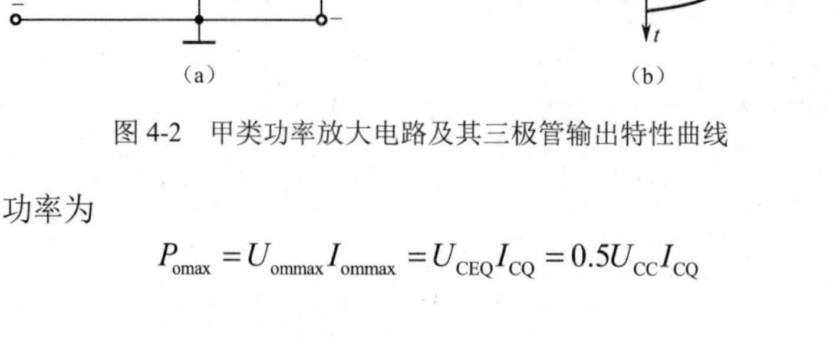

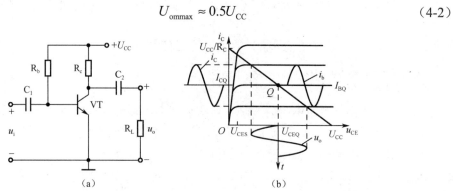

图 4-2　甲类功率放大电路及其三极管输出特性曲线

则最大负载功率为

$$P_{omax} = U_{ommax} I_{ommax} = U_{CEQ} I_{CQ} = 0.5U_{CC} I_{CQ} \tag{4-3}$$

（2）求直流电源输出功率 P_V。由于直流电源提供的集电极电流既有直流量也有交流量，即

$$\begin{aligned} i_C &= I_{CQ} + i_c \\ &= I_{CQ} + I_{cm}\sin\omega t \end{aligned}$$

所以，直流电源输出功率用定积分的方法来求取，即

$$P_V = \frac{1}{T}\int_0^T U_{CC} i_C \mathrm{d}t = \frac{U_{CC}}{T}\int_0^T i_C \mathrm{d}t = U_{CC} I_{CQ} \tag{4-4}$$

（3）求最大效率。

$$\eta_{max} = \frac{P_{omax}}{P_V} = \frac{\frac{U_{omax}}{\sqrt{2}}\frac{I_{omax}}{\sqrt{2}}}{P_V} = \frac{\frac{0.5U_{CC}I_{CQ}}{2}}{U_{CC}I_{CQ}} = 25\% \tag{4-5}$$

4. 提高输出功率及提高效率的方法

（1）提高输出功率 P_o 的方法：

① 提高电源电压，以增大输出电压、电流；

② 改善器件的散热条件。

（2）提高效率 η 的方法。改善功放管的工作状态，即采用乙类功率放大电路。

4.2 常用功率放大电路

4.2.1 OCL 乙类双电源互补对称功率放大电路

（微课视频：OCL 功率放大电路及其分析方法）

1. 电路组成

OCL 乙类双电源互补对称功率放大电路如图 4-3 所示，电路由一个 NPN 型三极管和一个 PNP 型三极管组成，两管的基极和发射极分别连接在一起，输入信号从两管的基极输入，输出信号从两管的发射极输出，电路中的 R_L 为负载电阻。实际上，电路是由两个工作在乙类状态的射极输出器组合而成的，要求电路中正负电源对称，两个三极管的特性一致。这种电路又称无输出电容的功率放大电路，即 OCL（Output Capacitor Less）电路。

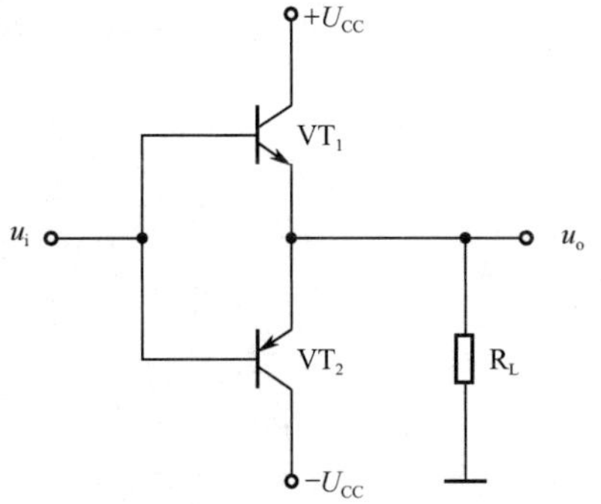

图 4-3　OCL 乙类双电源互补对称功率放大电路

2. 工作原理

（1）静态时。由于基极没有偏置，所以$I_{BQ}=0$，$I_{CQ}=0$，三极管VT_1、VT_2处于截止状态，又因为三极管VT_1、VT_2特性一致，并且电路对称，所以三极管的发射极电位$U_E=0$，R_L中没有静态电流，因此三极管VT_1、VT_2工作在乙类状态，电路中没有静态损耗。

（2）动态时。在输入信号u_i的正半周，三极管VT_1的发射结被正向偏置，其工作状态由截止变为导通，而三极管VT_2因为发射结被反向偏置而截止，正电源U_{CC}通过三极管VT_1向负载R_L提供正半周电流i_{c1}，如图 4-4（a）所示，形成输出电压u_o的正半周。

同理，在输入信号u_i的负半周，三极管VT_2因发射结被正向偏置而由截止变为导通，三极管VT_1因发射结被反向偏置而截止，负电源$-U_{CC}$通过三极管VT_2向负载R_L提供负半周电流i_{c2}，如图 4-4（b）所示，形成输出电压u_o的负半周。

这样，在输入信号u_i的整个周期内，三极管VT_1和VT_2轮流导通，形成电流i_{c1}和i_{c2}，以正反两个不同的方向交替流过负载电阻R_L，在输出端合成一个完整的正弦波信号。

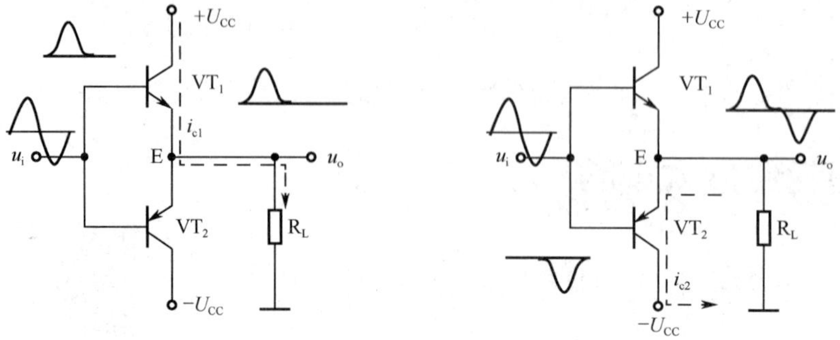

（a）输入信号正半周工作情况　　（b）输入信号负半周工作情况

图 4-4　OCL 功率放大电路工作原理图

3. 电路指标计算

（1）求最大输出功率P_{omax}。根据画图法分析最大输出电压U_{ommax}，如图 4-5 所示为乙类功率放大电路中三极管的输出特性曲线，若使输出信号的幅值最大，三极管需工作在极限，输出信号u_o的峰值最大为

$$U_{ommax}\approx U_{CC}-U_{CES} \tag{4-6}$$

则最大负载功率为

$$P_{omax}=\frac{\left(\frac{U_{ommax}}{\sqrt{2}}\right)^2}{R_L}=\left(\frac{U_{CC}-U_{CES}}{\sqrt{2}}\right)^2\Big/R_L=(U_{CC}-U_{CES})^2\Big/2R_L$$

若忽略饱和压降U_{CES}，则

$$P_{omax}\approx\frac{{U_{CC}}^2}{2R_L} \tag{4-7}$$

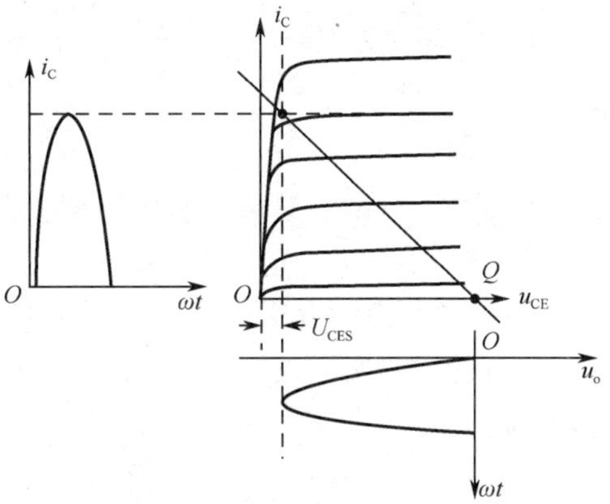

图 4-5 乙类功率放大电路中三极管输出特性曲线

（2）求直流电源输出功率 P_V。由于两管都是只在半个周期内有电流流过，则两管的集电极电流平均值为

$$I_{c1}=I_{c2}=\frac{1}{2\pi}\int_0^{\pi}\frac{U_{ommax}}{R_L}\sin\omega t\mathrm{d}(\omega t)=\frac{U_{ommax}}{\pi R_L}$$

所以，两个电源提供的总功率为

$$P_V=2U_{CC}\cdot\frac{U_{ommax}}{\pi R_L}=\frac{2U_{CC}(U_{CC}-U_{CES})}{\pi R_L}\approx\frac{2U_{CC}^2}{\pi R_L} \tag{4-8}$$

（3）求最大效率。

$$\eta_{max}=\frac{P_{omax}}{P_V}=\frac{\dfrac{U_{CC}{}^2}{2R_L}}{\dfrac{2U_{CC}^2}{\pi R_L}}=\frac{\pi}{4}\approx 78.5\% \tag{4-9}$$

（4）求最大管耗。直流电源提供的功率除使负载获得功率外，其余的被 VT_1、VT_2 消耗，即管耗，单管管耗用 P_T 表示。

$$P_T=P_{VT_1}=P_{VT_2}=\frac{(P_V-P_O)}{2}=\left(\frac{1}{2}\right)\left(\frac{2U_{om}U_{CC}}{\pi R_L}-\frac{U_{om}{}^2}{2R_L}\right)$$
$$=\frac{1}{R_L}\left(\frac{U_{CC}U_{om}}{\pi}-\frac{U_{om}^2}{4}\right)$$

令 $\dfrac{\mathrm{d}P_T}{\mathrm{d}U_{om}}=\dfrac{1}{R_L}\left(\dfrac{U_{CC}}{\pi}-\dfrac{U_{om}}{2}\right)=0$，即 $U_{om}=\dfrac{2}{\pi}U_{CC}$ 时，管耗最大，其值为

$$P_{T(max)}=\frac{1}{R_L}\left[\frac{U_{CC}}{\pi}\cdot\frac{2U_{CC}}{\pi}-\frac{1}{4}\left(\frac{2U_{CC}}{\pi}\right)^2\right]=\frac{U_{CC}^2}{\pi^2 R_L} \tag{4-10}$$

当忽略饱和压降 U_{CES} 时 $P_{omax}\approx\dfrac{U_{CC}^2}{2R_L}$，

所以，单管的最大管耗和最大输出功率之间的关系为

$$P_{T(max)} = \frac{2}{\pi^2} P_{omax} \approx 0.2 P_{omax} \tag{4-11}$$

4. 功放管的选择

在功率放大电路中，起到功率放大作用的三极管叫作功率放大管，也称功放管。为了输出较大的信号功率，功放管承受的电压要高，通过的电流要大，功放管损坏的可能性也就比较大，选择时一般应考虑功放管的三个极限参数，即集电极最大允许功率损耗P_{CM}、集电极最大允许电流I_{CM}和集电极-发射极间的反向击穿电压$U_{(BR)CEO}$。

所以在查阅手册选择功放管时，应使极限参数为；

每个功放管的最大管耗：$P_{CM} > P_{T(max)} \approx 0.2P_{omax}$；

通过功放管的最大集电极电流：$I_{CM} > I_{C(max)} \approx \frac{U_{CC}}{R_L}$。

考虑到当VT_2导通时，$u_{CE2} = U_{CES} \approx 0$，此时，$u_{CE1}$具有最大值，且等于$2U_{CC}$，因此，应选用反向击穿电压$|U_{(BR)CEO}| > 2U_{CC}$的功放管。

在实际选择功放管时，其极限参数还要留有充分的余量。

【例 4-1】 在如图 4-3 所示的 OCL 乙类双电源互补对称功率放大电路中，直流电压U_{CC}为 18V，负载电阻$R_L = 8\Omega$功放管的饱和压降$U_{CES} = 1V$，求电路的最大输出功率、效率和最大总管耗。

解： 在 OCL 电路中，最大不失真输出时的最大输出功率为

$$P_{omax} = \frac{(U_{CC} - U_{CES})^2}{2R_L} = \frac{(18-1)^2}{2\times 8} = 18.1(W)$$

直流电源提供的总功率

$$P_V = \frac{2U_{CC}\times(U_{CC} - U_{CES})}{\pi R_L} \approx \frac{2\times 18\times(18-1)}{3.14\times 8} = 24.4(W)$$

故效率为

$$\eta = \frac{P_{omax}}{P_V}\times 100\% \approx \frac{18.1}{24.4}\times 100\% \approx 74.3\%$$

最大总管耗为

$$P_T \approx 0.4P_{omax} = 0.4\times 18.1 = 7.24(W)$$

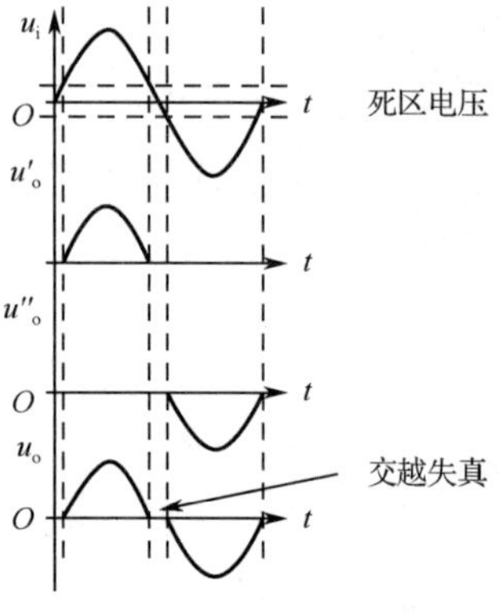

图 4-6　交越失真波形

5. 交越失真

在理想情况下，乙类互补对称电路的输出没有失真。对于实际的乙类互补对称电路，因两功率放大管没有直流偏置，只有当输入信号大于功率放大管的死区电压（NPN 硅管约为 0.5V，PNP 锗管约为 0.1V）时，管子才能导通。当输入信号u_i低于这个数值时，功率放大管VT_1和VT_2都截止，集电极电流i_{c1}和i_{c2}基本为零，负载R_L上无电流通过，出现一段死区，如图 4-6 所示。这种现象被称为交越失真。

4.2.2 OCL 甲乙类双电源互补对称功率放大电路

为减小和克服如图 4-3 所示乙类双电源互补对称功率放大电路的交越失真现象，通常给两个功率放大管的发射结加一个较小的正向偏置，使两管在输入信号为零时，都处于微导通状态，如图 4-7 所示。由 R_1、R_2、VD_1、VD_2 组成偏置电路，提供 VT_1 和 VT_2 的偏置，使它们微弱导通，这样在两管轮流交替工作时，过渡平顺，减小了交越失真。

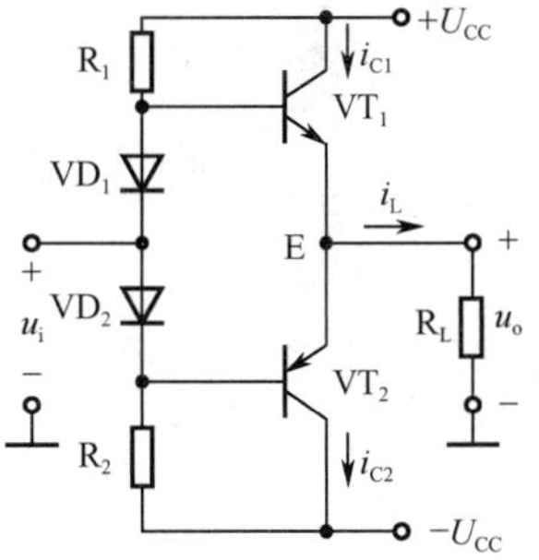

图 4-7 OCL 甲乙类双电源互补对称功率放大电路

该功率放大电路静态工作点不为零，而是有一定的正向偏置，电路工作在甲乙类工作状态，我们把这种电路称为 OCL 甲乙类双电源互补对称功率放大电路。

为提高效率，在设置偏置时，应使其尽量接近乙类工作状态，所以电路最大输出功率、电源提供的功率、效率和最大管耗的计算方法与乙类放大电路相同。

【例 4-2】 在如图 4-7 所示的 OCL 甲乙类双电源互补对称功率放大电路中，已知 $U_{CC}=16V$，$R_L=4\Omega$，VT_1 和 VT_2 管的饱和管压降 $U_{CES}=2V$，输入电压足够大。试问：

（1）最大输出功率 P_{omax} 和效率 η 各为多少？

（2）功率放大管的最大功耗 P_{Tmax} 为多少？

（3）为了使输出功率达到 P_{omax}，输入电压的有效值 U_i 约为多少？

解：（1）该电路最大输出功率为

$$P_{omax}=\frac{(U_{CC}-U_{CES})^2}{2R_L}=\frac{(16-2)^2}{2\times4}=24.5(W)$$

直流电源提供的总功率

$$P_V=\frac{2U_{CC}\times(U_{CC}-U_{CES})}{\pi R_L}\approx\frac{2\times16\times(16-2)}{3.14\times4}=35.67(W)$$

故效率为

$$\eta=\frac{P_{omax}}{P_V}\times100\%\approx\frac{24.5}{35.67}\times100\%=68.7\%$$

（2）功率放大管的最大功耗为

$$P_{Tmax}\approx0.2P_{omax}=0.2\times24.5=4.9(W)$$

（3）使输出功率达到 P_{omax}，输入电压的有效值为

$$U_i\approx\frac{U_{omax}}{\sqrt{2}}\approx\frac{U_{CC}-U_{CES}}{\sqrt{2}}\approx9.9(V)$$

4.2.3 OTL 功率放大电路

（微课视频：OTL 功率放大电路及其分析方法）

在 OCL 功率放大电路中，因为电路结构对称，静态时功放管 VT_1 和 VT_2 的发射极电位为零，所以负载电阻可以直接接到发射极，不必采用耦合电容，因此电路的低频效应较好，便于集成，但电路需要两个电源供电，使用不方便，为简化电路，可以采用单电源供电的互补对称功率放大电路，如图 4-8 所示。

与图 4-3 相比，图 4-8 少了负电源 $-U_{CC}$，在三极管 VT_1 和 VT_2 的发射极和负载电阻 R_L 之

间增加了电容C，这种电路通常称为无输出变压器电路，即 OTL（Output Transform Less）电路。

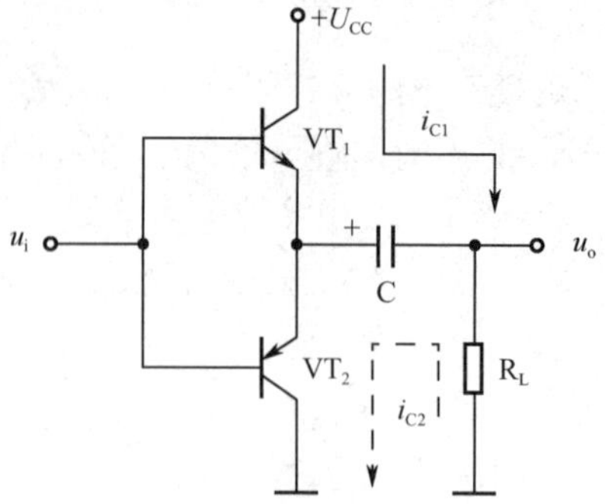

图 4-8　OTL 功率放大电路

OTL 功率放大电路的工作原理如下。

静态时，输入端电位为$0.5U_{CC}$，两管间发射极电位也为$0.5U_{CC}$。

动态时，输入信号正半周使三极管VT_1导通、VT_2截止，VT_1以射极输出器的形式向负载提供正向信号，得到输出电压的正半周，同时对电容C充电；在输入信号负半周时，三极管VT_1截止、VT_2导通，电容C通过VT_2、R_L放电，VT_2也以射极输出器的形式向负载R_L提供负向信号，得到负半周输出电压，这时的电容C起负电源的作用。这样，在负载上得到一个完整的输出信号波形。

由此可以看出，除 C 代替一个电源外，OTL 电路的工作过程与双电源相同，功率和效率的计算也相同，只需将公式中的U_{CC}用$0.5U_{CC}$代替即可。

【例 4-3】 在如图 4-8 所示的 OTL 电路中，其中，$U_{CC}=15V$，$R_L=10\Omega$，$U_{CES}=1V$，试求该电路最大不失真输出时的输出功率P_{omax}、电源提供的功率P_V、效率η。

解：在 OTL 电路中，最大不失真输出时输出功率为

$$P_{omax}=\frac{(U_{CC}/2-U_{CES})^2}{2R_L}=\frac{(7.5-1)^2}{2\times10}\approx2.1(W)$$

直流电源提供的总功率

$$P_V=\frac{2U_{CC}/2\times(U_{CC}/2-U_{CES})}{\pi R_L}=\frac{15\times(7.5-1)}{3.14\times10}\approx3.1(W)$$

故效率为

$$\eta=\frac{P_{omax}}{P_V}\times100\%=\frac{2.1}{3.1}\times100\%\approx67.7\%$$

4.3　集成功率放大器

随着集成工艺的进步和集成功率放大电路的发展，将功放电路集成在一起，从而形成集成功率放大电路。为改善频率特性、减小非线性失真，很多电路内部都引入了深度负反馈，另外，集成功放内部均有保护电路，以防止功放管过流、过压、过损耗等。

目前国内外的基础功率放大器已有多种型号的产品，它们都具有体积小、工作稳定、易于安装和调试等优点，对使用者来说，只要了解其外部特性和外接线路的正确连接方法，就能很方便地使用它们。以下介绍两种集成功率放大器及其应用。

1. LM386集成功率放大器及其应用

LM386是小功率音频放大器集成电路，其额定工作电压为4～16V，具体参数可查阅电子元器件手册。图4-9所示为LM386引脚排列图，图4-10所示是用LM386组成的OTL电路。

图4-9 LM386引脚排列图

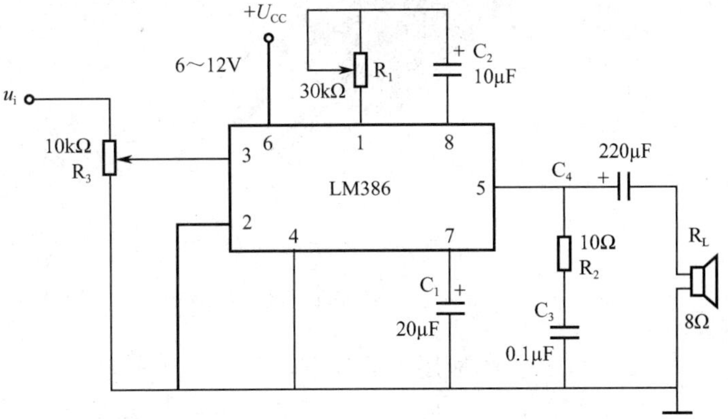

图4-10 LM386组成的OTL电路

1、8引脚所接阻容网络是为了调整电路的电压增益而附加的，电容C_2的取值为10μF，电阻R_1取值约为30kΩ，电阻值越小，增益越大。因为该电路形式为OTL电路，所以需要在LM386的输出端5引脚接一个由220μF的耦合电容C_4、C_3、R_2组成的容性负载，以抵消扬声器音圈的感抗，防止信号突变时，音圈产生感应电动势而击穿输出管。在小功率输出时C_3、R_2也可不接。C_1与LM386内部电阻组成电源的去耦滤波电路。当电路的输出功率不大、电源的稳定性能又好时，只需一个输出端的耦合电容和放大倍数调节电路就可以使用，所以LM386广泛应用于收音机、对讲机、双电源转换、方波和正弦波发生器等电子电路中。

2. TDA2040A集成功率放大器及其应用

TDA2030A是目前使用较为广泛的一种集成功率放大器。与其他功放相比，它的引脚和外部元件都较少。

TDA2030A的电器性能稳定，并在内部集成了过载和热切断保护电路，能适应长时间连续工作。由于其金属外壳与负电源引脚相连，所以在单电源使用时，金属外壳可直接固定在散热片上并与地线（金属机箱）相连接，无须绝缘，使用很方便。

TDA2030A用于收录机和有源音箱中，作为音频功率放大器，也可作为其他电子设备中的功率放大器。因其内部采用的是直接耦合方式，所以也具有直流放大作用。主要性能参数如下。

（1）电源电压U_{CC}：3～18V或-18～-3V。

（2）输出峰值电流：3.5A。

（3）输入电阻：大于0.5MΩ。

（4）静态电流：小于60mA（测试条件为$U_{CC}=\pm18$V）。

（5）电压增益：30dB。

（6）频响B：0～140kHz。

（7）在电源为±15V且$R_L=4\Omega$时，输出功率为14W。

其引脚的排列如图 4-11 所示。

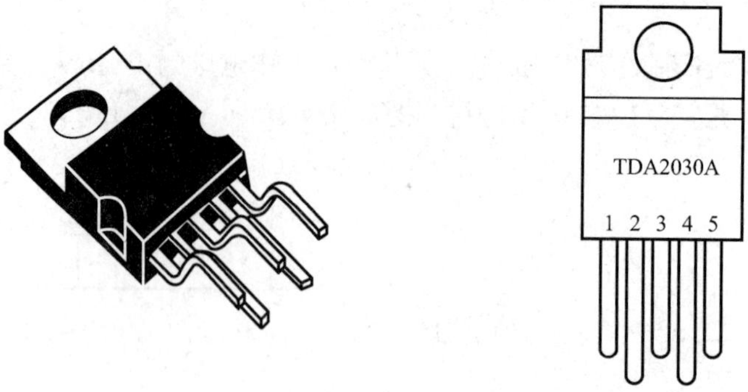

1—同相输入端；2—反相输入端；3—负电源端；4—输出端；5—正电源端

图 4-11 TDA2030A 引脚排列

TDA2030A 的典型应用电路如下。

（1）双电源（OCL）应用电路。如图 4-12 所示是 TDA2030A 构成的 OCL 电路。输入信号 u_i 由同相端输入，R_1、R_2、C_2 构成交流电压串联负反馈，为保持两个输入端直流电阻平衡，使输入级偏置电流相等，选择 $R_3 = R_1$。若已知：$R_1 = R_3 = 22\text{k}\Omega$，$R_2 = 680\Omega$，$R_4 = 1\Omega$，$C_1 = C_2 = 22\mu\text{F}$，$C_3 = C_4 = 100\text{pF}$，则闭环电压放大倍数为

$$A_{uf} = 1 + R_1 / R_2 = 33$$

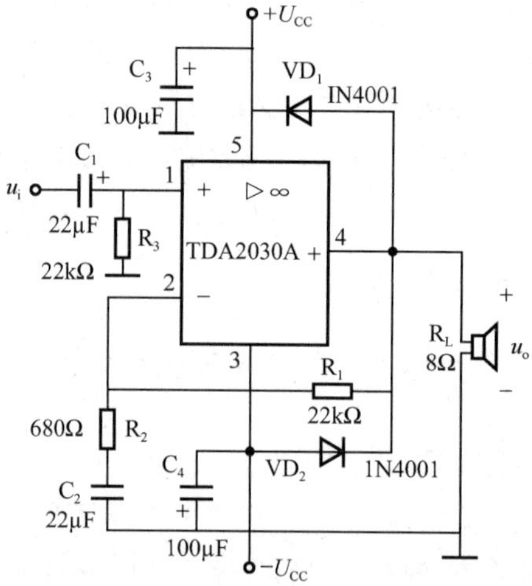

图 4-12 TDA2030A 构成的 OCL 电路

VD_1、VD_2 采用1N4001起保护作用，用来泄放 R_L 产生的感生电压，将输出端的最大电压钳位于（$U_{CC} + 0.7V$）和（$U_{CC} - 0.7V$）上，C_3 和 C_4 为去耦电容，用于减少电源电阻对交流信号的影响。C_1 和 C_2 为耦合电容，用于通交隔直。

（2）单电源（OCL）应用电路。对仅有一组电源的中、小型录音机的音响系统，可采用单电源连接方式，如图 4-13 所示。由于采用单电源，故同相输入端必须用 R_1、R_2 组成分压电路，K 点电位为 $U_{CC}/2$，该电位作为偏置电压通过 R_3 向输入极提供直流偏置，在静态时，同相、反相输入端和输出端电压皆为 $U_{CC}/2$。其他元器件的作用与双电源电路相同。

在图 4-12 中，电容 C_3 和 C_4 分别并接在电源两端，而在图 4-13 中，电容 C_1 和 C_2 与电源并联，这些电容称为去耦电容，起滤波和蓄能的作用，主要是把输出信号的干扰作为滤除对象。去耦电容一般出现在功率器件旁边，但不是必需的，通常的取舍原则是：如果功率器件距离电源滤波电容较远，则增加去耦电容；反之，如果功率器件离电源滤波电容较近，则不要去耦电容。这个距离的远近带有一定的人为性和经验性，在 TDA2030A 的参考守则中规定此距离为 3in（约 7.5cm）。另外，在 PCB 布局布线时，去耦电容应当尽量靠近相关功率器件的电源引脚。

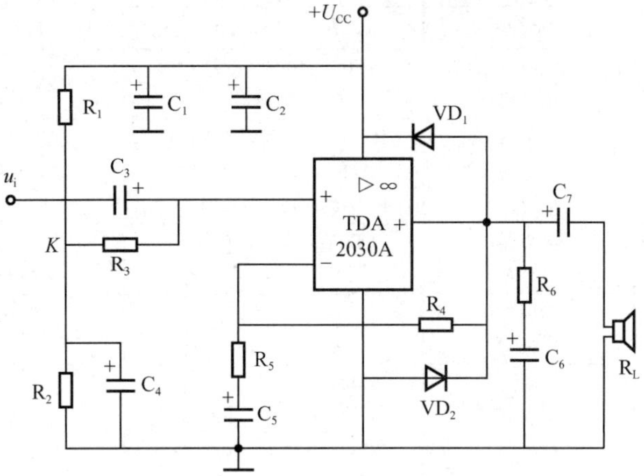

图 4-13　TDA2030A 构成的 OTL 电路

4.4　项目实施

4.4.1　功率放大电路的设计方案

由 TDA2030A 组成的 OTL 电路原理如图 4-14 所示。

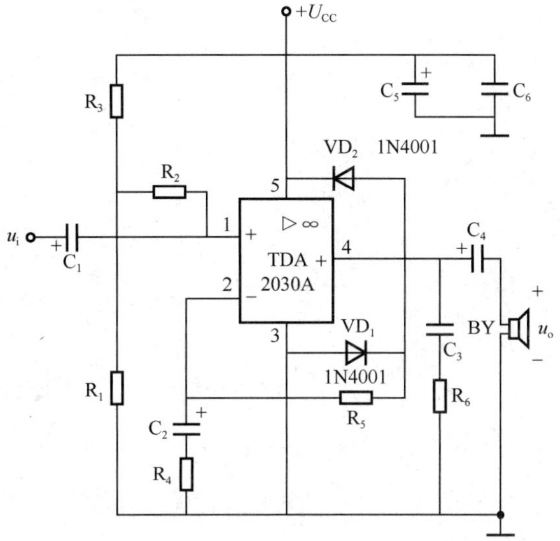

图 4-14　用 TDA2030A 组成的 OTL 电路

表 4-1 为 TDA2030A 集成功率放大电路元器件参数及功能。

表 4-1 TDA2030A 集成功率放大电路元器件参数及功能

序号	元器件标号	名称	型号及参数	功能
1	TDA2030A （带散热片）	集成功率放大器	—	核心元件：功率放大
2	C_1	电容器	CD11，16 V，2.2 μF	输入端耦合电容：耦合外接交流信号
3	C_4	电容器	CD11，16 V，2200 μF	输出耦合电容：耦合负载和储能
4	C_3 R_3	电容器 电阻器	CD11，16 V，0.22 μF RJ11，0.5 W，1Ω	相位补偿
5	R_5 R_4 C_2	电阻器 电阻器 电容器	RJ11，0.25 W，150 kΩ RJ11，0.25 W，4.7 kΩ CD11，16 V，22 μF	构成串联电压负反馈，以提升音质
6	C_5 C_6	电容器 电容器	CD11，16 V，100 μF 104	电源去耦电路，消除放大电路级与级之间的共电耦合
7	VD_1 VD_2	二极管 二极管	1N4001 1N4001	钳位、限压和保护核心元件
8	R_1 R_2 R_3	电阻器 电阻器 电阻器	RJ11，0.5 W，100 kΩ RJ11，0.5 W，100 kΩ RJ11，0.5 W，100 kΩ	阻抗匹配
9	U_{CC}	直流电	36V、2A	供电：为放大电路工作提供工作电流
10	BY	扬声器	额定阻抗：8 Ω	把电信号转换为声音信号

4.4.2 电路仿真及分析

用 Multisim 画出 TDA2030A 功率放大电路，如图 4-15 所示。

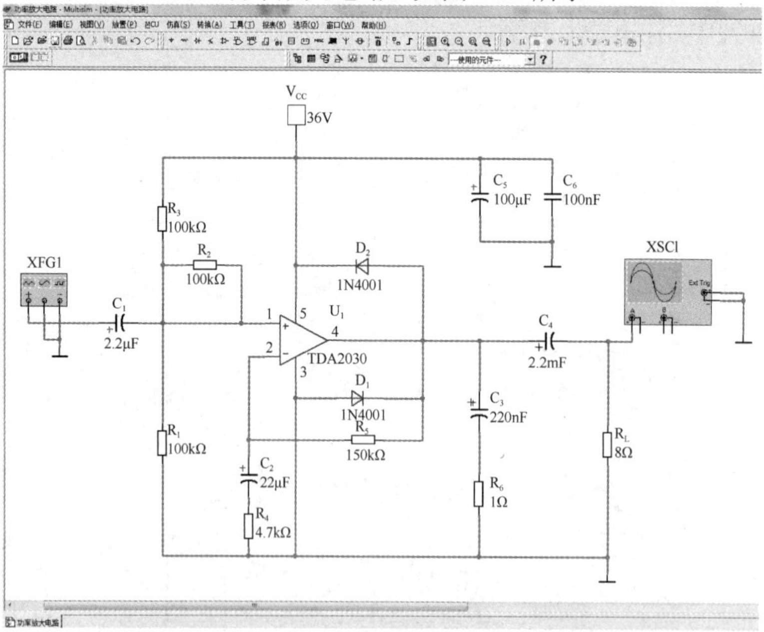

图 4-15 TDA2030A 功率放大电路仿真连线图

（1）在输入端接1kHz信号，用示波器观察输出波形，逐渐增加输入电压幅度，直至出现失真为止，记录此时输入电压振幅为________，并记录波形。最大不失真波形如图4-16所示。

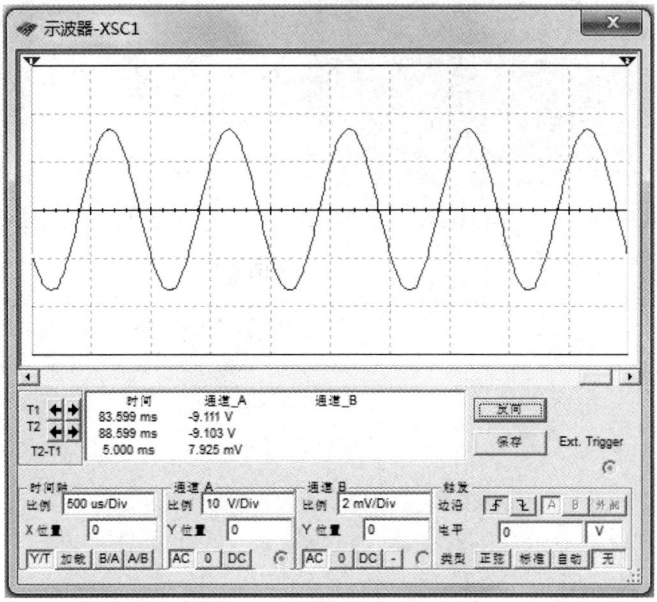

图4-16 最大不失真波形

（2）频率响应测试。在保证输入信号 u_i 大小不变的条件下，利用波特图测试仪测量频带宽度 B 为________，仿真图如图4-17所示，波特图如图4-18所示。

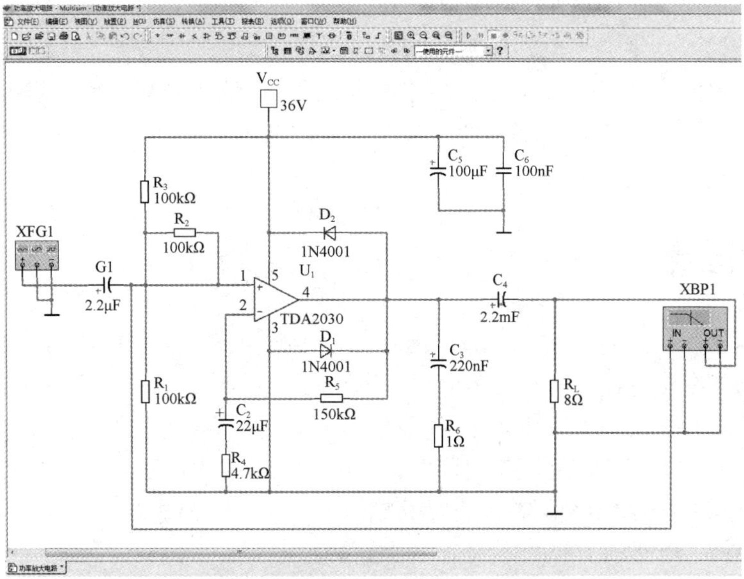

图4-17 用波特图测试仪测试频率响应

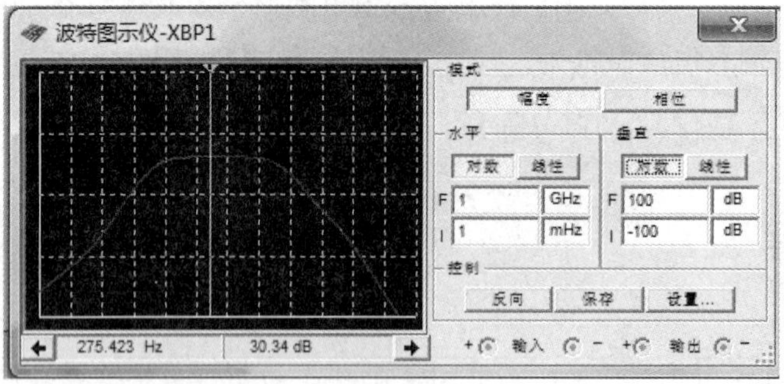

图 4-18　波特图

4.4.3　电路安装与调试

1. 电路的安装

（1）设计电路装配图。根据电路原理图设计电路装配图，注意引出输入、输出线和测试点。

（2）安装元器件。将检验合格的元器件按电路装配图安装在电路板上。安装时注意元器件的极性和集成器件的引脚排列。

（3）电路接地线要尽量短，而且需要接地的引出端尽量做到单点接地。

2. 电路的测试与调整

（1）不通电检查。对照电路原理图和电路装配图，认真检查接线是否正确，检查焊点有无虚焊、假焊。特别注意负载不能有短路现象。

（2）静态调试。功率放大电路静态的调试，均应在输入信号为零（输入端接地）的条件下进行。功率放大电路静态调试最后应达到输出端对地电位为18V（$U_{CC}/2$）。

（3）性能指标测试。接入 $f=1$kHz 的输入信号，在输出信号不失真的条件下测试功率放大电路的主要性能指标。

项目总结

（1）功率放大器工作时要求输出较大的功率，因此电路的输出电压和输出电路的幅度都很大，三极管通常在接近极限的状态下使用，所以对功率放大电路主要讨论其最大输出功率、效率、非线性失真和三极管的散热和保护问题。

（2）功率放大电路根据功放管的工作状态不同，可以分为甲类、乙类、甲乙类功率放大器。

（3）OCL 电路是由两个类型相反、特性相同的工作在乙类状态的三极管组成的，电路中需要 2 个直流电源，电路的工作效率较高，理性情况下可达 78.5%，但电路工作时会出现交越失真，解决的方法是使三极管工作在甲乙状态。在设置偏置时，使其尽量接近乙类状态，所以电路参数的计算方法与乙类电路相同，而且电路的效率也较高。

（4）OTL 电路中，只用一个直流电压，但输出电容具有电源的作用，所以工作原理与 OCL 电路相同，计算时只需用 $0.5U_{CC}$ 代替 OCL 电路计算公式中的 U_{CC} 即可。

（5）集成功率放大器具有输出功率大、外围连接元件少等优点，本项目采用 TDA2030A 设计了一个音频功率放大器。

思考与训练

一、填空题

1．功率放大电路的主要目的是向负载提供________。

2．对功率放大电路的性能指标主要要求：__________尽可能大，_________尽可能高，________尽可能小。

3．设三极管在信号周期时间 T 内的导电时间为 t，试写出甲类、乙类和甲乙类三种功放电路的 t 与 T 的关系：甲类________；乙类________；甲乙类________。

4．甲类功放管的导通角为________；乙类功放管的导通角为________；甲乙类功放管的导通角为________。

5．甲乙类互补对称电路与乙类互补对称电路相比，效率_______并且交越失真________。

6．如图 4-19 所示的电路，VD_1 和 VD_2 的作用是消除________失真。静态时，三极管发射极电位 U_{EQ} =________。

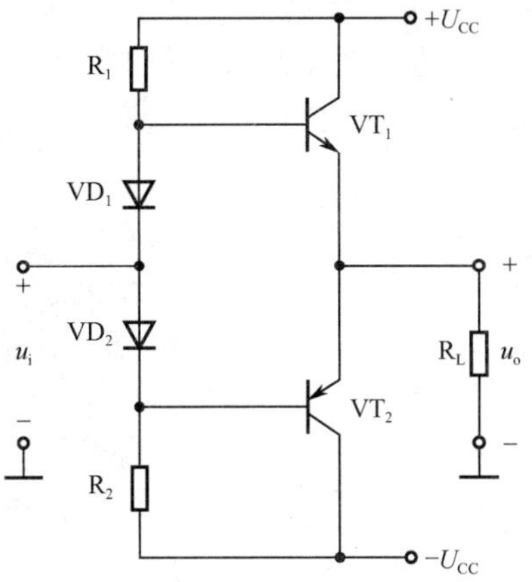

图 4-19

7．在甲类、乙类和甲乙类功率放大电路中，________功率放大电路的效率最高。

8．乙类推挽放大器的主要失真是________，要消除此失真，应改用甲乙类推挽放大器。

9．乙类功率放大电路中，功放晶体管静态电流 I_{CQ} 为________，静态时的电源功耗 P_V 为________。这类功放的能量转换效率在理想情况下，可达到________ %。

10．OTL 功率放大器因输出与负载之间无________耦合而得名，它采用________电源供电，输出端与负载间必须连接________。

二、选择题

1．功率放大管的导通角是180°的放大电路是（　　）功率放大电路。

A．甲类　　B．乙类　　C．丙类　　D．甲乙类

2．与甲类功率放大方式相比，乙类互补对称功放的主要优点是（　　）。

A．不用输出变压器　　B．不用输出端大电容

C．效率高　　D．无交越失真

3．互补输出级采用射极输出方式是为了使（　　）。

A．电压放大倍数高　　B．输出电流小

C．输出电阻增大　　D．带负载能力强

4．不属于功率放大电路所要求的是（　　）。

A．足够的输出功率　　B．较大的电压放大倍数

C．较高的功率　　D．较小的非线性失真

5．在 OCL 乙类功放电路中，若最大输出功率为 1W，则电路中功放管的集电极最大功耗约为（　　）。

A．1W　　B．0.5W　　C．0.2W　　D．无法确定

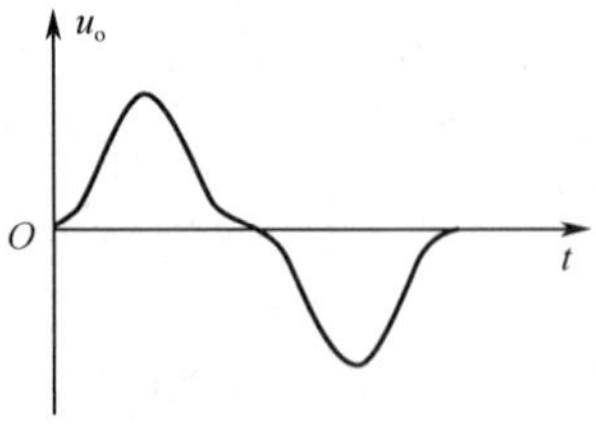

图 4-20

6．若 OCL 功率放大器的输出电压波形如图 4-20 所示，为消除该失真，应（　　）。

A．进行相位补偿

B．适当减小功放管的静态工作点

C．适当增大功放管的静态

D．适当增大负载电阻的阻值

7．OCL 功放电路的输出端直接与负载相连，静态时，其直流电位为（　　）。

A．U_{CC}　　B．$U_{CC}/2$　　C．0　　D．$2U_{CC}$

8．对甲乙类功率放大器，其静态工作点一般设置在特性曲线的（　　）。

A．放大区中部　　B．截止区

C．放大区但接近截止区　　D．放大区但接近饱和区

9．乙类双电源互补对称功放电路的效率可达（　　）。

A．25%　　B．78.5%　　C．50%　　D．90%

10．功率放大电路的最大输出功率是在输入电压为正弦波时，输出基本不失真情况下负载上获得的最大（　　）。

A．交流功率　　B．直流功率　　C．平均功率　　D．有功功率

11．功率放大电路与电压放大电路的主要区别是（　　）。

A．前者比后者电源电压高　　B．前者比后者电压放大倍数数值大

C．前者比后者效率高　　D．没有区别

12．一个输出功率为 8W 的扩音机，若采用乙类互补对称功放电路，选择功放管时，要求 P_{CM}（　　）。

A．至少大于 1.6W　　B．至少大于 0.8W　　C．至少大于 0.4W　　D．无法确定

三、判断题

1．对于任何功率放大电路，功放管的动态电流都等于负载的动态电流。（　　）

2．功率放大电路与电压或电流放大电路的主要区别是：功放电路的功率放大倍数大于 1，

即 A_U 和 A_I 均大于 1。(　　)

3．乙类功放中的两个功放管交替工作，各导通半个周期。(　　)

4．甲乙类互补对称电路与乙类互补对称电路相比，效率高并且交越失真小。(　　)

5．功率放大电路工作在大信号状态，要求输出功率大，且转换效率高。(　　)

6．功率放大器中是大信号工作，因此要用图解法进行分析。(　　)

7．在功率放大电路中，输出功率越大，功放管的功耗越大。(　　)

8．当 OCL 电路的最大输出功率为 1W 时，功放管的集电极最大散耗功率应大于 1W。(　　)

四、分析计算题

1．如图 4-21 所示两个电路中，已知 U_{CC} 均为 6V，R_L 均为 8Ω，且图 4-21（a）中电容 C 的值足够大，假设三极管饱和压降可以忽略，试：

（1）计算两个电路的最大输出功率 P_{om}。

（2）计算两个电路的直流电源消耗的功率 P_V。

（3）分别说明两个电路的名称。

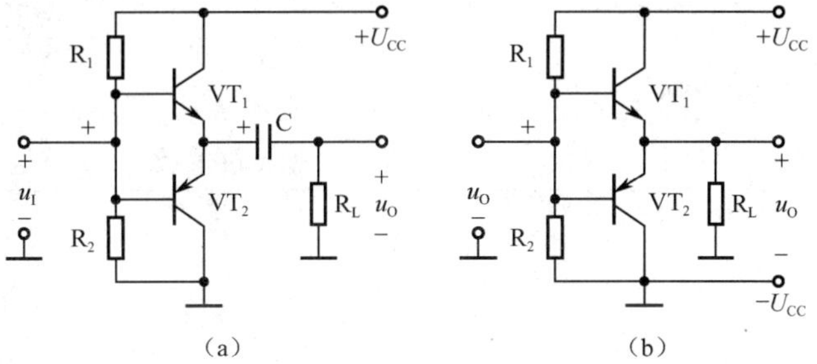

图 4-21

2．设计一个 OCL 功放电路，要求电路无交越失真，直流供电电压 $U_{CC} = \pm 18\text{V}$、$R_L = 8\Omega$、$U_{CES} = 2\text{V}$，试画出电路图，并求 P_{omax}、η 和 P_V。

3．在 OCL 推挽功率放大电路中，电源电压 $U_{CC} = \pm 6\text{V}$，要求输出最大功率 P_{omax} 为 2.25W，则负载阻抗 R_L 应选多大？（忽略饱和压降 U_{CES}）

项目5

正弦波信号源的制作与调试

教学目标

知识目标	技能目标
● 了解产生自激振荡的原因。 ● 掌握产生正弦波振荡的条件。 ● 了解 LC、RC、石英晶体正弦波振荡电路。 ● 掌握由集成运算放大器构成的文氏桥式正弦波振荡电路的分析方法。	● 能对正弦波振荡电路进行调试与参数测试。 ● 能查询、识别与选取电阻、电容、二极管、集成运算放大器等电子元器件。 ● 能熟练使用万用表、电压表、双踪示波器、函数信号发生器等电子仪器。

项目引入

信号发生电路在测量、自动控制、通信、无线广播及遥控等许多技术领域有着广泛应用。不需要外加激励信号（但需要加上直流电源），电路就能产生输出信号的电路称为信号发生电路或波形振荡器，波形振荡器按照输出电压的波形可分为正弦波振荡器和非正弦波振荡器，其中能产生正弦波输出信号的电路称为正弦波振荡器或正弦波发生电路。

正弦波振荡器一般由基本放大电路、反馈网络、选频网络、稳幅环节四部分组成，其按照电路组成可分为 LC 振荡器、RC 振荡器、石英晶体振荡器等；按照频率范围可分为低频振荡器和高频振荡器等。

本项目是制作一个由集成运算放大器、RC 串并联网络等组成的 RC 桥式正弦波振荡电路，并对其进行测试。

相关知识

5.1 正弦波振荡的基础知识

5.1.1 产生正弦波振荡的条件

（微课视频：正弦波振荡的条件及实现过程）

在项目 2 中介绍过，放大电路引入反馈后，在一定条件下能产生自激振荡，使电路无法正常工作，这是要避免的，但另一方面，却要利用自激振荡现象产生一定频率的正弦波信号。下面先讨论产生正弦波振荡的条件。

通常采用正反馈的方法产生正弦波振荡。如图 5-1（a）所示为振荡器工作原理框图，振荡电路由一个电压放大器和一个正反馈网络组成。当正弦波电压 $\dot{U}_i$ 输入到电压放大器后，产生输出幅值不断增加的正弦波电压 $\dot{U}_o$，这个过程称为起振；若能保证 $\dot{U}_f=\dot{U}_i'$，则可使输出电压 $\dot{U}_o$ 的幅值稳定，这个过程称为稳幅。

由于 $\dot{U}_f=\dot{U}_i'$，所以输入电压 $\dot{U}_i\approx 0$，故振荡器原理框图可等效为图 5-1（b）。在图 5-1（b）中，用反馈信号 $\dot{U}_f$ 代替了放大电路的输入信号 $\dot{U}_i$。

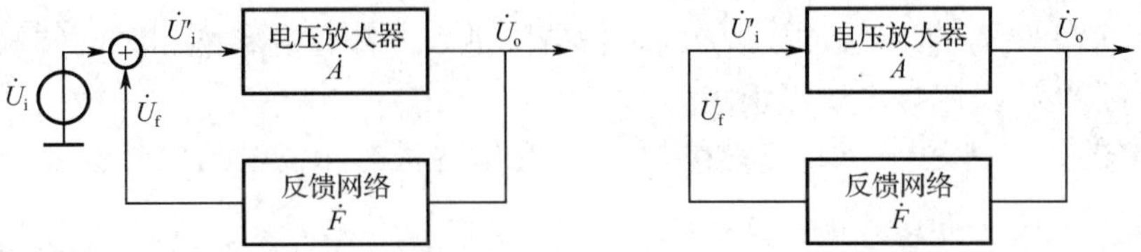

（a）振荡器工作原理框图　　（b）等效原理框图

图 5-1　振荡电路原理框图

通过以上分析可知，电路产生自激振荡需要两个过程，即起振和稳幅。下面分析起振和稳幅的条件。

1. 起振条件

如图 5-1（b）所示，当 $\dot{U}_f>\dot{U}_i'$ 时，输出信号 $\dot{U}_o$ 幅值才能越来越大。

因为 $\dot{U}_f=\dot{F}\dot{U}_o=\dot{F}\dot{A}\dot{U}_i'$，故振荡电路起振的条件为 $|\dot{F}\dot{A}|>1$。

2. 稳幅条件

当 $\dot{U}_f=\dot{U}_i'$ 时，输出信号 $\dot{U}_o$ 幅值稳定。

由于 $\dot{U}_f=\dot{F}\dot{U}_o=\dot{F}\dot{A}\dot{U}_i$，故振荡电路稳幅的条件为 $|\dot{F}\dot{A}|=1$。

也可把上式分解为幅值平衡条件和相位平衡条件。

（1）幅值平衡条件：

$$|\dot{F}\dot{A}|=FA=1 \tag{5-1}$$

该条件表明电压放大器的放大倍数与正反馈网络的反馈系数的乘积等于 1，即反馈电压的大小必须和输入电压相等。

（2）相位平衡条件：

$$\varphi_A + \varphi_F = 2n\pi \tag{5-2}$$

式中，$n=0$，1，2，…；φ_A 为基本放大器输出信号和输入信号的相位差；φ_F 为反馈网络输出信号和输入信号的相位差。

5.1.2 振荡电路起振和稳幅的实现过程

1. 起振过程

当振荡电路接通电源时，随着电流从零开始突然增大，电路中将产生噪声。此噪声频谱很宽，包含从低频到高频的各种频率，从中总可选出一种频率的信号满足振荡的相位平衡条件而使电路产生正反馈。

如果此时电压放大器的放大倍数足够大，满足$|\dot{F}\dot{A}|>1$的条件，则这一频率的信号便可通过振荡电路的放大和选频环节被不断放大，而其他频率的信号则被选频网络抑制掉。这样在很短的时间内就会得到一个由弱变强的输出信号，使电路振荡起来。

2. 稳幅过程

随着电路输出信号的增大，放大管的工作范围进入了截止区和饱和区，使输出信号的波形失真，从而限制了振荡幅度的无限增大。

稳幅环节的作用就是使$|\dot{F}\dot{A}|>1$达到$|\dot{F}\dot{A}|=1$的稳定状态，使输出信号幅度稳定，且波形良好。

5.1.3 振荡电路的组成和分类

1. 振荡电路的组成

正弦波振荡电路一般由放大电路、反馈网络、选频网络和稳幅环节四个部分组成。

（1）放大电路。放大电路的作用是放大信号，否则信号会逐渐衰减，无法产生持续的振荡输出；同时给放大器提供能量，将直流电源的能量转化为特定频率的交流能量输出。

（2）反馈网络。反馈网络的作用是形成正反馈，使电路满足正弦波振荡的相位平衡条件。

（3）选频网络。选频网络的作用是选出满足振荡条件的某单一频率的振荡信号，一般情况下，这个频率就是振荡电路的振荡频率，在许多振荡电路中选频网络和反馈网络为同一网络。

（4）稳幅环节。用于稳定振荡电路输出信号的振幅，改善波形。

2. 振荡电路的分类

正弦波振荡电路是根据选频网络所使用的元件类型来分类的，其选频网络若由 RC 元件组成，则为 RC 正弦波振荡电路；若由 LC 元件组成，则为 LC 正弦波振荡电路；若由石英晶体组成，则为石英晶体振荡电路。

5.1.4　振荡电路的分析方法

对正弦波振荡电路工作原理的分析，通常按以下步骤进行。

（1）检查电路是否具备正弦波振荡电路各组成部分，即是否具有放大环节、反馈环节、选频环节和稳幅环节。

（2）检查静态工作点是否能保证放大电路正常工作。

（3）分析电路是否满足正弦波振荡条件，在正弦波振荡的两个条件中，关键是相位平衡条件。如果电路不满足相位平衡条件，则一定不会振荡。至于幅值平衡条件，一般比较容易满足，可以在满足相位平衡条件之后，通过调整电路的参数来满足要求。判断相位平衡条件时，通常采用“瞬时极性法”，即断开反馈信号和放大电路输入端的连线，在放大电路断开点处，加对地瞬时极性为正的信号 u_i，并记作“⊕”，经放大和反馈之后得反馈信号 u_f，若在频率 0～∞内存在某一频率为 f_o 的反馈信号 u_f，它的瞬时极性与 u_i 一致，也是“⊕”，即为正反馈，则认为该电路满足正弦波振荡的相位平衡条件。

5.2　常用正弦波振荡电路

5.2.1　RC 桥式正弦波振荡电路

1. 电路组成

RC 桥式正弦波振荡电路如图 5-2（a）所示，该电路可以改画成文氏桥形式，如图 5-2（b）所示。

放大及稳幅环节：运算放大器 A 、R_t 、R_1 组成放大电路，具有放大、稳幅作用。其中，R_t 、R_1 构成稳幅环节（负反馈网络），R_t 是具有负温度系数特性的热敏电阻，即温度 T 上升（下降），R_t 阻值降低（上升），未有电流通过时的阻值叫作冷态阻值。

反馈网络：R 、C 串联构成正反馈网络。

选频网络：R 、C 串、并联构成选频网络。

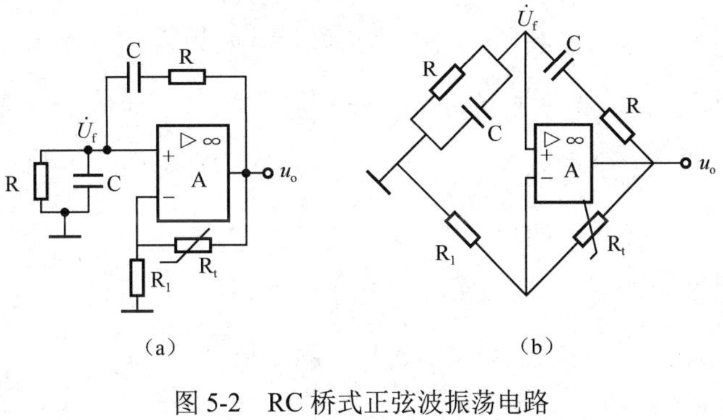

图 5-2　RC 桥式正弦波振荡电路

2. 工作原理

运算放大器接成同相输入方式，即 $\varphi_A = 0$。当正反馈网络相角 $\varphi_F = 0$ 时，电路可以产生振荡。

不难证明：

$$\dot{F} = \frac{\dot{U}_f}{\dot{U}_o} = \frac{R // \dfrac{1}{j\omega C}}{R + \dfrac{1}{j\omega C} + \left(R // \dfrac{1}{j\omega C}\right)} = \frac{\dfrac{R}{1 + j\omega RC}}{R + \dfrac{1}{j\omega C} + \dfrac{R}{1 + j\omega RC}} = \frac{1}{3 + j\left(\omega RC - \dfrac{1}{\omega RC}\right)}$$

当 $\omega = \omega_o = \dfrac{1}{RC}$ 时，反馈网络相移 $\varphi_F = 0$，电路产生振荡，且此时的振荡频率为

$$f_o = \frac{\omega_o}{2\pi} = \frac{1}{2\pi RC} \tag{5-3}$$

振荡时，反馈系数值最大，即 $|\dot{F}| = 1/3$。

根据起振的条件 $|\dot{F}\dot{A}| > 1$，所以要求电路的电压放大倍数为

$$\dot{A}_u = 1 + \frac{R_t}{R_1} > 3 \tag{5-4}$$

即 $R_t > 2R_1$ 时，电路能顺利起振。

RC 桥式正弦波振荡电路具有电路结构简单、成本低的优点，适用于产生 200 Hz 以下的正弦低频信号。改变 R、C 的数值可以改变振荡频率，改变 R_t 的值可以调整输出波形的幅值。

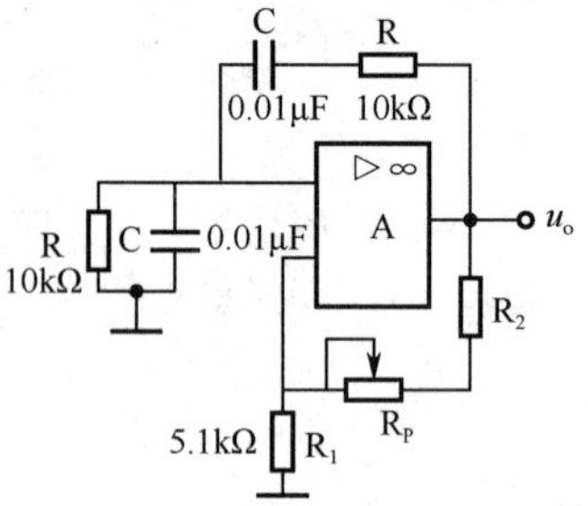

图 5-3　例 5-1 图

【例 5-1】 设 A 为理想运算放大器，电路如图 5-3 所示。

（1）为满足正弦波振荡条件，在图中标出运算放大器 A 的同相、反相输入端；

（2）为能起振，电阻 R_P 和 R_2 两个电阻阻值之和应取多大；

（3）求此电路的振荡频率 f_o。

解：（1）要满足 RC 正弦波振荡电路的相位平衡条件，电路须引入正反馈，电路本身为单运算放大器电路，故 RC 选频网络须将信号引回其同相输入端，R_P 和 R_2 引入负反馈，使振荡电路的基本放大部分构成同相比例运算电路。因此，运算放大器 A 的输入端为上"+"下"–"。

（2）若想满足 RC 正弦波振荡电路的起振条件，则需 $\dot{A}_u = 1 + \dfrac{R_P + R_2}{R_1} > 3$。

故 $$R_P + R_2 > 2R_1$$

即 $$R_P + R_2 > 10.2\text{k}\Omega$$

（3）电路的振荡频率为 $$f_o = \frac{1}{2\pi RC} \approx 1.6(\text{kHz})$$

【例 5-2】 电路如图 5-4 所示，稳压管 VS 起稳幅作用，其稳定电压 $\pm U_S = \pm 5\text{V}$。试估算：

（1）输出电压不失真情况下的有效值；

（2）求此电路的振荡频率 f_o。

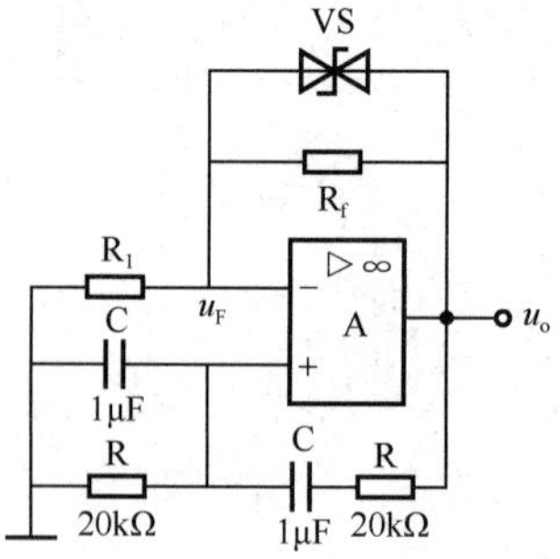

图 5-4　例 5-2 图

解：（1）由图 5-4 可知，R_f 和 R_1 引入深度负反馈，构成同相比例运算电路。稳定振荡时，RC 串并联选频网络的反馈系数 $F=\dfrac{u_F}{u_o}=\dfrac{1}{3}$，即 $u_F=\dfrac{1}{3}u_o$。

设 R_f 上的峰值电压为 U_S，故 $U_S=\dfrac{2}{3}U_{omax}$。

输出电压的有效值为

$$U_o=\frac{1.5U_S}{\sqrt{2}}\approx 5.3(\text{V})$$

（2）电路的振荡频率为

$$f_o=\frac{1}{2\pi RC}\approx 7.96(\text{kHz})$$

5.2.2 LC 正弦波振荡电路

LC 正弦波振荡器是高频工作场合下常用的振荡器，这种振荡器是利用 LC 谐振回路作为选频网络的。以下主要讨论变压器反馈式、电感三点式和电容三点式正弦波振荡器。

1. 变压器反馈式 LC 正弦波振荡电路

（1）电路组成。如图 5-5 所示是变压器反馈式 LC 正弦波振荡电路。

放大及稳幅环节：共发射极放大电路。

反馈网络：变压器线圈 L_3 构成反馈网络。

选频网络：L_1、C 构成选频网络。

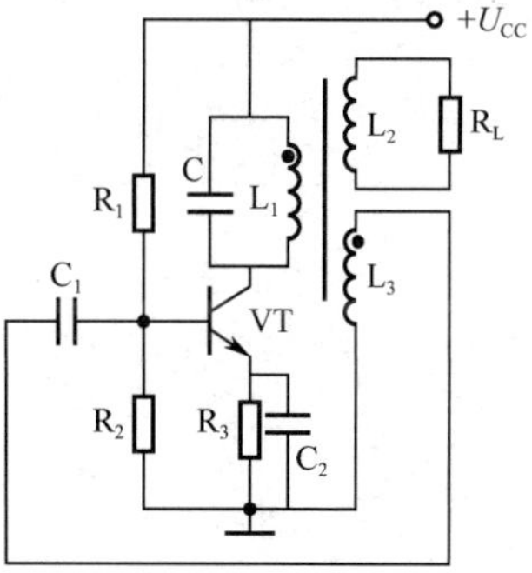

图5-5 变压器反馈式LC正弦波振荡电路

（2）工作原理。线圈 L_3 反馈信号的极性与三极管 VT 基极的输入信号相位相同而形成正反馈，L_3 匝数选择合适，使其反馈电压高于基极原始扰动电压数值，即能满足振幅条件，于是电路能够起振。该电路的振荡频率为

$$f_o\approx\frac{1}{2\pi\sqrt{LC}} \qquad (5\text{-}5)$$

式中，L 是选频网络的等效电感。

（3）电路特点。变压器反馈式 LC 正弦波振荡电路结构简单，便于实现阻抗匹配，容易起振。在高频条件下，电感 L 和电容 C 的参数较小，易于选择元器件，故本电路常用于高频振荡，振荡频率为几兆赫到几十兆赫。

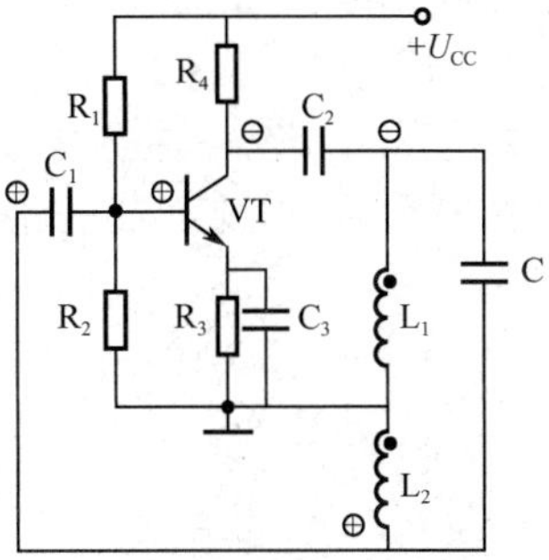

图 5-6 电感三点式正弦波振荡电路

2. 电感三点式正弦波振荡电路

（1）电路组成。如图 5-6 所示为电感三点式正弦波振荡电路。

放大及稳幅环节：共发射极放大电路。

反馈网络：互感器线圈 L_2 构成正反馈网络。

选频网络：(L_1+L_2)、C 构成选频网络。

（2）工作原理。线圈 L_2 反馈信号的极性与三极管 VT 基极的输入信号相位相同而形成正反馈，L_2 匝数选择合适，使其反馈电压高于基极原始扰动电压数值，即能满足振幅条件，于是电路能够起振。改变电容 C 的值可在较大范围内调节振荡频率。

该电路的振荡频率为

$$f_o \approx \frac{1}{2\pi\sqrt{(L_1 + L_2 + 2M)C}} \tag{5-6}$$

式中，M 为线圈 L_1 和 L_2 的互感系数。此电路的振荡频率通常在几十兆赫以下。

（3）电路特点。电感三点式 LC 正弦波振荡电路，由于 L_1 和 L_2 采用自耦方式，耦合得很紧，电路容易起振；采用可变电容可以很方便地调节频率，所以广泛应用于经常需要改变频率的场合，但由于反馈电压取自 L_2，电感对高次谐波分量的阻抗大，所以输出波形中含较多的高次谐波，波形较差。

3. 电容三点式正弦波振荡电路

（1）电路组成。前面介绍的电感三点式正弦波振荡电路，由于反馈电压取自电感，所以输出波形较差，为了获得较好的正弦波，可以将图 5-6 中的 L_1 和 L_2 改用为高次谐波呈低阻抗的电容 C_1 和 C_2，同时将电容 C 改成电感 L，这就是电容三点式 LC 正弦波振荡电路，其电路如图 5-7 所示。

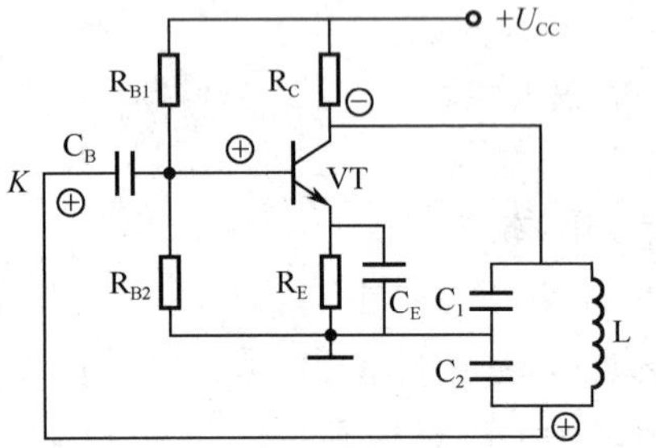

图 5-7　电容三点式 LC 正弦波振荡电路

（2）电路原理。电容三点式振荡电路与电感三点式振荡电路的主要区别在于 LC 并联电路，前者是电容三点式，后者是电感三点式，它们都具有 LC 并联电路的基本特性，所以电容三点式 LC 并联电路的三个端点之间的相位关系与电感三点式 LC 并联电路三个端点之间的相位关系相同。

将图 5-7 所示的 K 点瞬时极性设为正，不难分析，当 LC 电路谐振时，输入信号与反馈信号相位相同，为正反馈，满足正弦波振荡的相位平衡条件。电路的振荡频率等于 LC 并联回路的谐振频率，即

$$f_o \approx \frac{1}{2\pi\sqrt{LC}} \tag{5-7}$$

式中，C 为 LC 谐振回路总的等效电容，其值为

$$C = \frac{C_1 \cdot C_2}{C_1 + C_2} \tag{5-8}$$

（3）电路特点。如图 5-7 所示的电容三点式 LC 正弦波振荡电路，由于反馈电压取自电容

C_2，电容对于高次谐波阻抗很小，于是反馈电压中谐波分量较小，输出波形较好。当频率要求较高时，电容C_1、C_2的数值要取得比较小，但是当C_1、C_2的值小到可以与三极管的极间电容相比拟时，极间电容随温度等因素的变化将明显影响到振荡频率，造成振荡频率不稳定。为克服这一缺点，可以在电感L支路串联一个电容C，使谐振频率主要由C和L决定，而C_1和C_2只起到分压和使上、下端对地倒相作用，这样就形成了电容三点式改进型正弦波振荡电路，如图5-8所示。

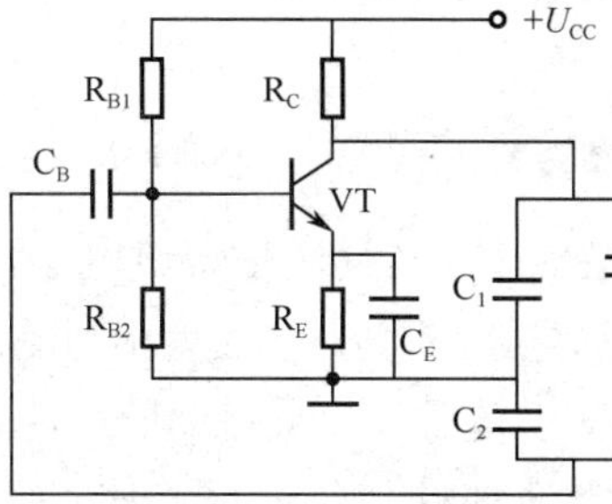

图5-8　电容三点式改进型正弦波振荡电路

该电路的振荡基本也等于LC回路的振谐频率，即

$$f_o \approx \frac{1}{2\pi\sqrt{LC'}} \tag{5-9}$$

其中，$\frac{1}{C'}=\frac{1}{C_1}+\frac{1}{C_2}+\frac{1}{C}$

在选择电容参数时，C_1、C_2的容值较大，难以掩盖极间电容变化的影响，而串联在L支路中的电容C，容值较小，故振谐频率f_o基本上由L、C决定，与C_1和C_2的关系很小，故三极管的极间电容改变时，对f_o的影响很小，电路的振荡频率较稳定。

5.2.3　石英晶体正弦波振荡电路

由于LC、RC振荡电路受电源电压的波动及温度对晶体管性能改变等因素的影响，所以其振荡频率不稳定。石英晶体正弦波振荡电路因具有极高的频率稳定性，它可使振荡频率的稳定度提高几个数量级，因此被广泛应用于通信系统、雷达、导航等电子设备中。

1. 石英晶体的特性

（1）石英晶体的结构和符号。石英晶体是二氧化硅（SiO_2）结晶体，从石英晶体上按一定的方位角切割的薄片称为石英晶片，其形状可以是正方形、长方形、圆形等，在晶片的两个对应面上涂覆银材料作为电极，从每个电极上引出一根引线，再用金属外壳或玻璃壳封装起来，其结构及符号如图5-9所示。

（2）石英晶体的谐振特性。若在石英晶体的两个电极间加上一个电压，晶片会产生相应的机械变形，相反，若在晶片上施加机械压力，则在两个电极之间会产生相应的电场，这种现象称为压电效应。当在晶片两极加上交变电压时，晶片就会产生机械变形振动，同时晶片的机械振动又会产生交变电场，一般情况下，这种机械振动的振幅是比较小的，但当外加交变电场的频率为某一特定频率时，机械振动的幅值会急剧增加，比一般情况下的振幅大很多，这种现象称石英晶体的压电谐振，这个特定频率称为石英晶体的固有频率或谐振频率。上述现象与LC回路的谐振现象非常相似，所以石英晶体又称为石英谐振器。

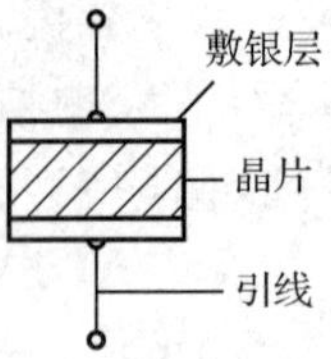

（a）结构

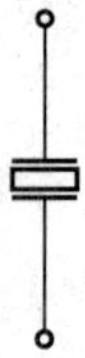

（b）符号

图5-9　石英晶体结构和符号

（3）石英晶体的等效电路。石英晶体的等效电路如图5-10（a）所示。当晶体不振动时，可把它看成一个平板电容器，称为静电电容C_o，它的大小与晶片的几何尺寸、电极面积有关，一般约为几皮法到几十皮法。当晶体振荡时，机械振动的惯性可用电感L来等效。一般L的值为几十毫亨到几百毫亨。晶片的弹性可用电容C来等效，C的值很小，一般只有0.0002～0.1 pF。晶片振动时因摩擦而造成的损耗用R来等效，它的数值约为几欧姆到几百欧姆。由于晶片L的值很大，而C的值很小，R的值也小，因此回路的选频特性很好。

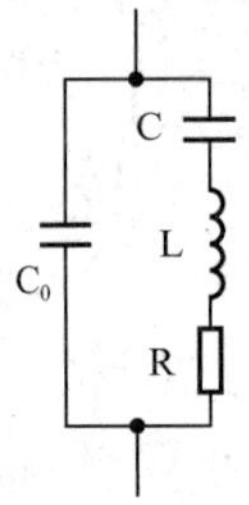

（a）等效电路

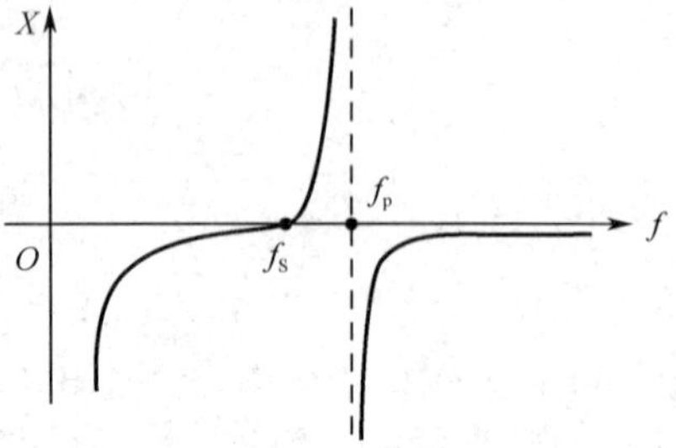

（b）频率特性

图5-10　石英晶体等效电路及其频率特性

当电路中的L、C、R支路产生串联谐振时，谐振频率为

$$f_S = \frac{1}{2\pi\sqrt{LC}}$$

当$f < f_S$时，C_o和C电抗较大，起主导作用，等效电路呈容性。

当$f > f_S$时，L、C、R支路呈感性，将与C_o产生并联谐振，谐振频率为

$$f_P = \frac{1}{2\pi\sqrt{L\frac{CC_0}{C+C_0}}} = f_S\sqrt{1+\frac{C}{C_0}}$$

当$C << C_0$时，有

$$f_P \approx f_S$$

当$f > f_P$时，电抗主要取决于C_o的大小，等效电路呈容性。当$f_S < f < f_P$时，等效电路才呈感性。石英晶体的频率特性如图5-10（b）所示。

2. 石英晶体正弦波振荡电路

利用石英晶体的频率特性可以构成串联型和并联型两种频率高度稳定的正弦波振荡电路。

（1）并联型石英晶体振荡电路。并联型石英晶体振荡电路如图 5-11 所示。共发射极放大电路构成放大电路；电容 C_2 构成反馈电路；石英晶体呈感性，可把它等效为一个电感 L，L（$C_1//C_2$）构成选频网络；三极管 VT 的非线性能够实现振荡电路输出电压的稳幅。

工作原理：电容 C_2 反馈信号的极性与三极管 VT 基极的输入信号相位相同而形成正反馈，C_2 数值选择合适，使其反馈电压高于基极原始扰动电压数值，即能满足振幅条件，于是电路能够起振。该电路的振荡频率为

$$f_o = \frac{1}{2\pi\sqrt{L\dfrac{C_1C_2}{C_1+C_2}}} \tag{5-10}$$

（2）串联型石英晶体振荡电路。如图 5-12 所示为一种串联型石英晶体振荡电路。三极管 VT_1、VT_2 构成放大电路；R_P 和石英晶体构成正反馈及选频网络；三极管的非线性构成了稳幅环节。

工作原理：石英晶体工作于串联谐振状态。此时，晶体呈现纯电阻特性，可用瞬时极性法判断电路为正反馈，此时电路产生自激振荡。振荡频率为

$$f_o = f_S$$

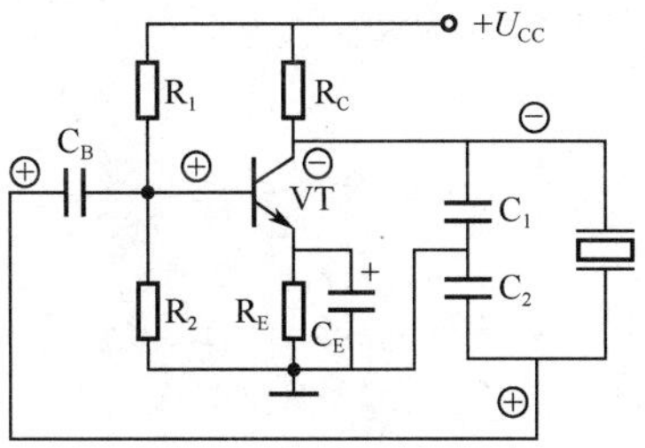

图 5-11 并联型石英晶体振荡电路

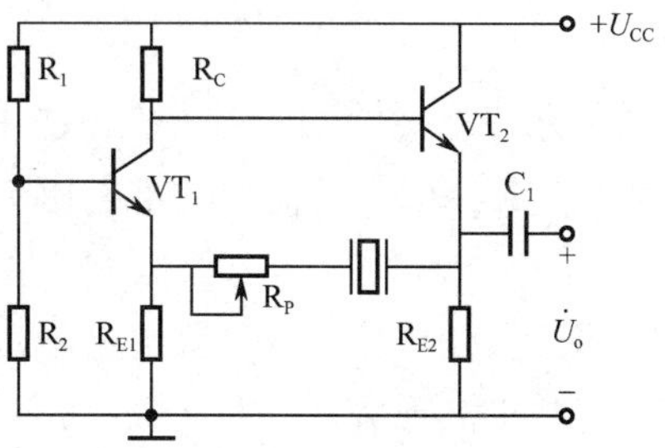

图 5-12 串联型石英晶体振荡电路

5.3 项目实施

5.3.1 正弦波信号源电路的设计方案

1. 选定设计电路

正弦波信号源电路如图 5-13 所示，这是一个比较简单的电路，其中，R_1、C_1、R_2、C_2 组成串并联网络，集成运算放大器 A 及外围器件组成同相放大器，VD_1、VD_2 及 R_6 组成稳幅环节。该电路可输出一个频率 $f_o = 800\text{Hz}$、失真度≤1%、幅值 $U_o \leq 8\text{V}$（误差小于 10%）的正弦波。

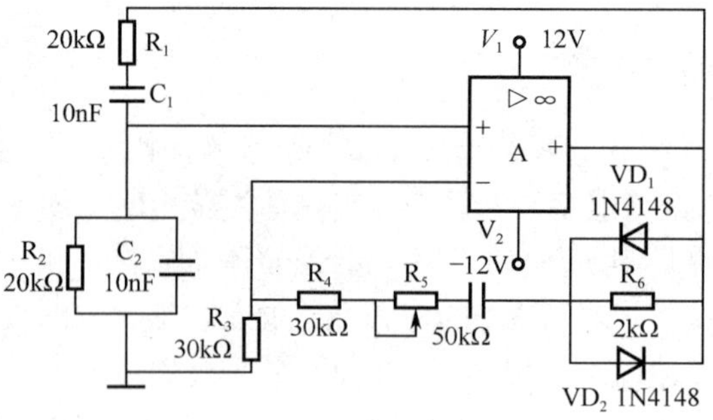

图 5-13　正弦波信号源电路

2. 电路参数设计和选择

（1）根据振荡器的频率，计算 RC 的值。

$$RC=\frac{1}{2\pi f_{\mathrm{o}}}=\frac{1}{2\times3.14\times800}\approx1.99\times10^{-4}(\mathrm{s})$$

（2）确定 R_1、C_1、R_2、C_2 的值。为了使选频网络的特性不受运算放大器输入电阻和输出电阻的影响。按 $R_{\mathrm{i}} >> R >> R_{\mathrm{o}}$ 的关系选择 R。其中，R_{i}（几百千欧以上）为运算放大器同相端的输入电阻，R_{o}（几百千欧以下）为运算放大器的输出电阻。

因此，初选 $R=20\mathrm{k\Omega}$，则有

$$C=\frac{1.99\times10^{-4}}{20000}\mathrm{F}=0.01(\mu\mathrm{F})$$

故 $R_1=R_2=R=20\mathrm{k\Omega}$，$C_1=C_2=C=0.01\mu\mathrm{F}$

（3）确定 R_3 和 R_{f} 的值。由图 5-13 可知 $R_{\mathrm{f}}=R_4+R_5+r_{\mathrm{d}}//R_6$，其中，$r_{\mathrm{d}}$ 为二极管导通时的动态电阻。

由振荡的振幅条件可知，要使电路起振，R_{f} 应略大于 $2R_3$，通常取 $R_{\mathrm{f}}=2.1R_3$，以保证电路能起振和减小波形失真。

选择 $R=R_3//R_{\mathrm{f}}=\dfrac{R_3R_{\mathrm{f}}}{R_3+R_{\mathrm{f}}}=\dfrac{2.1R_3}{3.1}$，以满足直流平衡条件，并减小运算放大器输入失调电流的影响。则有

$$R_3=\frac{3.1}{2.1}R=\frac{3.1}{2.1}\times20\times10^3=29.5\times10^3(\Omega)$$

取标称值 $R_3=30\mathrm{k\Omega}$；所以 $R_{\mathrm{f}}=2.1R_3=2.1\times30\times10^3=63\mathrm{k\Omega}$。为达到最好的效果，$R_3$ 和 R_{f} 的值还需通过实验调制后确定。

（4）确定稳幅电路及其元器件值。稳幅电路由 R_6 和两个接法相反的二极管 VD_1、VD_2 并联而成，如图 5-13 所示。

稳幅二极管 VD_1、VD_2 应选用温度稳定性较高的硅管，而且二极管 VD_1、VD_2 的特性必须一致，以保证输出波形的正负半周对称。

（5）R_4+R_5 串联阻值的确定。由于二极管的非线性会引起波形失真，因此，为了减小非线性失真，可在二极管的两端并上一个阻值与 r_{d} 相近的电阻 R_6（本例中取 $R_6=2\mathrm{k\Omega}$）。然后再经过试验调整，以达到最好的效果。R_6 确定后，可按下式求出 R_4+R_5。

$$R_4 + R_5 = R_f - (R_6 // r_d) \approx R_f - R_6 / 2 = 62(\mathrm{k\Omega})$$

为了达到最佳效果，R_4 可用 30kΩ 的电阻，R_5 选用 50kΩ 电位器串联，调试时进行适当调节即可。

（6）选择运算放大器的型号。选择的运算放大器要求输入电阻高、输出电阻小，可选用 UA741 集成运算放大器。

（7）选择二极管的型号。二极管选择 IN4148 小功率开关二极管。

5.3.2 电路仿真与调试

在电路仿真软件 Multisim10 中，绘制电路原理图，接入虚拟示波器和失真度测试仪，如图 5-14 所示。

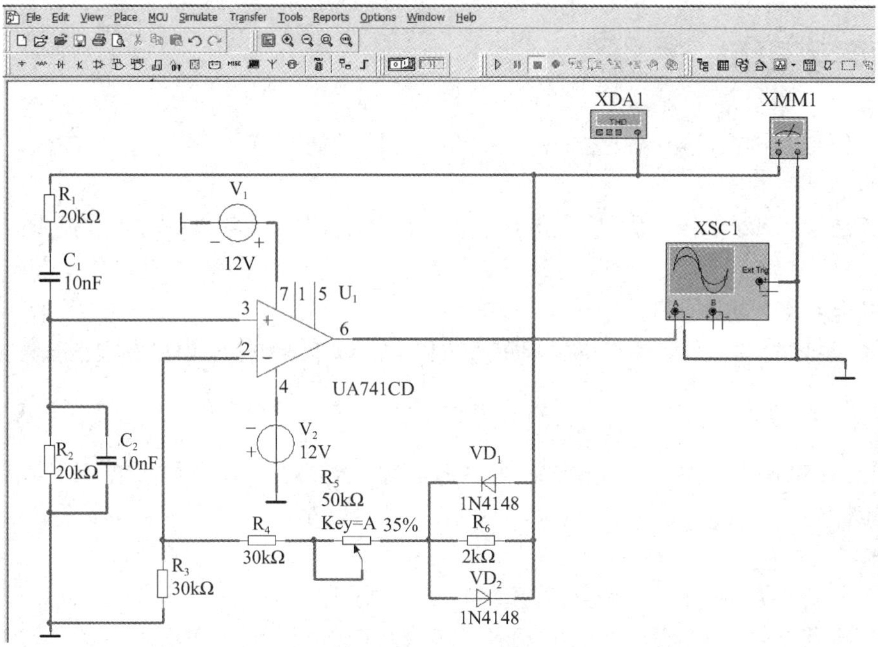

图 5-14 仿真电路

调节电位器 R_5 的值直至电路满足失真度≤1% 的指标要求。RC 正弦波信号源电路输出仿真波形、输出电压和失真度如图 5-15 所示。

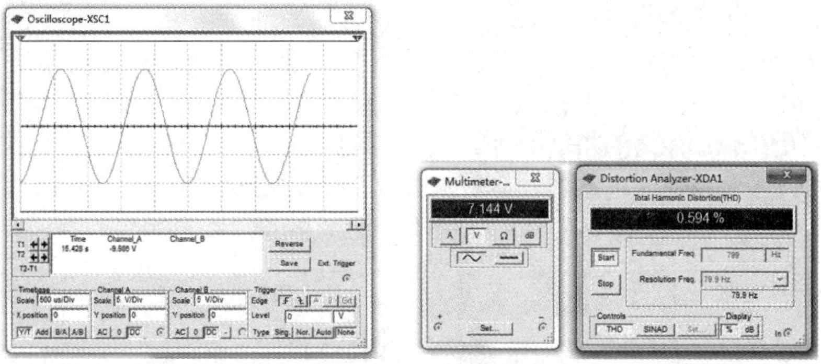

（a）输出波形　（b）输出电压　（c）失真度

图 5-15 仿真分析结果图

5.3.3 电路安装与调试

按照如图 5-14 所示的电路，将所选定的元器件安装在万能板上，检查无误后并焊接，稳压电源输出的+12V 电压接到集成运算放大器 UA741 的 7 脚，−12V 接到集成运算放大器 UA741的 4 脚，用示波器测量UA741的 6 脚是否有输出波形。然后调整 R_5 的值使输出波形为辐值最大且失真最小的正弦波。

若电路不起振，说明振荡的幅值条件不满足，应适当加大 R_5 的值；若输出波形严重失真，说明 R_4+R_5 的值太大，应减小 R_5 的值。当调出幅度最大且失真最小的正弦波后，可用示波器或频率计测出振荡器的频率。若所测频率不满足设计要求，可根据所测频率的大小，判断选频网络的元件值是偏大还是偏小，从而改变 R 或 C 的值，使振荡频率满足设计要求。

项目总结

（1）要使正弦波振荡电路产生振荡，既要使电路满足幅值平衡条件，又要满足相位平衡条件。

（2）正弦波振荡电路一般由放大电路、反馈网络、选频网络和稳幅环节组成。正弦波振荡电路按选频网络的不同，主要分为RC振荡电路、LC振荡电路、石英晶体振荡电路。改变选频网络的电参数，可以改变电路的振荡频率。

（3）RC振荡电路的振荡频率不高，通常在 1 MHz 以下，用作低频和中频正弦波发生电路。文氏桥式RC正弦波振荡器的振荡频率为 $f_0=\dfrac{1}{2\pi\sqrt{LC}}$，常用在频带较宽且要求连续可调的场合。

（4）LC振荡电路有变压器反馈式、电容三点式、电感三点式三种。电容三点式改进型电路频率稳定性高，它们的振荡频率越大，所需 L、C 值越小，因此常用作几十千赫以上的高频信号源。

（5）石英晶体振荡电路是利用石英振荡的压电效应来选频的。它与LC振荡电路相比，具有极高的频率稳定性，它可使振荡频率的稳定度提高几个数量级，因此被广泛应用于通信系统、雷达、导航等电子设备中。

思考与训练

一、判断题

1．只要满足正弦波振荡的相位平衡条件，电路就一定能产生振荡。（ ）

2．只要引入了负反馈，电路就一定不能产生正弦波振荡。（ ）

3．在RC桥式正弦波振荡电路中，若RC串并联选频网络中的电阻均为 R，电容均为 C，则其振荡频率 $f_0=\dfrac{1}{RC}$。（ ）

4．电路只要满足 $|\dot{A}\dot{F}|=1$，就一定会产生正弦波振荡。（ ）

5．正弦波振荡电路中的放大管仍需要有一个合适的静态工作点。（ ）

二、选择题

1．自激振荡电路实质上是外加信号等于零时的（　　）。

A．基本放大电路　　B．负反馈放大电路　　C．正反馈选频放大电路

2．正弦波振荡电路中正反馈网络的作用（　　）。

A．保证电路满足相位平衡条件

B．提高放大器的放大倍数

C．使振荡电路产生单一频率的正弦波

3．在正弦波振荡电路中，放大电路的主要作用是（　　）。

A．对内部“扰动”信号中的某个频率成分提供足够的放大作用，使振荡器能够满足幅值平衡条件。

B．保证电路满足相位平衡条件

C．把外界的影响减小

4．现有电路如下：

A．RC桥式正弦波振荡电路

B．LC正弦波振荡电路

C．石英晶体正弦波振荡电路

选择合适答案填入空中，只需填入A、B或C。

（1）制作频率为20 Hz～20 kHz的音频信号发生电路，应选用（　　）。

（2）制作频率为2～20 MHz的接收机的本机振荡器，应选用（　　）。

（3）制作频率非常稳定的测试用信号源，应选用（　　）。

5．LC并联网络在谐振时呈（　　），在信号频率大于谐振频率时呈（　　），在信号频率小于谐振频率时呈（　　）。

A．容性　　B．阻性　　C．感性

6．RC桥式正弦波振荡电路中串并联网络的作用是（　　）。

A．选频　　B．选频和引入正反馈　　C．稳幅和引入正反馈

三、填空题

1．正弦波振荡电路一般由________、________、________和________四部分组成。

2．正弦波振荡电路幅值平衡条件是________，相位平衡条件是________。

3．正弦波振荡电路常按组成选频网络的元件类型不同，分为________振荡电路、______振荡电路和________振荡电路。

四、分析与计算题

1．电路如图5-16所示，已知$C = 0.1\mu F$，$R = 2k\Omega$，$R_1 = 20k\Omega$，要使电路产生正弦波振荡，R_2的值应为多少？电路的振荡频率是多少？

2．电路如图5-17所示。

（1）为使电路产生正弦波振荡，标出集成运算放大器的同相输入端和反相输入端，并说明电路是哪种正弦波振荡电路。

（2）若 R_1 短路，电路将产生什么现象？

（3）若 R_1 断路，电路将产生什么现象？

（4）若 R_f 短路，电路将产生什么现象？

（5）若 R_f 断路，电路将产生什么现象？

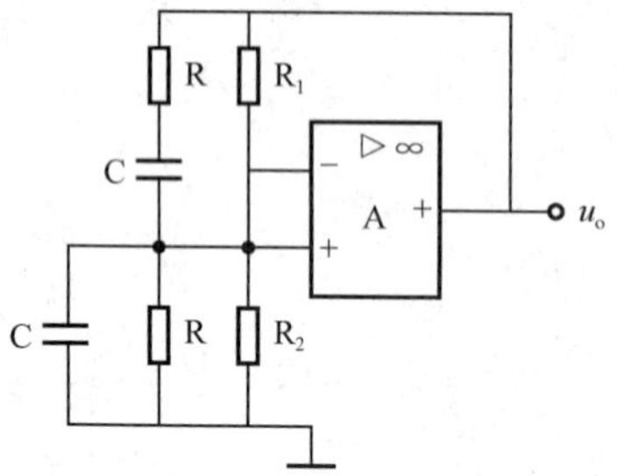

图 5-16　第 1 小题图

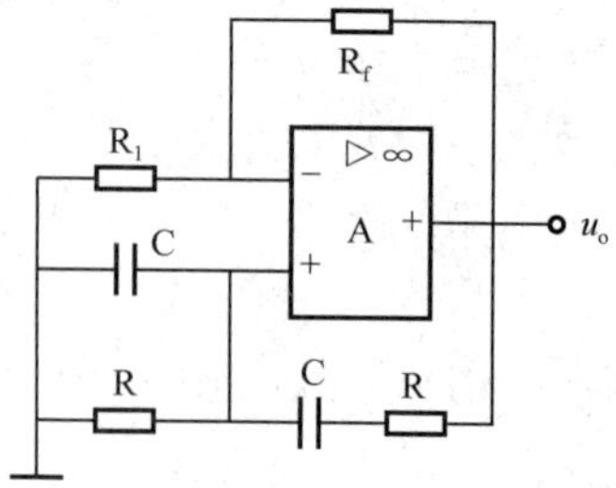

图 5-17　第 2 小题图

3. 某水沸腾报警器由 3 只三极管组成，如图 5-18 所示。图中三极管 VT_1、VT_2、R_3 和 C 等组成音频振荡器，音频信号由扬声器输出。VT_1、R_1、R_P 和 VD 组成开关电流，作为控制音频振荡器的开关。二极管 VD 为感温器件，当温度升高时，VD 的反向电阻变小，漏电流增大，随着温度升高到一定程度时，VT_1 取得一定偏压而导通，振荡器得电工作，扬声器发声。要求：

（1）试用 Multisim 软件仿真此电路，观测输出波形并简述工作原理。

（2）按原理图中的参数选择元器件并完成电路制作。

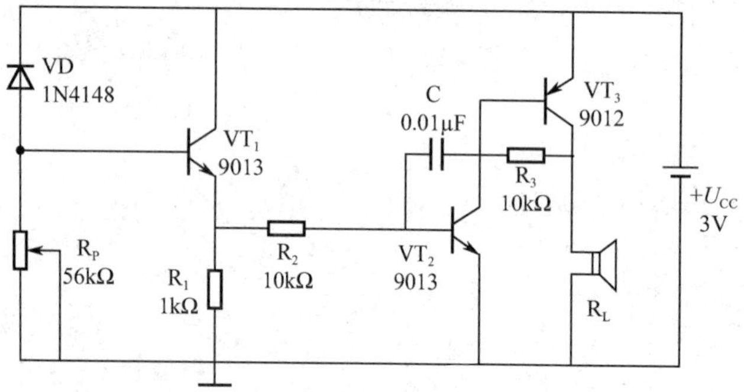

图 5-18　第 3 小题图

附录A

半导体器件型号命名方法

国家标准规定，国产半导体器件的信号由五部分组成：

第一部分	第二部分	第三部分	第四部分	第五部分

第一部分用阿拉伯数字表示器件的电极数目：2 代表二极管；3 代表三极管。

第二部分用汉语拼音字母表示器件的材料：A、B 是锗材料；C、D 是硅材料。

第三部分用汉语拼音字母表示器件的用途：P 代表普通管；Z 代表整流管；K 代表开关管；W 代表稳压管。

第四部分用阿拉伯数字表示序号。

第五部分用汉语拼音字母表示规格号。

（详见半导体器件型号命名法：国家标准 GB/T249—1989）

美国、日本等国家生产的半导体器件，其型号命名方法和中国的不同，如日本用 1 代表二极管，用 2 代表三极管，具体型号可参考相关书籍。

一些半导体分立器件的型号是由第一至第五部分组成的，另一些半导体分立器件的型号仅由第三至第五部门组成。

表 A-1　半导体器件型号组成部分的符号及意义

第一部分		第二部分		第三部分				第四部分	第五部分
用数字表示器件的电极数目		用汉语拼音字母表示器件的材料和极性		用汉语拼音字母表示器件的类型				用数字表示序号	用字母表表示规格号
符号	意义	符号	意义	符号	意义	符号	意义		
2	二极管	A	N 型，锗材料	P	普通管	T	闸流管		
		B	P 型，锗材料	V	微波管	Y	体效应管		
		C	N 型，硅材料	W	稳压管	B	雪崩管		
		D	P 型，硅材料	C	参量管	J	阶跃恢复管		
3	三极管	A	PNP 型，锗材料	Z	整流管	CS	场效应管		
		B	NPN 型，锗材料	L	整流堆	BT	半导体特殊器件		
		C	PNP 型，硅材料	S	隧道管	FH	复合管		
		D	NPN 型，硅材料	N	阻尼管	PIN	PIN 型管		
		E	化合物材料	U	光电器件	JG	激光器件		

续表

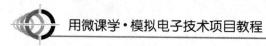

第一部分		第二部分		第三部分				第四部分	第五部分
用数字表示器件的电极数目		用汉语拼音字母表示器件的材料和极性		用汉语拼音字母表示器件的类型				用数字表示序号	用字母表表示规格号
符号	意义	符号	意义	符号	意义	符号	意义		
3	三极管			K X G D A	开关管 低频小功率管 (f_a<3MHz，$P_c \leqslant$1W) 高频小功率管 (f_a<3MHz，$P_c \leqslant$1W) 低频大功率管 (f_a<3MHz，$P_c \leqslant$1W) 高频大功率管 (f_a<3MHz，$P_c \leqslant$1W)				

附录B

常用二极管型号和主要参数

表 B-1 硅半导体整流二极管的型号和主要参数

<table>
<tr><th rowspan="2">部标型号</th><th rowspan="2">旧型号</th><th rowspan="2">额定正向整流电流 I_F/A</th><th rowspan="2">正向压降（平均值）U_F/V</th><th colspan="3">反向电流 I_R/μA</th><th rowspan="2">不重复正向浪涌电流 I_{SVR}/A</th><th rowspan="2">工作频率 f/kHz</th></tr>
<tr><th>125℃</th><th>140℃</th><th>50℃</th></tr>
<tr><td>2CZ50</td><td>—</td><td>0.03</td><td rowspan="2">≤1.2</td><td rowspan="2">80</td><td rowspan="6"></td><td>—</td><td>0.6</td><td>—</td></tr>
<tr><td>2CZ51</td><td>—</td><td>0.05</td><td rowspan="3">—</td><td>1</td><td rowspan="10">—</td></tr>
<tr><td>2CZ52A-H</td><td>2CP10-20</td><td>0.10</td><td rowspan="3">≤1.0</td><td rowspan="2">100</td><td>2</td></tr>
<tr><td>2CZ53C-K</td><td>2CP21-28</td><td>0.30</td><td>6</td></tr>
<tr><td>2CZ54B-G</td><td>2CP33A-I</td><td>0.50</td><td>—</td><td>—</td><td>10</td></tr>
<tr><td>2CZ55C-M</td><td>2CZ11A-J</td><td>1</td><td rowspan="6">≤0.8</td><td>—</td><td>—</td><td>20</td></tr>
<tr><td>2CZ56C-K</td><td>2CZ12A-H</td><td>3</td><td rowspan="5">—</td><td>1000</td><td rowspan="2">20</td><td>65</td></tr>
<tr><td>2CZ57C-M</td><td>2CZ13B-K</td><td>5</td><td>1000</td><td>105</td></tr>
<tr><td>2CZ58</td><td>2CZ10</td><td>10</td><td>1500</td><td>30</td><td>210</td></tr>
<tr><td>2CZ59</td><td>2CZ20</td><td>20</td><td>2000</td><td>40</td><td>420</td></tr>
<tr><td>2CZ60</td><td>2CZ50</td><td>50</td><td>4000</td><td>50</td><td>900</td></tr>
</table>

表 B-2 1N 系列常用整流二极管的型号和主要参数

<table>
<tr><th rowspan="2">型号</th><th>反向工作峰值电压</th><th>额定正向整流电流</th><th>正向不重复浪涌峰值电流</th><th>正向压降</th><th>反向电流</th><th>工作频率</th><th rowspan="2">外形封装</th></tr>
<tr><th>U_{RM}/V</th><th>I_F/A</th><th>I_{FSM}/A</th><th>U_F/V</th><th>I_R/μA</th><th>f/kHz</th></tr>
<tr><td>1N4000</td><td>25</td><td rowspan="8">1</td><td rowspan="8">30</td><td rowspan="8">≤1</td><td rowspan="8"><5</td><td rowspan="8">3</td><td rowspan="8">DO-41</td></tr>
<tr><td>1N4001</td><td>50</td></tr>
<tr><td>1N4002</td><td>100</td></tr>
<tr><td>1N4003</td><td>200</td></tr>
<tr><td>1N4004</td><td>400</td></tr>
<tr><td>1N4005</td><td>600</td></tr>
<tr><td>1N4006</td><td>800</td></tr>
<tr><td>1N4007</td><td>1000</td></tr>
</table>

续表

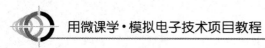

型号	反向工作峰值电压 U_{RM}/V	额定正向整流电流 I_F/A	正向不重复浪涌峰值电流 I_{FSM}/A	正向压降 U_F/V	反向电流 I_R/μA	工作频率 f/kHz	外形封装
1N5100	50	1.5	75	≤1	<5	3	DO-15
1N5101	100						
1N5102	200						
1N5103	300						
1N5104	400						
1N5105	500						
1N5106	600						
1N5107	800						
1N5108	1000						
1N5200	50	2	100	≤1	<10	3	DO-15
1N5201	100						
1N5202	200						
1N5203	300						
1N5204	400						
1N5205	500						
1N5206	600						
1N5207	800						
1N5208	1000						
1N5400	50	3	150	≤0.8	<10	3	DO-27
1N5401	100						
1N5402	200						
1N5403	300						
1N5404	400						
1N5405	500						
1N5406	600						
1N5407	800						
1N5408	1000						

表 B-3 硅半导体稳压二极管的型号和主要参数

部标型号	旧型号	最大耗散功率 P_{zm}/mW	最大工作电流 I_{zm}/mA	最高结温 T_{jm}/℃	额定电压 U_z/V	电压温度系数 C_{TU}/(10^{-4}/℃)	动态电阻			
							R_{Z1}/Ω	I_{Z1}/mA	R_{Z2}/Ω	I_{Z2}/mA
2CW50	2CW9		83		1.0～2.8	≥-9	300		50	
2CW51	2CW7，2CW10		71		2.5～3.5		400		60	
2CW52	WCW7A，2CW11	250	55	150	3.2～4.5	≥-8	550	1	70	10
2CW53	2CW7B，2CW12		41		4.0～5.8	-6～4			50	
2CW54	2CW7C，2CW13		38		5.5～6.5	-3～5	500		30	
2CW55	2CW7D，2CW4		33		6.2～7.5	≤6	400		15	
2CW56	2CW7E，2CW15，2CW6A		27		7.0～8.8	≤7			15	
2CW57	2CW6B，2CW7F，2CW16	250	26	150	8.5～9.5	≤8	400	1	20	5
2CW58	2CW7C，2CW17，2CW6C		23		9.2～10.5				25	
2CW59	2CW6B		20		10.0～11.8	≤9			30	
2CW60	2CW6E，2CW19		19		11.5～12.5				40	

附录C

常用三极管型号、功能和主要参数

表 C-1 常用三极管的型号、功能和主要参数

名 称	封装	极性	功 能	耐压	电流	功 率	频 率	配对管
5609	21	NPN	音频低频放大	50V	0.8A	0.625W	—	5610
5610	21	PNP	音频低频放大	50V	0.8A	0.625W	—	5610
8050	21	NPN	高频放大	40V	1.5A	1W	100MHz	8550
8550	21	PNP	高频放大	40V	1.5A	1W	100MHz	8050
9012	21	PNP	低频放大	50V	0.5A	0.625W	—	9013
9012	贴片	PNP	低频放大	50V	0.5A	0.625W	—	9013
9013	21	NPN	低频放大	50V	0.5A	0.625W	—	9012
9013	贴片	NPN	低频放大	50V	0.5A	0.625W	—	9012
9014	21	NPN	低噪放大	50V	0.1A	0.4W	150HMz	9015
9015	21	PNP	低噪放大	50V	0.1A	0.4W	150MHz	9014
9018	21	NPN	高频放大	30V	0.05A	0.4W	1000MHz	—
9626	21	NPN	通用	—	—	—	—	—
2N2222	21	NPN	通用	60V	0.8A	0.5W	—	25/200ns
2N2222A	21 铁	NPN	高频放大	75V	0.6A	0.625W	300MHz	—
2N2369	4A	NPN	开关	40V	0.5A	0.3W	800MHz	—
2N2906	21C	PNP	通用	40V	0.2A	—	—	—
2N2907	4A	NPN	通用	60V	0.6A	0.4W	—	26/70ns
2N3055	12	NPN	功率放大	100V	15A	115W	—	MJ2955
2N3440	6	NPN	视放开关	450V	1A	1W	15MHz	2N6609
2N3773	12	NPN	音频功放开关	160V	16A	50W	—	—
2N3904	21E	NPN	通用	60V	0.2A	—	—	—
2N5401	21	PNP	视频放大	160V	0.6A	0.625W	100MHz	2N5551
2N5551	21	NPN	视频放大	160V	0.6A	0.625W	100MHz	2N5401
2N5685	12	NPN	音频功放开关	60V	50A	300W	—	—
2N6050	12	PNP	音频功放开关	60V	12A	150W	—	—

续表

名　称	封装	极性	功　能	耐压	电流	功　率	频　率	配对管
2N6051	12	PNP	音频功放开关	80V	12A	150W	—	—
2N6277	12	NPN	功放开关	180V	50A	250W	—	—
2N6609	12	PNP	音频功放开关	160V	15A	150W	＞2MHz	2N3773
2N6678	12	NPN	音频功放开关	650V	15A	175W	15MHz	—
2N6718	21 铁	NPN	音频功放开关	100V	2A	2W	—	—
3D15D	12	NPN	电源开关	300V	5A	50W	—	—
3DA87A	6	NPN	视频放大	100V	0.1A	1W	—	—
3DD102C	12	NPN	电源开关	300V	5A	50W	—	—
3DD15D	12	NPN	电源开关	300V	5A	50W	—	—
A1009	BCE	PNP	功放开关	350V	2A	15W	—	—
A1013	21	PNP	视频放大	160V	1A	0.9W	—	C2383
A1015	21	PNP	通用	60V	0.1A	0.4W	8MHz	C1815
A1020	21	PNP	音频开关	50V	2A	0.9W	—	—
A1123	21	PNP	低噪放大	150V	0.05A	0.75W	—	—
A1162	21D	PNP	通用贴片	50V	0.15A	0.15W	—	—
A1175	—	PNP	通用	60V	0.10A	0.25W	180MHz	—
A1213	贴片	PNP	超高频	50V	0.15A	—	80MHz	—
A1216	BCE	PNP	功放开关	180V	17A	200W	20MHz	C2922
A1220P	29	PNP	音频功放开关	120V	1.5A	20W	150MHz	—
A1265	BCE	PNP	功放开关	140V	10A	100W	30MHz	C3182
A1295	BCE	PNP	功放开关	230V	17A	200W	30MHz	C3264
A1301	BCE	PNP	功放开关	160V	12A	120W	30MHz	C3280
A1302	BCE	PNP	功放开关	200V	15A	120W	30MHz	C3281
A1444	BCE	PNP	高速电源开关	100V	15A	30W	80MHz	—
A1494	BCE	PNP	功放开关	200V	17A	200W	20MHz	C3858
A1516	BCE	PNP	功放开关	180V	12A	130W	25MHz	—
A1668	BCE	PNP	电源开关	200V	2A	25W	20MHz	—
A1785	BCE	PNP	驱动	120V	1A	1W	140MHz	—
A1941	BCE	PNP	音频功放	140V	10A	100W	—	C5198
A1943	BCE	PNP	功放开关	230V	15AA	150W	—	C5200
A1988	BCE	PNP	功放开关	—	—	—	—	—
A634	28E	PNP	音频功放开关	40V	2A	10W	—	—
A708	6	PNP	音频开关	80V	0.7A	0.8W	—	—
A715C	29	PNP	音频功放开关	35V	2.5A	10W	160MHz	—
A719	ECB	PNP	通用	30V	0.50A	0.625W	200MHz	—

续表

名　称	封装	极性	功　能	耐压	电流	功　率	频　率	配对管
A733	21	PNP	通用	50V	0.1A	—	180MHz	—
A741	4	PNP	开关	20V	0.1A	—	—	70/120ns
A781	39B	PNP	开关	20V	0.2A	—	—	80/160ns
A928	ECB	PNP	通用	20V	1A	0.25W	—	—
A933	21	PNP	通用	50V	0.1A	—	140MHz	—
A940	28	PNP	音频功放开关	150V	1.5A	25W	4MHz	C2073
A950	21	PNP	通用	30V	0.8A	0.6W	—	—
A966	21	PNP	音频激励输出	30V	1.5A	0.9W	100MHz	C2236
A968	28	PNP	音频功放开关	160V	1.5A	25W	100MHz	C2238
B1020	28	PNP	功放开关	100V	7A	40W	—	—
B1079	30	PNP	达林顿功放	100V	20A	100W	—	D1559
B1114	ECB	PNP	通用贴片	20V	2A	—	180MHz	—
B1185	28B	PNP	功放开关	60V	3A	25W	70MHz	D1762
B1215	BCE	PNP	功放开关贴片	120V	3A	20W	130MHz	—
B1240	39B	PNP	功放开关	40V	2A	1W	100MHz	—
B1316	54B	PNP	达林顿功放	100V	2A	10W	—	—
B1317	BCE	PNP	音频功放	180V	15A	150W	—	D1975
B1375	BCE	PNP	音频功放	60V	3A	2W	9MHz	—
B1400	28B	PNP	达林顿功放	120V	6A	25W	—	D1590
B1429	BCE	PNP	功放开关	180V	15A	150W	—	—
B1494	BCE	PNP	达林顿功放	120V	20A	120W	—	D2256

参考文献

[1] 童诗白，华成英. 模拟电子技术基础 [M]. 北京：高等教育出版社，2006.

[2] 张虹，杜德. 模拟电子技术[M]. 北京：北京航空航天大学出版社，2007.

[3] 张树江，王安成. 模拟电子技术[M]. 大连：大连理工大学出版社，2007.

[4] 熊伟林. 模拟电子技术基础及应用[M]. 北京：机械工业出版社，2010.

[5] 陈大钦. 模拟电子技术基础 [M]. 北京：高等教育出版社，2000.

[6] 马艳阳，侯艳红. 模拟电子技术项目化教程 [M]. 西安：西安电子科技大学出版社，2013.

[7] 卢艳红. 基于 Multisim 10 的电子电路设计、仿真与应用 [M]. 北京：人民邮电出版社，2012.

[8] 朱彩莲. Multisim 电子电路仿真教程 [M]. 西安：西安电子科技大学出版社，2010.

[9] 姜俐侠. 模拟电子技术项目式教程[M]. 北京：机械工业出版社，2011.

[10] 王继辉.模拟电子技术与应用项目式教程 [M]. 北京：机械工业出版社，2011.

反侵权盗版声明

举报电话：（010）88254396；（010）88258888
传　　真：（010）88254397
E-mail：　dbqq@phei.com.cn
通信地址：北京市海淀区万寿路 173 信箱
　　　　　电子工业出版社总编办公室
邮　　编：100036